Autodesk Inventor 2020 完全学习手册

吴 鹏 编 著

清华大学出版社
北京

内 容 简 介

  Inventor 是美国 Autodesk 公司推出的三维可视化实体模拟软件,包含三维建模、信息管理、协同工作和技术支持等各种特征,广泛应用于通用机械、模具、家电、汽车设计及航天领域,目前已推出的最新版本是 Inventor 2020。本书讲解 Inventor 2020 的设计方法。全书共 14 章,详细介绍了 Autodesk Inventor 2020 基础、草图基础、草图特征设计、放置特征设计、零件建模设计、曲面造型、钣金设计、装配设计、设计加速器、工程图设计、表达视图和模型样式、应力分析和运动仿真等内容,包括多种技术和技巧,并讲解了多个精美实用的设计范例。本书还配备了包括大量模型源文件和范例教学视频等的海量网络教学资源。

  本书内容广泛、通俗易懂、语言规范、实用性强,使读者能够快速、准确地掌握 Autodesk Inventor 的绘图方法与技巧,特别适合初、中级用户学习,是广大读者快速掌握 Autodesk Inventor 的实用指导书和工具手册,也可作为大专院校计算机辅助设计课程的指导教材。

图书在版编目(CIP)数据

  Autodesk Inventor 2020 完全学习手册 / 吴鹏编著. —北京:清华大学出版社,2022.4(2024.2重印)
  ISBN 978-7-302-59552-6

  Ⅰ. ①A… Ⅱ. ①吴… Ⅲ. ①机械设计—计算机辅助设计—应用软件 Ⅳ. ①TH122

  中国版本图书馆 CIP 数据核字(2021)第 231347 号

责任编辑:张彦青
装帧设计:李 坤
责任校对:翟维维
责任印制:刘海龙

出版发行:清华大学出版社
    网 址:https://www.tup.com.cn, https://www.wqxuetang.com
    地 址:北京清华大学学研大厦 A 座   邮 编:100084
    社 总 机:010-83470000   邮 购:010-62786544
    投稿与读者服务:010-62776969, c-service@tup.tsinghua.edu.cn
    质量反馈:010-62772015, zhiliang@tup.tsinghua.edu.cn
    课件下载:https://www.tup.com.cn, 010-62791865
印 装 者:三河市君旺印务有限公司
经 销:全国新华书店
开 本:190mm×260mm   印 张:27.25   字 数:663 千字
版 次:2022 年 4 月第 1 版   印 次:2024 年 2 月第 3 次印刷
定 价:78.00 元

产品编号:089955-01

Inventor 是美国 Autodesk 公司推出的三维可视化实体模拟软件，它包含三维建模、信息管理、协同工作和技术支持等各种特征。使用 Autodesk Inventor 可以创建三维模型和二维制造工程图，可以创建自适应的特征、零件和子部件，还可以管理上千个零件和大型部件。Inventor 用户界面简单，三维运算速度和着色功能方面有突破性的进展，缩短了用户设计意图的产生与系统反应时间的距离，从而最小限度地影响设计人员的创意和发挥。目前已推出的最新版本是 Inventor 2020，此版本提供大量增强功能，帮助用户解决复杂的产品设计挑战，并用更少的时间完成更多工作。

为了使读者能更好地学习，同时尽快熟悉 Inventor 2020 最新版本的设计功能，作者根据多年在该领域的设计和教学经验精心编写了本书。本书以 Inventor 2020 版为基础，根据用户的实际需求，由浅入深、循序渐进、详细地讲解了该软件的设计功能。

全书共分为 14 章，详细介绍了 Autodesk Inventor 2020 基础、草图基础、草图特征设计、放置特征设计、零件建模设计、曲面造型、钣金设计、装配设计、设计加速器、工程图设计、表达视图和模型样式、应力分析和运动仿真等内容，从实用的角度介绍 Inventor 2020 版的使用，包括多种技术和技巧，并讲解了多个精美实用的设计范例，且在最后一章介绍综合范例。

作者长期从事 Autodesk Inventor 的专业设计和教学，数年来承接了大量的项目，参与 Autodesk Inventor 的教学和培训工作，积累了丰富的实践经验。本书就像一位专业设计师，将设计项目时的思路、流程、方法和技巧、操作步骤面对面地与读者交流。本书内容广泛、通俗易懂、语言规范、实用性强，使读者能够快速、准确地掌握 Autodesk Inventor 的绘图方法与技巧，特别适合初、中级用户学习，是广大读者快速掌握 Autodesk Inventor 的实用指导书和工具手册，也可作为大专院校计算机辅助设计课程的指导教材。

本书还配备了模型源文件和范例教学视频，读者可以通过扫描书中相应位置的二维码观看视频讲解。

Inventor 源文件

本书由淄博职业学院的吴鹏编著。由于本书编写时间紧张，编写人员的水平有限，因此在编写过程中难免有不足之处，在此，编写人员对广大用户表示歉意，望广大用户不吝赐教，对书中的不足之处给予指正。

编　者

目录

第 1 章

Inventor 2020 基础

本章学习 Inventor 2020 绘图的基础知识，认识 Inventor 各个工作界面，熟悉如何定制工作界面和系统环境，为后面的系统学习做准备；之后学习软件的一些辅助工具；同时设计零部件时，需要对零部件进行修改、整理和归纳，这时就需要有一种操作来去除一些旧的零部件，而不改变有用零部件的关系，设计助理就是帮助用户查找、追踪和维护软件文件，进行文件管理的工具。

1.1 Inventor 2020 概述

Inventor 是美国 Autodesk 公司于 1999 年底推出的三维可视化实体模拟软件,它包含三维建模、信息管理、协同工作和技术支持等各种特征。使用 Autodesk Inventor 可以创建三维模型和二维制造工程图,可以创建自适应的特征、零件和子部件,还可以管理上千个零件和大型部件,它的"连接到网络"工具可以使工作组人员协同工作,方便数据共享和同事之间设计理念的沟通。Inventor 用户界面简单,三维运算速度和着色功能方面有突破性的进展。它建立在 ACIS 三维实体模拟核心之上,设计人员能够简单迅速地获得零件和装配体的真实感,这样就缩短了用户设计意图的产生与系统反应时间的距离。

目前已推出的最新版本是 Inventor 2020,此版本提供大量增强功能,帮助用户解决复杂的产品设计挑战,并用更少的时间完成更多的工作。

Inventor 2020 提供的新功能如下。

(1) 增强的用户界面(UI)和工作流:简化的零件造型、智能草图轮廓检测、多显示器应用程序框架以及现代化的外观。

(2) 客户驱动的改进:实体扫掠、结构件设计工具集、复杂曲面展开和展平、Read-only Mode、设置预设以及 Inventor Ideas 中由用户直接提供的其他诸多改进。

(3) 持续交付专业级功能:更快的导入、阵列、导航、三维布局管线编辑,以及扩展的"快速模式"功能。

(4) 进行了多项修复,提升了稳定性和质量。

(5) 用户界面增强功能:Inventor 2020 提供全新的浅色主题界面,增强了功能并提高了工作效率。浅色主题包括对光源样式的总体视觉更新、整个 Inventor 中的图标更新、用于更改多个模型视图设置的图形预设、多显示器支持以及用于从旧版本移至 Inventor 2020 的扩展移植增强功能。

(6) 命令用户界面和工作效率方面的增强:从 Inventor 2018 中的测量命令以及 Inventor 2019 中的孔命令开始,更新了其他命令以增加新的【特性】面板用户界面,其中包括功能和工作流改进。Inventor 2020 将【特性】面板用户界面扩展到【拉伸】、【旋转】、【扫掠】和【螺纹】命令,以增强功能并提高工作效率。通过添加"实体扫掠"功能,从而通过扫掠三维工具体来删除和添加扫掠几何图元,改进了扫掠功能。

(7) 性能改进:在 Inventor 2020 中,在部件、零件、工程图和 AnyCAD 工作流方面提升了性能。

(8) 设计增强功能:Inventor 2020 继续为核心设计命令和工作流提供新的功能。改进了草图绘制和资源中心,以提高整体工作效率。

(9) 显著改进了结构件生成器。许多【结构件生成器】命令现在使用【特性】面板用户界面。源零部件的钣金样式现在可包括在钣金零件的镜像零部件中。会在零件的【关系】对话框中报告特征使用的草图块。

(10) 转换和互操作性:AnyCAD for Fusion 360(在 2018.2 中作为技术预览发布)现在作为适用于 Inventor 和 Fusion 360 订购客户的一项功能完全发布。AnyCAD for Fusion 360 面向需要在 Fusion 360 和 Inventor 之间共享数据以进行协作、衍生式设计、机电工作流和其他工作流的用户。

1.2　Inventor 2020 基本使用环境

工作界面包括主菜单、快速访问工具栏、功能区、绘图区、浏览器、导航工具和 ViewCube 工具，如图 1-1 所示。

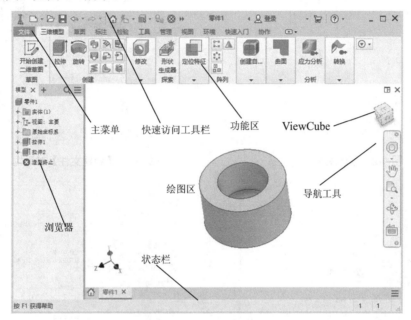

图 1-1　软件工作界面

1.2.1　程序主菜单

单击位于 Inventor 窗口左上角的【文件】按钮，弹出程序主菜单，如图 1-2 所示。
程序主菜单中的内容如下。

1. 新建文档

选择【文件】|【新建】|【新建】命令即弹出【新建文件】对话框，如图 1-3 所示，双击对应的模板即创建基于此模板的文件，也可以单击左侧的树状菜单节点直接选定模板来创建文件。当前模板的单位与安装时选定的单位一致。用户可以通过替换 Templates 目录下的模板更改模块设置，也可以在【新建】子菜单中直接选择模板，如图 1-4 所示。

当 Inventor 中没有文档打开时，可以在【新建文件】对话框中指定项目文件或者新建项目文件，用于管理当前文件。

2. 打开文档

如图 1-5 所示，选择【文件】|【打开】命令，打开【打开】子菜单，将鼠标指针悬停在

【打开】命令上，会显示其中的选项。

图 1-2　程序主菜单

图 1-3　【新建文件】对话框

图 1-4　选择【新建】命令

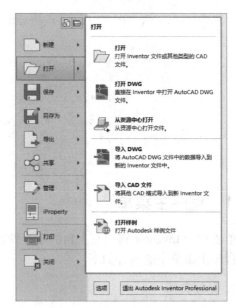

图 1-5　选择【打开】命令

3. 保存、另存为、导出文件

在【保存】和【另存为】子菜单中，有多个保存命令，可以将激活的文档以指定格式保存到指定位置。如果第一次创建，在保存时会打开【另存为】对话框。【另存为】命令用来以不同文件名、默认格式保存文档。【保存副本为】命令则将激活的文档按指定格式另存为新文档，原文档继续保持打开状态。Inventor 软件可以输出多种格式的文件，这些命令位于【导出】子菜单中。

另外，【另存为】命令还集成了如下功能。

以当前文档为原型创建模板，即将文档另存到系统 Templates 文件夹下或用户自定义模板文件夹下。

利用打包工具 Pack and Go 将 Autodesk Inventor 文件及其引用的所有文件打包到一个位置。所有从选定项目或文件夹引用选定软件的文件也可以包含在包中。

4．管理

【管理】子菜单包括创建或编辑项目文件，查看 iFeature 目录，查找、跟踪和维护当前文档及相关数据，更新旧的文档使之移植到当前版本，更新任务中所有过期的文件等。

5．iProperty

使用 iProperty 工具可以跟踪和管理文件，创建报告以及自动更新部件 BOM 表、工程图明细栏、标题栏和其他信息。

6．设置应用程序选项

单击【选项】按钮会打开【应用程序选项】对话框，如图 1-6 所示。在该对话框中，用户可以对 Inventor 的零件环境、iFeature、部件环境、工程图、文件、颜色、显示等属性进行自定义设置，同时可以将应用程序选项设置导出到 XML 文件中，从而使其便于在各个计算机之间使用并易于移植到下一个 Inventor 版本。此外，CAD 管理器还可以使用这些设置为所有用户或特定组部署一组用户配置。

7．预览最近访问的文档

通过【文件】菜单中的【最近使用的文档】列表可查看最近使用的文件。默认情况下，文件显示在列表中，并且最新使用的文件显示在顶部。

鼠标指针悬停在列表中某个文件名上时，会显示此文件的以下信息。

- 文件的预览缩略视图。
- 存储文件的路径。
- 上次修改文件的日期。

图 1-6　【应用程序选项】对话框

1.2.2　功能区

除了继续支持传统的菜单和工具栏界面之外，Inventor 2020 默认采用功能区选项卡以便用户使用各种命令。功能区将与当前任务相关的命令按功能组成面板并集中到一个选项卡中。这种用户界面和元素被大多数 Autodesk 产品(如 AutoCAD、Revit、Alias 等)接受，方便Autodesk 用户向其他 Autodesk 产品移植文档。

功能区具有以下特点。

(1) 直接访问命令：使用命令图标可以轻松访问常用的命令。

(2) 发现极少使用的功能：库控件(如【标注】选项卡中用于符号的库控件)提供了图形化显示可创建的扩展选项板。

(3) 基于任务的组织方式：功能区的布局及选项卡和面板内的命令组，是根据用户任务和对用户命令使用模式的分析而优化设计的。

(4) Autodesk 产品外观一致：Autodesk 产品家族中的 AutoCAD、Autodesk Design Review、Revit、3ds Max 等均为风格相似的界面。用户只要熟悉一种产品就可以"触类旁通"。

(5) 上下文选项卡：使用唯一的颜色标识专用于当前工作环境的选项卡，方便用户进行选择。

(6) 应用程序的无缝环境：目的或任务催生了 Inventor 内的虚拟环境。这些虚拟环境帮助用户了解环境目的及如何访问可用工具，并提供反馈来强化操作。每个环境的组件在放置和组织方面都是一致的，包括用于进入和退出的访问点。

(7) 更少的可展开菜单和下拉菜单：减少了可展开菜单和下拉菜单中的命令数，以此减少鼠标单击次数。用户还可以选择在展开菜单中添加命令。

(8) 扩展型工具提示：Inventor 功能区中的许多命令都具有增强(扩展)的工具提示，最初显示命令的名称及对命令的简短描述，如果继续悬停鼠标指针，则工具提示会展开提供更多信息。此时按 F1 键可调用对应的帮助信息。

(9) Inventor 具有多个功能模块，例如，二维草图模块、特征模块、部件模块、工程图模块、表达视图模块、应力分析模块等，每一个模块都拥有自己独特的菜单栏、功能区和浏览器，并且由这些菜单、功能区和浏览器组成了自己独特的工作环境。用户最常接触的六种工作环境包括：草图环境、零件(模型)环境、钣金模型环境、部件(装配)环境、工程图环境和表达视图环境，之后的章节将进行详细介绍。

1.2.3　快速访问工具栏

快速访问工具栏默认位于功能区上部，是可以在所有环境中进行访问的自定义命令组，如图 1-7 所示。

图 1-7　快速访问工具栏

在功能区中的命令按钮上单击鼠标右键，在弹出的快捷菜单中选择【添加到快速访问工具栏】命令，可将该命令添加到快速访问工具栏中。若要删除某个命令，只需在快速访问工具栏上用鼠标右键单击该命令，在弹出的快捷菜单中选择【从快速访问工具栏中删除】命令即可。

快速访问工具栏中的选项主要包括【新建】、【打开】、【保存】、【放弃】、【重做】、【返回】、【更新】、【材料】、【优化外观】等按钮。

(1) 【新建】：新建模板文件环境，如零件、装配、工程图、表达视图等。

(2) 【打开】：打开并使用现有的一个或多个文件。在同时打开多个文件时可以按住 Shift 键按顺序选择多个文件，也可以按住 Ctrl 键不按顺序选择多个文件。

(3) 【保存】：将激活的文档内容保存到窗口标题中指定的文件，并且文件保持打开状态。另外还有以下三种保存方式。

【另存为】：将激活的文档内容保存到【另存为】对话框中指定的文件。原始文档关闭，新保存的文档打开，原始文件的内容保持不变。

【保存副本】：将激活的文档内容保存到【保存副本】对话框中指定的文件，并且原始文件保持打开状态。

【保存副本为模板】：直接将文件作为模板文件进行保存。

(4) 【放弃】：撤销上一个功能命令。

(5) 【重做】：取消最近一次撤销操作。

(6) 【返回】：有以下三个级别的操作。

【返回】：返回到上一个编辑状态。

【返回到父级】：返回到浏览器中的父零部件。

【返回到顶级】：返回到浏览器中的顶端模型，而不考虑编辑目标在浏览器装配层次中的嵌套深度。

(7) 【更新】：获取最新的零件特性。

【本地更新】：仅重新生成激活的零件或子部件及其从属子项。

【全局更新】：所有零部件(包括顶级部件)都将更新。

(8) 【材料】：设置零件材质。

(9) 【优化外观】：可以改变零件表面的颜色。

1.2.4 导航工具

主要的导航工具介绍如下。

1. ViewCube

ViewCube 是一种屏幕上的辅助工具，与低版本软件中的【常用视图】命令类似。在 R2009 及更高版本中，ViewCube 替代了【常用视图】命令，由于其简单易用，已经成为 Autodesk 产品家族中 CAD 软件必备的工具之一。ViewCube 工具如图 1-8 右上角所示。

与【常用视图】命令类似，单击 ViewCube 的角可以将模型捕捉到等轴测视图，单击面可以将模型捕捉到平行视图。ViewCube 具有以下附加特征。

- 始终位于屏幕上图形窗口的一角(可通过 ViewCube 选项指定其显示位置)。
- 在 ViewCube 上拖动鼠标可旋转当前三维模型，方便用户动态观察模型。
- 提供一些有标记的面，可以指示当前相对于模型世界的观察角度。
- 提供了可单击的角、边和面。
- 提供了【主视图】按钮，以返回至用户定义的基础视图。
- 能够将前视图和俯视图设定为用户定义的视图，而且也可以重新定义其他平行视图及等轴测视图。重新定义的视图可以被其他环境或应用程序(如工程图或 DWF)识别。
- 在平行视图中，提供了旋转箭头，使用户能够以 90° 为增量、垂直于屏幕旋转照相机。
- 提供了使用户能够根据自己的配置调整立方体特征的选项。

2. 全导航控制盘(Steering Wheels)

全导航控制盘也是一种便捷的动态观察工具，以屏幕托盘的形式表现出来，它包含常见的导航控件及不常用的控件，如图 1-8 所示左侧工具。当全导航控制盘被激活后，它会一直跟随鼠标指针，无须将鼠标指针移动到功能区的图标上便可立即使用该托盘上的工具。像 ViewCube 一样，用户可以通过【视图】选项卡【导航】面板中的下拉菜单打开和关闭全导航控制盘，而且全导航控制盘包含根据个人喜好调整工具的选项。与 ViewCube 不同，全导航控制盘默认处于关闭状态。

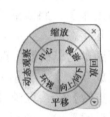

图 1-8　ViewCube 工具

根据查看对象的不同，全导航控制盘分为三种表现形式：全导航控制盘、查看对象控制盘和巡视建筑控制盘。在默认情况下，将显示全导航控制盘的完整版本，但是用户可以指定全导航控制盘的其他完整尺寸版本和每个控制盘的小版本。若要尝试这些版本，可在全导航控制盘工具上单击鼠标右键，然后从弹出的快捷菜单中选择一个版本。

全导航控制盘提供了以下功能。

【缩放】：用于更改照相机到模型的距离，缩放方向可以与鼠标运动方向相反。

【动态观察】：围绕轴心点更改相机位置。

【平移】：在屏幕内平移照相机。

【中心】：重新定义动态观察中心点。此外，全导航控制盘还添加了一些 Inventor 中以前没有的控件，或功能上显著变化和改进的控件。

【漫游】：在透视模式下能够浏览模型，很像在建筑物的走廊中穿行。

【环视】：在透视模式下能够更改观察角度而无须更改照相机的位置，如同围绕某一个固定点向任意方向转动照相机一般。

【向上/向下】：能够向上或向下平移照相机，定义的方向垂直于 ViewCube 的顶面。

【回放】：能够通过一系列缩略图以图形方式快速地选择前面的任意视图或透视模式。

3. 其他观察工具

【平移】：沿与屏幕平行的任意方向移动图形窗口视图。当【平移】命令激活时，在用户图形区域会显示手形光标。将光标置于起始位置，然后单击并拖动鼠标，可将用户界面的内容拖动到光标所在的新位置。

【缩放】：使用此命令可以实时缩放零件部件。

【缩放窗口】：用来定义视图边框，在边框内的元素将充满图形窗口。

【全部缩放】：激活该命令会使所有可见对象(零件、部件或图样等)显示在图形区域内。

【缩放选定实体】：在零件或部件中，缩放所选的边、特征、线或其他元素以充满图形窗口。该命令不能在工程图中使用。

【受约束的动态观察】：在模型空间中围绕轴旋转模型，即相当于在纬度和经度上围绕模型移动视线。

【观察方向】：在零件或部件中，缩放并旋转模型使所选元素与屏幕保持平行，或使所选的边相对于屏幕保持水平。该命令不能在工程图中使用。

【上一视图】：当前视图采用上一个视图的方向和缩放值。在默认情况下，此命令位于【视图】选项卡的【导航】面板中，可以单击导航栏右下角的下拉按钮，在弹出的下拉菜单中选择【添加】命令，将该命令添加到导航栏中。用户可以在零件、部件和工程图中使用此命令。

【下一视图】：使用【上一视图】命令后恢复到下一个视图。

1.2.5　浏览器

浏览器中的模型树显示了零件、部件和工程图的装配层次。对每个工作环境而言，浏览器都是唯一的，并总是显示激活文件的信息，如图 1-9 所示。

1.2.6　状态栏

状态栏位于 Inventor 窗口底端的水平区域，提供关于当前正在窗口中编辑的内容的状态，以及草图状态等信息内容。

图 1-9　浏览器

1.2.7　绘图区

绘图区是指标题栏下方的大片空白区域。绘图区域是用户建立图形的区域，用户设计图形的主要工作都是在绘图区域中完成的。

1.3　基　本　操　作

1.3.1　鼠标的使用

鼠标是计算机外围设备中十分重要的硬件之一，用户与 Inventor 进行交互操作时大多数的操作需要使用鼠标。如何使用鼠标直接影响到产品设计的效率。使用三键鼠标可以完成各种功能，包括选择和编辑对象、移动视角、单击鼠标右键打开快捷菜单、按住鼠标滑动快捷功能、旋转视角、物体缩放等。具体的使用方法如下。

(1) 单击鼠标左键(MB1)用于选择对象，双击用于编辑对象。例如，单击某一特征会弹出对应的【特性】面板，可以进行参数设置。

(2) 单击鼠标右键(MB3)用于弹出选择对象的快捷菜单。

(3) 按下滚轮(MB2)可平移用户界面内的三维数据模型。

(4) 按下 F4 键的同时按住鼠标左键并拖动可以动态观察当前视图。鼠标放置轴心指示器的位置不同，其效果也不同，如图 1-10 所示。

(5) 滚动鼠标中键(MB2)用于缩放当前视图(单击【工具】选项卡【选项】面板中的【应用程序选项】按钮 ，打开【应用程序选项】对话框，在【显示】选项卡中可以修改鼠标的缩放方向)。

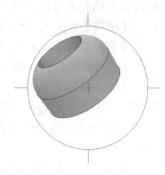

图 1-10　模型及轴心指示器

1.3.2　全屏显示模式

单击【视图】选项卡【窗口】面板中的【全屏显示】按钮 ，可以进入全屏显示模式。该模式可最大化应用程序并隐藏图形窗口中的所有用户界面元素。功能区在自动隐藏模式下处于收拢状态。全屏显示非常适用于设计检查和演示。

1.3.3　快捷键

与仅通过菜单命令或单击鼠标按键来使用工具相比，一些设计师更喜欢使用快捷键，从而提高效率。通常，可以为透明命令(如缩放、平移)和文件实用程序功能(如打印等)指定自定义快捷键。Inventor 中预定义的快捷键如表 1-1 所示。

表 1-1　Inventor 快捷键

快　捷　键	命令/操作	快　捷　键	命令/操作
Tab	降级	Shift+Tab	升级
F1	帮助	F4	旋转
F6	等轴测视图	F10	草图可见性
Alt+8	宏	F7	切片观察
Shift+F5	下一页	Alt+F11	VB 编辑器
F2	平移	F3	缩放
F5	上一视图	Shift+F3	窗口缩放
F8/F9	显示/关闭约束		

将鼠标指针移至工具按钮上或命令中的选项名称旁时，提示中就会显示快捷键，也可以创建自定义快捷键。另外，Inventor 有很多预定义的快捷键。

用户无法重新指定预定义的快捷键，但可以创建自定义快捷键或修改其他的默认快捷键。具体操作步骤如下。

单击【工具】选项卡【选项】面板中的【自定义】按钮，在弹出的【自定义】对话框中切换到【键盘】选项卡，可开发自己的快捷键方案及为命令自定义快捷键，如图 1-11 所示。当要用于快捷键的组合键已指定给默认的快捷键时，用户通常可删除原来的快捷键并重新指定给用户选择的命令。

图 1-11　【自定义】对话框

除此之外，Inventor 还可以通过 Alt 键或 F10 键快速调用命令。当按下这两个键时，命令的快捷键会自动显示出来，用户只需依次使用对应的快捷键即可执行对应的命令，无须操作鼠标。

1.3.4　直接操纵

直接操纵是一种新的用户操作方式，它使用户可以直接参与模型交互及修改模型，同时还可以实时查看更改。生成的交互是动态的、可视的，而且是可预测的。用户可以将注意力集中到图形区域内显示的几何图元上，而无须关注与功能区、浏览器和对话框等用户界面要素的交互。

图形区域内显示的是一种用户界面，悬浮在图形窗口上，用于支持直接操纵，如图 1-12 所示。它通常包含操纵器、小工具栏(含命令选项)、值输入框和选择标记。小工具栏使用户可以与三维模型进行直接的、可预测的交互。

图 1-12　图形区域的工具

操纵器：它是图形区域中的交互对象，使用户可以轻松地操纵对象，以执行各种造型和编辑任务。

小工具栏：其上显示工具按钮，可以用来快速选择常用的命令。它们位于非常接近图形窗口中选定对象的位置。弹出按钮会在适当的位置显示命令选项。小工具栏的描述更加全面、简单，特征也有了更多的功能。拥有小工具栏的命令有：圆角、倒角、抽壳、拔模等。小工具栏还可以固定位置或者隐藏。

选择标记：是一些标签，显示在图形区域内，提示用户选择截面轮廓、面和轴，以创建和编辑特征。

值输入框：用于为造型和编辑操作输入数值。

标记菜单：在图形窗口中单击鼠标右键会弹出快捷菜单，它可以方便用户的建模操作。如果用户按住鼠标右键向不同的方向滑动会出现相应的快捷键，出现的快捷键与右键菜单相关。

1.3.5　信息中心

信息中心是 Autodesk 产品特有的界面，便于用户搜索信息、显示关注的网址，帮助用户实时获得网络支持和服务等，如图 1-13 所示。信息中心可以实现以下功能。

图 1-13　信息中心

(1) 通过关键字或输入短语来搜索信息。

(2) 通过 Subscription Center 访问 Subscription 服务。

(3) 通过"通信中心"访问产品相关的更新和通告。

(4) 通过"收藏夹"访问保存的主题。

(5) 访问"帮助"中的主题。

1.4　辅 助 工 具

本节学习 Inventor 2020 的一些辅助工具，包括定位特征、模型的显示、零件的特性。

1.4.1 定位特征

在 Inventor 中，定位特征是指可作为参考特征投影到草图中并用来构建新特征的平面、轴或点。定位特征的作用是在几何图元不足以创建和定位新特征时，为特征创建提供必要的约束，以便完成特征的创建。定位特征抽象地构造几何图元，本身是不可用来进行造型的。

一般情况下，零件环境和部件环境中的定位特征是相同的，但以下情况除外。

(1) 中点在部件中时不可选择点。

(2) 三维移动/旋转工具在部件文件中不可用于工作点上。

(3) 内嵌定位特征在部件中不可用。

(4) 不能使用投影几何图元，因为控制定位特征位置的装配约束不可用。

(5) 零件定位特征依赖于用来创建它们的特征。

(6) 在浏览器中，这些特征被嵌套在关联特征下面。

(7) 部件定位特征从属于创建它们时所用部件中的零部件。

(8) 在浏览器中，部件定位特征被列在装配层次的底部。

(9) 当用另一个部件来定位某一定位特征以便创建零件时，自动创建装配约束。设置在需要选择装配定位特征时选择特征的优先级。

对上面提到的内嵌定位特征，其含义是这样的：在零件中使用定位特征工具时，如果某一点、线或平面是所希望的输入，可创建内嵌定位特征。内嵌定位特征用于帮助用户创建其他定位特征。在浏览器中，它们显示为父定位特征的子定位特征。例如，用户可在两个工作点之间创建工作轴，而在启动【工作轴】命令前这两个点并不存在。当【工作轴】命令激活时，可动态创建工作点。定位特征包括工作点、工作轴和工作平面，下面分别进行讲述。

1. 工作点

工作点是参数化的构造点，可放置在零件几何图元、构造几何图元或三维空间中的任意位置。工作点的作用是用来标记轴或阵列中心、定义坐标系、定义平面(三点)和定义三维路径。工作点在零件环境和部件环境中都可使用。

单击【三维模型】选项卡【定位特征】面板上的【点】按钮，弹出如图 1-14 所示的创建工作点的命令菜单。下面介绍各种创建工作点的方式。

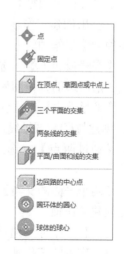

图 1-14 创建工作点的命令菜单

【点】：选择合适的模型顶点、边和轴的交点、三个非平行面或平面的交点来创建工作点。

【固定点】：单击某个工作点、中点或顶点创建固定点。例如，在模型中选择某点，弹出小工具栏，可以在文本框中重新定义点的位置，单击【确定】按钮，在浏览器中显示，如图 1-15 所示。

【在顶点、草图点或中点上】：选择二维或三维草图点、顶点、线或线性边的端点或中点创建工作点。

【三个平面的交集】：选择三个工作平面或平面，在交集处创建工作点。

【两条线的交集】：在两条线相交处创建工作点。这两条线可以是线性边、二维或三维草图线或工作轴的组合。

【平面/曲面和线的交集】：选择平面(或工作平面)和工作轴(或直线)。或者选择曲面和草图线、直边或工作轴，在交集处创建工作点。图 1-16 所示是在一条边与工作平面的交集处创建工作点。

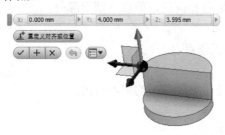 

图 1-15 设置固定点   图 1-16 线和面的交点

【边回路的中心点】：选择封闭回路的一条边，在中点处创建工作点。

【圆环体的圆心】：选择圆环体，在圆环体的圆心处创建工作点。

【球体的球心】：选择球体，在球体的球心处创建工作点。

2. 工作轴

工作轴是参数化附着在零件上的无限长的构造线。在三维零件设计中，工作轴常用来辅助创建工作平面，辅助草图中的几何图元的定位，创建特征和部件时用来标记对称的直线、中心线或两个旋转特征轴之间的距离，作为零部件装配的基准，创建三维扫掠时作为扫掠路径的参考等。

单击【三维模型】选项卡【定位特征】面板上的【轴】按钮，弹出创建工作轴的命令菜单，如图 1-17 所示。下面介绍各种创建工作轴的方式。

【在线或边上】：选择一条线性边、草图直线或三维草图直线，沿所选的几何图元创建工作轴。

【平行于线且通过点】：选择一个工作点和一条直线(或轴线)，创建与直线(或轴线)平行并通过该工作点的工作轴。

【通过两点】：选择两个有效点，创建通过这两点的工作轴。

【两个平面的交集】：选择两个非平行平面，在其相交位置处创建工作轴。

图 1-17 创建工作轴的命令菜单

【垂直于平面且通过点】：选择一个工作点和一个平面(或面)，创建与平面(或面)垂直并通过该工作点的工作轴。

【通过圆形或椭圆形边的中心】：选择圆形或椭圆形边，也可以选择圆角边，创建与圆形、椭圆形或圆角的轴重合的工作轴。

【通过旋转面或特征】：选择一个旋转特征如圆柱体，沿其旋转轴创建工作轴。

3. 工作平面

在零件中，工作平面是一个无限大的构造平面，该平面被参数化附着于某个特征；在部件中，工作平面与现有的零部件互相约束。工作平面的作用很多，可用来构造轴、草图平面或中止平面，作为尺寸定位的基准面、其他工作平面的参考面、零件分割的分割面以及定位剖视观察位置或剖切平面等。

单击【三维模型】选项卡【定位特征】面板上的【平面】按钮 ，弹出创建工作平面的命令菜单，如图 1-18 所示。下面介绍各种创建工作平面的方式。

【从平面偏移】：选择一个平面，创建与此平面平行同时偏移一定距离的工作平面。

【平行于平面且通过点】：选择一个点和一个平面，创建过该点且与平面平行的工作平面。

【两个平面之间的中间面】：在视图中选择两个平行平面或工作面，创建一个采用第一个选定平面的坐标系方向，并具有与第二个选定平面相同的外法向的工作平面。

【圆环体的中间面】：选择一个圆环体，创建一个通过圆环体中心或中间面的工作平面。

图 1-18　创建工作平面的命令菜单

【平面绕边旋转的角度】：选择一个平面和平行于该平面的一条边，创建一个与该平面成一定角度的工作平面。

【三点】：选择不共线的三点，创建一个通过这三个点的工作平面。

【两条共面边】：选择两条平行的边，创建通过两条边的工作平面。

【与曲面相切且通过边】：选择一个圆柱面和一条边，创建一个通过这条边并且和圆柱面相切的工作平面。

【与曲面相切且通过点】：选择一个圆柱面和一个点，可创建在该点处与圆柱面相切的工作平面。

【与曲面相切且平行于平面】：选择一个曲面和一个平面，创建一个与曲面相切并且与平面平行的曲面。

【与轴垂直且通过点】：选择一个点和一条轴，创建一个通过点并且与轴垂直的工作平面。

【在指定点处与曲线垂直】：选择一条非线性边或草图曲线(圆弧、圆、椭圆或样条曲线)和曲线上的顶点、边的中点、草图点或工作点创建平面。

在零件或部件造型环境中，工作平面表示为透明的平面。工作平面创建以后，在浏览器中可看到相应的符号。

4. 显示与编辑定位特征

定位特征创建以后，在左侧的浏览器中会显示定位特征的符号。在该符号上单击鼠标右键，将会弹出快捷菜单。定位特征的显示与编辑操作主要通过该菜单中提供的命令进行。下面以平面为例，说明如何显示和编辑工作平面。

1) 显示工作平面

当新建了一个定位特征如工作平面后，这个特征是可见的。但是如果在绘图区域内建立了很多工作平面或工作轴等，而使得绘图区域杂乱，或者不想显示这些辅助的定位特征时，可将其隐藏。如果要设置一个工作平面为不可见，只要在浏览器中右键单击该工作平面符号，在弹出的快捷菜单中取消选中【可见性】命令即可，这时浏览器中的工作平面符号变成灰色。如果要重新显示该工作平面，选中【可见性】命令即可。

2) 编辑工作平面

如果要改变工作平面的定义尺寸，可在快捷菜单中选择【编辑尺寸】命令，打开【编辑尺寸】对话框，输入新的尺寸数值，然后单击【确定】按钮✔即可。

如果现有的工作平面不符合设计的需求，则需要进行重新定义。选择右键菜单中的【重定义特征】命令即可。这时已有的工作平面将会消失，可重新选择几何要素以建立新的工作平面。如果要删除一个工作平面，可选择右键菜单中的【删除】命令，则工作平面将被删除。对于其他的定位特征如工作轴和工作点，显示和编辑操作与对工作平面进行的操作类似。

1.4.2 模型的显示

模型的图形显示可以视为模型上的一个视图，还可以视为一个场景。视图外观将会根据应用于视图的设置而变化。

1. 视觉样式

在 Inventor 中提供了多种视觉样式：着色显示、隐藏边显示和线框显示等。打开【视图】选项卡，单击【外观】面板中的【视觉样式】下拉按钮，打开【显示样式】菜单，如图 1-19 所示，选择一种视觉样式。

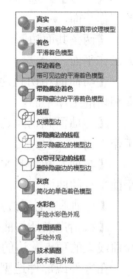

【真实】：显示高质量着色的逼真带纹理模型。

【着色】：显示平滑着色模型。

【带边着色】：显示带可见边的平滑着色模型。

【带隐藏边着色】：显示带隐藏边的平滑着色模型。

【线框】：显示用直线和曲线表示边界的对象。

【带隐藏边的线框】：显示用线框表示的对象，并用虚线表示后向面不可见的边线。

【仅带可见边的线框】：显示用线框表示的对象，并隐藏表示后向面的直线。

【灰度】：使用简化的单色着色模式产生灰色效果。

【水彩色】：手绘水彩色的外观显示模式。

【草图插图】：手绘外观显示模式。

【技术插图】：着色工程图外观显示模式。

图 1-19 【显示样式】菜单

2. 观察模式

(1) 平行模式。在平行模式下，模型以所有的点都沿着平行线投影到它们所在的屏幕上

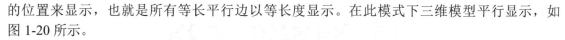
的位置来显示，也就是所有等长平行边以等长度显示。在此模式下三维模型平行显示，如图 1-20 所示。

(2) 透视模式。在透视模式下，三维模型的显示类似于现实世界中观察到的实体形状。模型中的点线面以三点透视的方式显示，这也是人眼感知真实对象的方式，如图 1-21 所示。

(3) 阴影模式。阴影模式增强了零部件的立体感，使得零部件看起来更加真实，同时阴影模式还显示出光源的设置效果。

单击【视图】选项卡【外观】面板中的【阴影】下拉按钮，打开的菜单如图 1-22 所示。

| 图 1-20　平行模式 | 图 1-21　透视模式 | 图 1-22　【阴影】命令菜单 |

【所有阴影】：地面阴影、对象阴影和环境光阴影可以一起应用，以增强模型视觉效果。

【地面阴影】：将模型阴影投射到地平面上。该效果不需要让地平面可见。

【对象阴影】：有时称为"自己阴影"，根据激活的光源样式的位置投射和接收模型阴影。

【环境光阴影】：在拐角处和腔穴中投射阴影以在视觉上增强形状变化过渡。

1.4.3　零件的特性

Inventor 允许用户为模型文件指定特性，如物理特性，这样可以方便在后期对模型进行工程分析、计算以及仿真等。

获得模型特性可通过选择主菜单中的 iProperty 命令来实现，也可在浏览器上选择文件图标，单击鼠标右键，在弹出的快捷菜单中选择【特性】命令，弹出如图 1-23 所示的对话框。

物理特性在工程中是最重要的，从图 1-23 所示可看出模型的质量、体积、重心以及惯性信息等。在计算惯性时，除了可计算模型的主轴惯性矩外，还可以计算出模型相对于 XYZ 轴的惯性特性。

除了物理特性以外，零件特性对话框中还包括模型的概要、项目、状态等信息，可根据自己的实际情况填写，方便以后查询和管理。

图 1-23　零件特性对话框

1.5 界面定制与系统设置

在 Inventor 中，需要用户自己设定的环境参数很多，工作界面也可由用户自己定制，这样使得用户可根据实际需求对工作环境进行调节。一个方便高效的工作环境不仅使用户有良好的体验，还可大大提高工作效率。本节将着重介绍如何定制工作界面，以及如何设置系统环境。

1.5.1 文档设置

在 Inventor 中，用户可通过【文档设置】对话框来设置度量单位、捕捉间距等参数。

单击【工具】选项卡【选项】面板上的【文档设置】按钮，打开【文档设置】对话框，如图 1-24 所示。

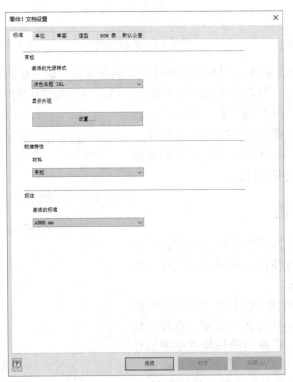

图 1-24 【文档设置】对话框

(1) 【标准】选项卡：设置当前文档的激活标准。

(2) 【单位】选项卡：设置零件或部件文件的度量单位。

(3) 【草图】选项卡：设置零件或工程图的捕捉间距、网格间距和其他草图设置。

(4) 【造型】选项卡：为激活的零件文件设置自适应或三维捕捉间距。

(5) 【BOM 表】选项卡：为所选零部件指定 BOM 表设置。

(6) 【默认公差】选项卡：可设定标准输出公差值。

1.5.2 系统环境常规设置

单击【工具】选项卡【选项】面板上的【应用程序选项】按钮，打开【应用程序选项】对话框，切换到【常规】选项卡，如图 1-25 所示。下面介绍系统环境的常规设置参数。

图 1-25 【应用程序选项】对话框

1. 启动

用来设置默认的启动方式。在此选项区域中可设置是否启动操作，还可以设置启动后默认操作方式，包含三种默认操作方式："打开文件"对话框、"新建文件"对话框和从模板新建。

2. 提示交互

控制工具栏提示外观和自动完成的行为。

【显示命令提示(动态提示)】：选中此复选框后，将在光标附近的工具栏提示中显示命令提示。

【显示命令别名输入对话框】：选中此复选框后，输入不明确或不完整的命令时将显示【自动完成】列表框。

3. 工具提示外观

- 【显示工具提示】：控制在功能区中的命令上方悬停光标时工具提示的显示。从中可设置【延迟的秒数】微调框，还可以通过取消选中【显示工具提示】复选框来禁用工具提示的显示。
- 【显示第二级工具提示】：控制功能区中第二级工具提示的显示。
- 【延迟的秒数】：设定功能区中第二级工具提示的时间长度。
- 【显示文档选项卡工具提示】：控制光标悬停时工具提示的显示。

4. 用户名

设置 Autodesk Inventor 2020 的用户名称。

5. 文本外观

设置对话框、浏览器和标题栏中的文本字体及大小。

6. 允许创建旧的项目类型

选中此复选框后，Inventor 将允许创建共享和半隔离项目类型。

7. 物理特性

选择保存时是否更新物理特性，以及更新物理特性的对象是零件还是零部件。

8. 撤销文件大小

可通过【撤消文件大小】微调框来设置撤销文件的大小，即用来跟踪模型或工程图改变临时文件的大小，以便撤销所做的操作。当制作大型或复杂模型和工程图时，可能需要增加该文件的大小，以便提供足够的撤销操作容量，文件大小以 MB 为单位。

9. 标注比例

可以通过【标注比例】微调框来设置图形窗口中非模型元素(例如，尺寸文本、尺寸上的箭头、自由度符号等)的大小，可将比例从 0.2 调整为 5.0，默认值为 1.0。

10. 选择

设置对象选择条件。选中【启用优化选择】复选框后，"选择其他"算法最初仅对最靠近屏幕的对象划分等级。

1.5.3 用户界面颜色设置

单击【工具】选项卡【选项】面板上的【应用程序选项】按钮，打开【应用程序选项】对话框，切换到【颜色】选项卡，如图 1-26 所示。下面介绍系统环境中的用户界面颜色设置。

1. 设计

单击【设计】按钮，设置零部件设计环境下的背景色。

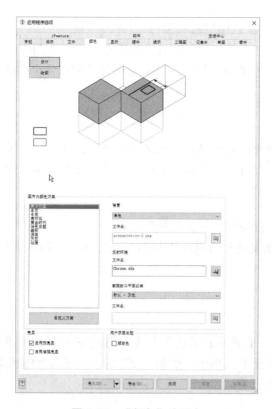

图 1-26　【颜色】选项卡

2. 绘图

单击【绘图】按钮，设置工程图环境下的背景色。

3. 画布内颜色方案

(1) Inventor 提供了 10 种配色方案，当选择某一种方案的时候，对话框上方的预览窗口会显示该方案的预览图。

(2) 背景。

【背景】下拉列表框：选择每一种方案的背景色是单色还是梯度图像，或以图像作为背景。如果选择单色则将纯色应用于背景，选择梯度图像则将饱和度梯度应用于背景颜色，选择背景图像的话则在图形窗口背景中显示位图。

【文件名】：用来选择存储在硬盘或网络上作为背景图像的图片文件。为避免图像失真，图像应具有与图形窗口相同的大小(比例以及宽高比)。如果图像与图形窗口大小不匹配，图像将被拉伸或裁剪。

(3) 反射环境。

指定反射贴图的图像和图形类型。

【文件名】：单击【浏览】按钮 ，可在打开的对话框中浏览找到相应的图像。

(4) 截面封口平面纹理。

控制在使用【剖视图】命令时，所用封口面的颜色或纹理图形，有以下几个选项。

- 【默认-灰色】：默认模型面的颜色。
- 【位图图像】：选择该选项可将选定的图像用作剖视图的剖面纹理。
- 【文件名】：单击【浏览】按钮 🔍 ，可在打开的对话框中浏览找到相应的图像。

4. 亮显

设定对象选择行为。

【启用预亮显】：选中此复选框，当光标在对象上移动时，将显示预亮显。

【启用增强亮显】：允许预亮显或亮显的子部件透过其他零部件显示。

5. 用户界面主题

控制功能区中应用程序框和图标按钮的颜色。

【琥珀色】：选中该复选框可使用旧版图标按钮颜色，但必须重启软件才能更新浏览器图标按钮。

1.5.4　显示设置

单击【工具】选项卡【选项】面板上的【应用程序选项】按钮 🖼 ，打开【应用程序选项】对话框，切换到【显示】选项卡，如图 1-27 所示。下面介绍模型的线框显示方式、渲染显示方式以及显示质量的设置。

图 1-27　【显示】选项卡

1. 外观

- 【使用文档设置】：选中该单选按钮，指定当打开文档或文档上的其他窗口(又称视图)时使用文档显示设置。
- 【使用应用程序设置】：选中该单选按钮，指定当打开文档或文档上的其他窗口(又称视图)时使用应用程序选项显示设置。

2. 未激活的零部件外观

可适用于所有未激活的零部件，无论零部件是否已启用，这样的零部件又称后台零部件。

- 【着色】：选中此复选框，指定未激活的零部件面显示为着色。
- 【不透明度】：若选中【着色】复选框，可以设定着色的不透明度。
- 【显示边】：设定未激活的零部件的边显示。选中该复选框后，未激活的模型将基于模型边的应用程序或文档外观设置显示边。

3. 显示

在【显示质量】下拉列表框中设置模型显示分辨率。

4. 基准三维指示器

【显示基准三维指示器】：在三维视图中，图形窗口的左下角显示 XYZ 轴指示器。选中该复选框可显示轴指示器，取消选中该复选框可关闭此项功能。红箭头表示 X 轴，绿箭头表示 Y 轴，蓝箭头表示 Z 轴。在部件中，指示器显示顶级部件的方向，而不是正在编辑的零部件的方向。

【显示原始坐标系 XYZ 轴标签】：用于关闭和开启各个三维轴指示器方向箭头上 XYZ 轴标签的显示，默认为选中状态，且选中【显示基准三维指示器】复选框时可用。

5. "观察方向"行为

【执行最小旋转】：旋转最小角度，以使草图与屏幕平行，且草图坐标系的 X 轴保持水平或垂直。

【与局部坐标系对齐】：将草图坐标系的 X 轴调整为水平方向且正向朝右，将 Y 轴调整为垂直方向且正向朝上。

6. 缩放方式

选中或取消选中【缩放方式】下的复选框可以更改缩放方向(相对于鼠标移动)或缩放中心(相对于光标或屏幕)。

【反向】：控制缩放方向，当选中该复选框时向上滚动滚轮可放大图形，取消选中该复选框时向上滚动滚轮则缩小图形。

【缩放至光标】：控制图形缩放方向是相对于光标还是显示屏中心。

【滚轮灵敏度】：控制滚轮滚动时图形放大或缩小的速度。

1.6　设计助理(Design Assistant)

Design Assistant 翻译为设计助理(本书均称作设计助理)，可以帮助用户查找、追踪和维护 Inventor 文件，如将一个文件的特性复制到另一个文件中，以及文件预览和管理等；还可以进行相关的文字处理和再设计处理，如重命名文件、复制文件、替换文件和打包文件等，并保留文件之间的链接关系。

1.6.1　启用设计助理

可以通过以下三种方法启用设计助理。

(1)　打开选择的文件，然后选择【文件】|【管理】| Design Assistant 菜单命令，系统将打开 Design Assistant 2020 窗口，如图 1-28 所示。

图 1-28　Design Assistant 2020 窗口

(2)　在资源管理器中找到要处理的文件，单击鼠标右键，在弹出的快捷菜单中选择 Design Assistant 命令，将打开 Design Assistant 2020 窗口。

(3)　在操作系统界面中，选择【开始】| Autodesk Inventor 2020 | Design Assistant 2020 菜单命令，将打开 Design Assistant 2020 窗口。

1.6.2　预览设计结果

利用设计助理可以预览设计结果。打开模型文件，再打开 Design Assistant 2020 窗口，文件可以是单个零件，也可以是装配体，然后单击窗口中的【预览】按钮，切换到【预览】界面。在窗口左侧的设计树中选择要预览的文件，右侧的预览区域中则显示预览模型，如图 1-29 所示。用鼠标右键单击该预览模型，打开一个快捷菜单，可以继续相关的操作。

利用 Inventor 设计的零部件不仅包括几何数据还包括非几何数据，这些数据在设计产品的过程中，参与设计的全部参数与模型需要一致，这时利用【复制设计特性】命令，可以将设计特性从一个文件复制到另一个文件或另一组文件中，具体操作步骤如下。

（1）选择【开始】| Autodesk Inventor 2020 | Design Assistant 2020 菜单命令，打开 Design Assistant 2020 窗口。

（2）在 Design Assistant 2020 窗口中，选择【工具】|【复制设计特性】菜单命令，打开【复制设计特性】对话框，如图 1-30 所示。

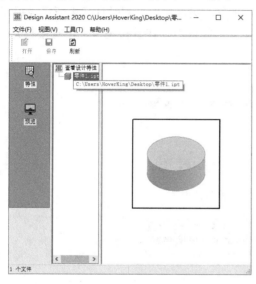

图 1-29　【预览】界面

图 1-30　【复制设计特性】对话框

（3）在【复制自】下拉列表框中选择要复制特性的源文件，也可以单击【浏览】按钮，浏览找到要复制特性的源文件，再在【特性】列表框中选择要复制源文件的具体特性。

（4）在【复制到】下拉列表框中，选择要接受这些特征的文件。

（5）设置完成后，单击【复制】按钮，完成特性的复制。

1.6.3　管理设计特性

使用设计助理可以管理设计零部件之间的链接关系，管理零部件之间的链接关系包括重命名文件、替换文件和复制文件等，具体介绍如下。

1. 重命名文件

在完成零部件的设计后，若对设计的零部件的名称不满意，则需要对其中的一个或部分零件进行重命名。如果直接修改零件名称，该零件就会与装配文件断开链接，利用 Inventor 打开装配文件时，修改名称后的零件将不能被识别，而设计管理器则能够很好地解决这一问题，具体操作如下。

选择【开始】| Autodesk Inventor 2020 | Design Assistant 2020 菜单命令，打开 Design Assistant 2020 窗口。

在 Design Assistant 2020 窗口中单击【打开】按钮，浏览到要处理的装配体文件，单击【打开】按钮，打开文件。

在 Design Assistant 2020 窗口中单击【管理】按钮 ，切换到【管理】界面，如图 1-31 所示。在该界面中找到要重命名的零件，然后在列表中单击鼠标右键，在弹出的快捷菜单中选择【重命名】命令。

在该零件后面的【名称】列中单击鼠标右键，在弹出的快捷菜单中选择【更改名称】命令，系统弹出【打开】对话框。设置新的文件名称，单击【打开】按钮，返回 Design Assistant 2020 窗口。选择【文件】|【保存】菜单命令，保存文件，同时打开更新完成提示对话框，完成重命名。这样重命名后，零件和装配文件之间依然存在链接关系，可直接打开。

图 1-31　【管理】界面

2. 替换文件

利用设计助理替换零件时，会自动替换装配体中零件或装配体文件的所有链接关系，但在工程图或表达视图中则不能直接替换文件。具体操作如下。

选择【开始】| Autodesk Inventor 2020 | Design Assistant 2020 菜单命令，打开 Design Assistant 2020 窗口。

在 Design Assistant 2020 窗口中单击【打开】按钮 ，选择要处理的装配体文件，单击【打开】按钮，打开文件。

在 Design Assistant 2020 窗口中单击【管理】按钮 ，切换到【管理】界面，在该界面中找到要替换的零件，然后在列表中单击鼠标右键，在弹出的快捷菜单中选择【替换】命令，系统弹出确认对话框，单击【是】按钮。

更改名称。在该零件后面的【名称】列中单击鼠标右键，在弹出的快捷菜单中选择【更改名称】命令，系统弹出【打开】对话框。在打开的对话框中选择要替换的零部件，单击【打开】按钮，返回 Design Assistant 2020 窗口，保存文件，同时打开更新完成提示对话框，完成替换。这样替换零件后，零件和装配文件之间依然存在链接关系，可直接打开。

3. 复制文件

如果要利用现有的零部件重新设计新的零件及装配体，即进行复制设计时，可以直接修改模型的几个参数，或者修改某些模型特征，以快速完成一个新的设计。但是这种设计方法容易导致新设计的零件与部件之间的链接关系出现混乱。例如，三维模型文件重命名后，打开装配体时需要重新指定新文件；又或者通过复制全套模型文件到新的文件夹中，在修改零部件的特征关系，打开装配文件时，装配零件依然使用原有零件，修改后的零件并没有替换进来。利用设计助理的复制文件功能可以非常简单地解决类似问题。

设计助理的复制文件功能，可以完整地复制出一套与原来的文件具有相同链接关系的新文件，但该文件本身又是独立存在的，因此可以单独对该文件中的零件做复制设计。具体操作如下。

选择【开始】| Autodesk Inventor 2020 | Design Assistant 2020 菜单命令，打开 Design Assistant 2020 窗口。

在打开的 Design Assistant 2020 窗口中，选择【文件】|【项目】菜单命令，打开【选择项目文件】对话框，切换到模型文件所在的项目，如图 1-32 所示。

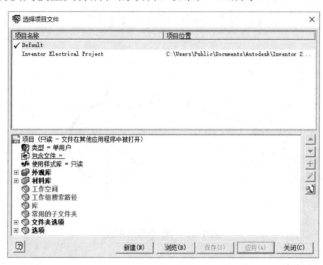

图 1-32 【选择项目文件】对话框

在 Design Assistant 2020 窗口中，浏览到要处理的装配体文件，并打开文件。

在 Design Assistant 2020 窗口中单击【管理】按钮 ，切换到【管理】界面，在该界面中找到要复制的零件，选择一个或多个零件，然后在列表中单击鼠标右键，在弹出的快捷菜单中选择【复制】命令。

改变文件位置。在该零件后面的【文件位置】列中单击鼠标右键，在弹出的快捷菜单中选择【改变位置】命令，系统弹出【选择文件位置】对话框，选择文件要复制到的位置。在 Design Assistant 2020 窗口的【包含文件类型】右侧选择与模型文件有链接关系的其他文件，包括【工程图文件】、【部件文件】、【表达视图文件】、【零件文件】、【包括子文件夹】等。可以选中一个或多个复选框，然后单击【查找文件】按钮，系统弹出查找文件数目提示对话框，并且查找到的文件出现在下面的列表框中。采用同样的方法，对其他文件进行复制和选择文件位置的操作，最后保存文件。

1.7 设计实战范例

本范例完成文件：/1/1-1.ipt

范例分析

本节的范例是创建一个法兰连接座模型，绘制草图后，使用拉伸和旋转命令创建主体部分，之后进行模型的视图操作，并创建定位特征，最后设置软件环境和复制模型文件。

范例操作

step 01 创建草图

单击【三维模型】选项卡【草图】面板中的【开始创建二维草图】按钮。

① 选择 XZ 平面，绘制二维图形。

② 单击【草图】选项卡【创建】面板中的【圆】按钮，绘制直径为 100 的圆形，如图 1-33 所示。

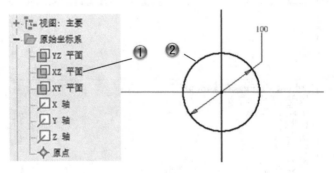

图 1-33　绘制圆形草图

step 02 创建拉伸特征

单击【三维模型】选项卡【创建】面板中的【拉伸】按钮。

① 创建拉伸特征，在【特性】面板中设置【距离】为 8。

② 单击【特性】面板中的【确定】按钮，如图 1-34 所示。

step 03 绘制圆形草图

单击【三维模型】选项卡【草图】面板中的【开始创建二维草图】按钮。

① 选择模型平面，绘制二维图形。

② 单击【草图】选项卡【创建】面板中的【圆】按钮，绘制直径为 14 的圆形，如图 1-35 所示。

step 04 阵列草图

单击【草图】选项卡【修改】面板中的【环形阵列】按钮。

① 绘制草图的圆形阵列，在【环形阵列】对话框中设置数量为 6。

② 在绘图区中，选择阵列图元。

③ 单击【环形阵列】对话框中的【确定】按钮，如图 1-36 所示。

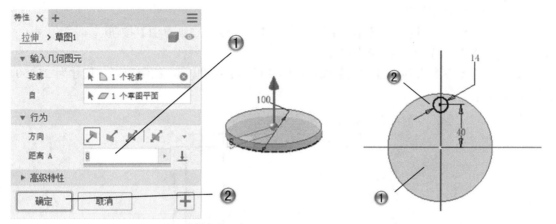

图 1-34　创建拉伸特征　　　　　　　　　图 1-35　绘制圆形草图

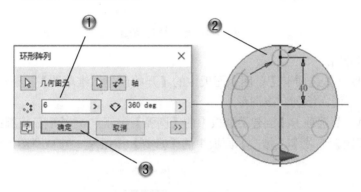

图 1-36　阵列草图

创建拉伸切除特征

单击【三维模型】选项卡【创建】面板中的【拉伸】按钮。

① 创建拉伸切除特征，在【特性】面板中设置【距离】为8。

② 单击【特性】面板中的【确定】按钮，如图 1-37 所示。

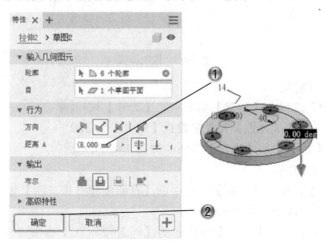

图 1-37　创建拉伸切除特征

step 06 绘制矩形草图

单击【三维模型】选项卡【草图】面板中的【开始创建二维草图】按钮 。

① 选择 YZ 平面，绘制二维图形。

② 单击【草图】选项卡【创建】面板中的【矩形】按钮 ，绘制矩形，尺寸为 25×50，如图 1-38 所示。

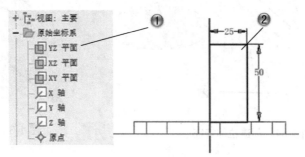

图 1-38 绘制矩形草图

step 07 绘制圆弧

单击【三维模型】选项卡【草图】面板中的【开始创建二维草图】按钮 。

① 选择 YZ 平面，绘制二维图形。

② 单击【草图】选项卡【创建】面板中的【圆弧】按钮 ，绘制三点圆弧，半径为 30。

③ 单击【草图】选项卡【修改】面板中的【修剪】按钮 ，修剪草图，如图 1-39 所示。

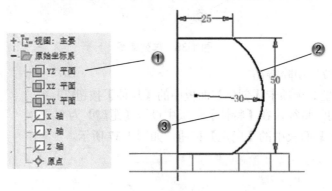

图 1-39 绘制圆弧

step 08 创建旋转特征

单击【三维模型】选项卡【创建】面板中的【旋转】按钮 。

① 创建旋转特征，在【特性】面板中设置【角度】为 360°。

② 单击【特性】面板中的【确定】按钮，如图 1-40 所示。

step 09 绘制圆形草图

单击【三维模型】选项卡【草图】面板中的【开始创建二维草图】按钮 。

① 选择模型平面，绘制二维图形。

② 单击【草图】选项卡【创建】面板中的【圆】按钮 ，绘制直径为 90 的圆形，如图 1-41 所示。

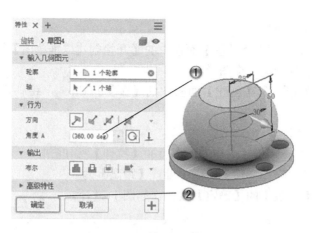

图 1-40　创建旋转特征

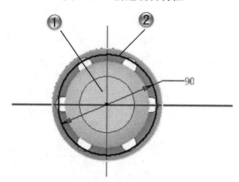

图 1-41　绘制圆形草图

step 10　创建拉伸特征

单击【三维模型】选项卡【创建】面板中的【拉伸】按钮 ▇ 。

① 创建拉伸特征，在【特性】面板中设置【距离】为8。

② 单击【特性】面板中的【确定】按钮，如图1-42所示。

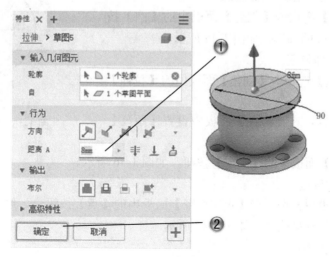

图 1-42　创建拉伸特征

step 11 绘制圆形草图

单击【三维模型】选项卡【草图】面板中的【开始创建二维草图】按钮。

① 选择模型平面，绘制二维图形。

② 单击【草图】选项卡【创建】面板中的【圆】按钮，绘制直径为 50 的圆形，如图 1-43 所示。

step 12 创建拉伸特征

单击【三维模型】选项卡【创建】面板中的【拉伸】按钮。

① 创建拉伸特征，在【特性】面板中设置【距离】为 8。

② 单击【特性】面板中的【确定】按钮，如图 1-44 所示。

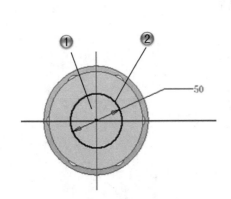

图 1-43　绘制圆形草图

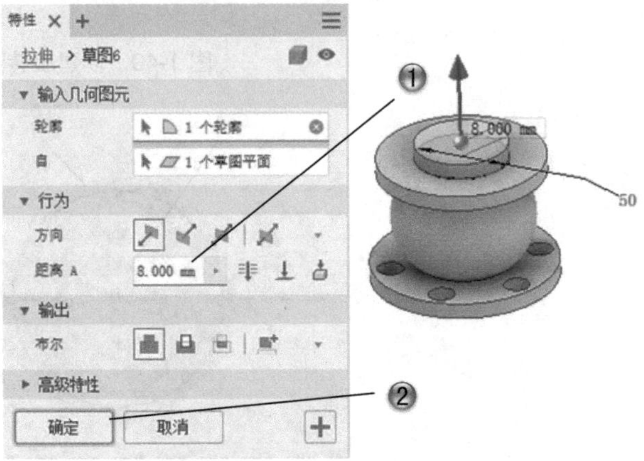

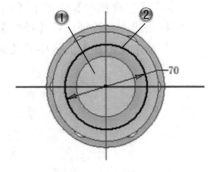

图 1-44　创建拉伸特征

step 13 绘制圆形草图

单击【三维模型】选项卡【草图】面板中的【开始创建二维草图】按钮。

① 选择模型平面，绘制二维图形。

② 单击【草图】选项卡【创建】面板中的【圆】按钮，绘制直径为 70 的圆形，如图 1-45 所示。

step 14 创建拉伸特征

单击【三维模型】选项卡【创建】面板中的【拉伸】按钮。

① 创建拉伸特征，在【特性】面板中设置【距离】为 8。

② 单击【特性】面板中的【确定】按钮，如图 1-46 所示。

图 1-45　绘制圆形草图

step 15 创建定位点

① 单击【三维模型】选项卡【定位特征】面板中的【点】按钮，绘制模型上的点。

② 在绘图区选择模型边线，如图 1-47 所示。

step 16 创建定位轴

① 单击【三维模型】选项卡【定位特征】面板中的【轴】按钮，绘制模型上的轴。

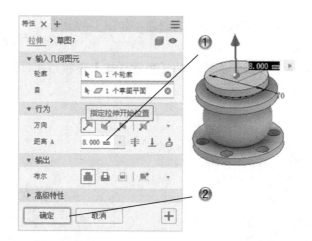

图 1-46 创建拉伸特征

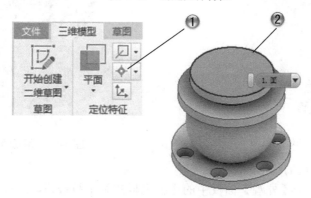

图 1-47 创建定位点

② 在绘图区选择模型边线，如图 1-48 所示。

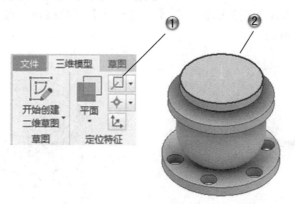

图 1-48 创建定位轴

step 17 创建定位面

单击【三维模型】选项卡【定位特征】面板中的【平面】按钮 。

① 选择参考面。

② 在绘图区中，设置偏移参数。

③ 单击【确定】按钮✔，完成定位面的创建，如图 1-49 所示。

step 18 带隐藏边着色

单击【视图】选项卡【外观】面板中的【视觉样式】下拉按钮，选择【带隐藏边着色】选项，完成模型显示，如图 1-50 所示。

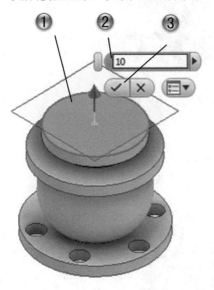

图 1-49 创建定位面

图 1-50 带隐藏边着色

step 19 仅带可见边的线框显示

单击【视图】选项卡【外观】面板中的【视觉样式】下拉按钮，选择【仅带可见边的线框】选项，完成模型显示，如图 1-51 所示。

step 20 线框显示

单击【视图】选项卡【外观】面板中的【视觉样式】下拉按钮，选择【线框】选项，完成模型显示，如图 1-52 所示。

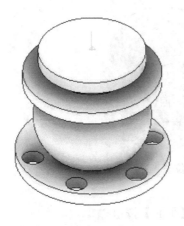

图 1-51 仅带可见边的线框显示

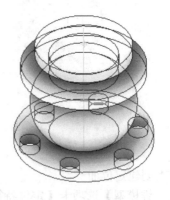

图 1-52 线框显示

step 21　水彩色显示

单击【视图】选项卡【外观】面板中的【视觉样式】下拉按钮，选择【水彩色】选项，完成模型显示，如图 1-53 所示。

step 22　全导航控制盘控制

单击【视图】选项卡【导航】面板中的【全导航控制盘】按钮 ，打开导航控制盘，进行模型的视图操作，如图 1-54 所示。

图 1-53　水彩色显示

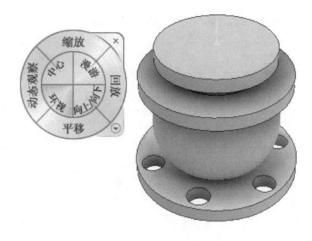

图 1-54　全导航控制盘控制

step 23　自由动态观察

单击【视图】选项卡【导航】面板中的【动态观察】按钮 ，旋转模型进行观察，如图 1-55 所示。

图 1-55　自由动态观察

step 24　设置系统单位

单击【工具】选项卡【选项】面板上的【文档设置】按钮 。

①打开【文档设置】对话框，切换到【单位】选项卡，设置系统单位。

②单击【文档设置】对话框中的【关闭】按钮，如图 1-56 所示。

step 25　设置系统颜色

单击【工具】选项卡【选项】面板上的【应用程序选项】按钮 。

①打开【应用程序选项】对话框，切换到【颜色】选项卡，设置背景颜色。

②单击【应用程序选项】对话框中的【关闭】按钮，如图 1-57 所示。

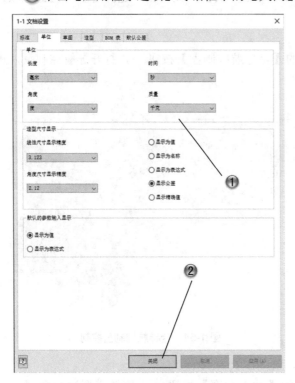

图 1-56　设置系统单位

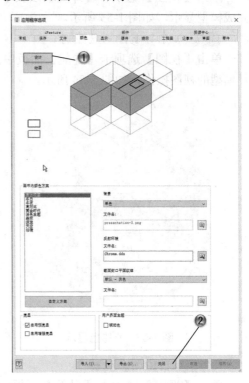

图 1-57　设置系统颜色

step 26　启用设计助理

选择【文件】|【管理】| Design Assistant 菜单命令。

①系统打开 Design Assistant 2020 窗口，单击【特性】按钮。

②在右侧的模型树中选择零件，查看零件模型，如图 1-58 所示。

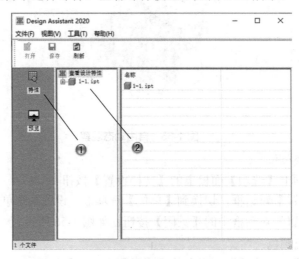

图 1-58　启用设计助理

step 27 预览模型

① 单击 Design Assistant 2020 窗口中的【预览】按钮 ，切换到【预览】界面。

② 完成预览后单击【关闭】按钮，如图 1-59 所示。

step 28 复制模型

选择【开始】| Autodesk Inventor 2020 | Design Assistant 2020 菜单命令。

① 打开 Design Assistant 2020 窗口，并选择零件模型打开。

② 在 Design Assistant 2020 窗口中单击【管理】按钮 ，切换到【管理】界面，选择零件，然后在列表中单击鼠标右键，在弹出的快捷菜单中选择【复制】命令，如图 1-60 所示。

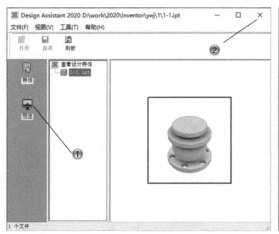

图 1-59 预览模型

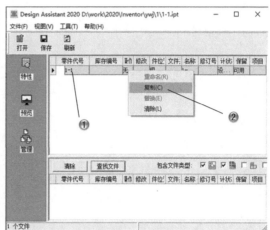

图 1-60 复制模型

1.8 本章小结和练习

1.8.1 本章小结

本章主要介绍了 Inventor 2020 软件的基础知识，认识 Inventor 工作界面，熟悉如何定制工作界面和系统环境，以及使用辅助工具设计零件，最后介绍了设计助理，设计助理主要是对现有的零件模型进行复制、修改等操作。

1.8.2 练习

(1) 使用软件基本操作工具，打开和操作零件模型。

(2) 熟悉软件的界面和操作方式。

(3) 使用辅助工具创建定位特征。

(4) 使用设计助理复制并保存文件。

第 2 章

草图基础

通常情况下，三维特征都是从草图绘制开始的。在 Inventor 的草图功能中，用户可以建立各种基本曲线，对曲线建立几何约束和尺寸约束，然后对二维草图进行拉伸、旋转等操作，从而创建出与草图关联的实体特征。

本章主要讲解草图环境和草图绘制工具，以及如何进行草图的编辑，草图的位置约束和几何尺寸都可以进行添加和更改，最后介绍草图插入的功能。

2.1 草图介绍

在机械制图中，草图要能正确地表达零件的形状与尺寸、精度等所有的要求，还能满足加工制造的要求，且要符合国家机械制图标准。草图的作用是为零件的特征创建打下基础，具有参考的价值。在零件设计过程中，一般先按设计意图画出草图，再结合计算画出参考和定位，最后生成零件特征。

在 Inventor 中，绘制草图要先选择一个面，作为草图的依附面，比如系统原始坐标系，如图 2-1 所示。之后才能进行草图的绘制，草图的绘制环境如图 2-2 所示。

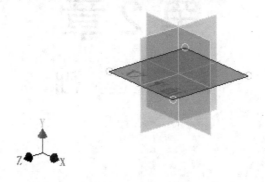

图 2-1　原始坐标系

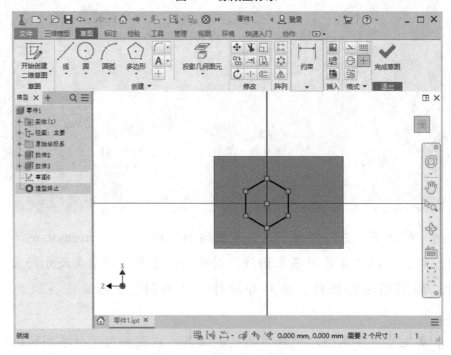

图 2-2　草图绘制环境

2.2 草 图 环 境

本节主要讲解如何新建草图环境及定制草图工作区环境。草图环境是三维模型创建的主要工作区域之一。

2.2.1 新建草图环境

新建草图的方法有三种：第一种是在原始坐标系平面上创建；第二种是在已有特征平面上创建；第三种是在工作平面上创建。这三种方法都有一个共同特点，就是新建草图必须依附于一个平面进行创建。

1. 在原始坐标系平面上创建草图

如果需要在原始坐标系平面上创建草图，工作环境必须处在零件造型环境。

方法 1：

使工作环境处在零件造型环境，在模型树中打开原始坐标系。

在列表中找到新建草图所需要依附的平面，在其图标上单击鼠标右键，在弹出的快捷菜单中选择【新建草图】命令，即可创建一个新的草图环境，如图 2-3 所示。

方法 2：

使工作环境处在零件造型环境，在绘图区的空白处单击鼠标右键，在弹出的快捷菜单中单击【新建草图】按钮 ，如图 2-4 所示。

在模型树中打开原始坐标系，选中新建草图所需要依附的平面，即可创建一个新的草图环境。

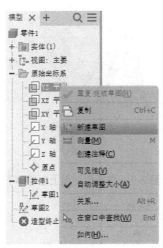

图 2-3　选择【新建草图】命令　　　　图 2-4　单击【新建草图】按钮

2. 在已有特征平面上创建草图

如果需要在已有特征平面上创建草图，工作环境必须处在零件造型环境且有模型存在。

方法 1：

使工作环境处在零件造型环境，在现有模型上找到新建草图所需要依附的平面。

单击模型上的平面使其亮显。

在所选平面范围内单击鼠标右键，在弹出的快捷菜单中单击【创建草图】按钮，如图 2-5 所示，即可创建一个新的草图环境。

方法 2：

使工作环境处在零件造型环境，在绘图区的空白处单击鼠标右键，在弹出的快捷菜单中单击【新建草图】按钮。

在现有模型上找到并单击新建草图所需要依附的平面，即可创建一个新的草图环境。

3. 在工作平面上创建草图

如果需要在工作平面上创建草图，前提条件是需要创建一个新的工作平面作为新建草图所需要依附的平面。创建工作平面的方法，在第 1 章已经介绍过了。

方法 1：

使工作环境处在零件造型环境，在模型中找到新建草图所需要依附的工作平面。

单击模型中的工作平面使其亮显，如图 2-6 所示。

在所选工作平面范围内单击鼠标右键，在弹出的快捷菜单中单击【创建草图】按钮，即可创建一个新的草图环境。

方法 2：

使工作环境处在零件造型环境，在绘图区的空白处单击鼠标右键，在弹出的快捷菜单中单击【新建草图】按钮。

在现有模型中找到并单击新建草图所需要依附的工作平面，即可创建一个新的草图环境。

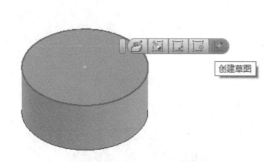

图 2-5　创建草图

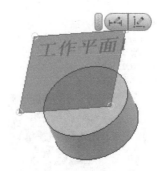

图 2-6　在工作平面上创建草图

2.2.2　定制草图工作区环境

本节主要介绍草图环境设置选项，用户可以根据自己的习惯定制需要的草图工作环境。

单击【工具】选项卡【选项】面板上的【应用程序选项】按钮，打开【应用程序选项】对话框，切换到【草图】选项卡，如图 2-7 所示。

图 2-7 【草图】选项卡

【草图】选项卡中的选项说明如下。

1. 约束设置

单击【设置】按钮，打开如图 2-8 所示的【约束设置】对话框，可以控制草图约束和尺寸标注的显示模式和过约束设置。

2. 样条曲线拟合方式

设定点之间的样条曲线过渡，确定样条曲线识别的初始类型。

- 【标准】：设定该拟合方式可创建点之间平滑连续的样条曲线，适用于 A 类曲面。
- AutoCAD：设定该拟合方式以使用 AutoCAD 拟合方式来创建样条曲线，不适用于 A 类曲面。
- 【最小能量-默认张力】：设定该拟合方式可创建平滑连续且曲率分布良好的样条曲线，适用于 A 类曲面。

图 2-8   【约束设置】对话框

3. 显示

设置绘制草图时显示的坐标系和网格的元素。

- 【网格线】：设置草图中网格线的显示。
- 【辅网格线】：设置草图中次要的或辅助网格线的显示。
- 【轴】：设置草图平面轴的显示。
- 【坐标系指示器】：设置草图平面坐标系的显示。

4. 捕捉到网格

可通过设置【捕捉到网格】选项来设置草图任务中的捕捉状态，选中该复选框可打开网格捕捉。

5. 在创建曲线过程中自动投影边

选中此复选框，将现有几何图元投影到当前的草图平面上，此直线作为参考几何图元投影。选中该复选框可使用自动投影，取消选中该复选框则抑制自动投影。

6. 自动投影边以创建和编辑草图

当创建或编辑草图时，将所选面的边自动投影到草图平面上作为参考几何图元。选中该复选框，可为新的和编辑过的草图创建参考几何图元。取消选中该复选框，则抑制创建参考几何图元。

7. 新建草图后，自动投影零件原点

选中此复选框，指定新建的草图上投影的零件原点的配置。取消选中此复选框，则需手动投影原点。

8. 创建和编辑草图时，将观察方向固定为草图平面

选中【在零件环境中】和【在部件环境中】复选框，指定重新定位图形窗口，以使草图平面与新建草图的视图平行。取消选中这两个复选框，将在选定的草图平面上创建一个草图，而不考虑视图的方向。

9. 点对齐

选中此复选框，使新创建几何图元的端点和现有几何图元的端点之间对齐。将显示临时的点、线以指定的对齐方式进行对齐。取消选中此复选框，相对于特定点的对齐在草图命令中可通过将光标置于点上临时调用。

10. 默认情况下在插入图像过程中启用"链接"选项

在【插入图像】对话框中将默认选中【链接】复选框，此选项允许将对图像进行的更改更新到 Inventor 中，后面会介绍如何在草图中插入图像。

11. 新建三维直线时自动折弯

该复选框用于设置在绘制三维直线时，是否自动放置相切的拐角过渡。选中该复选框可自动放置拐角过渡，取消选中该复选框则抑制自动创建拐角过渡。

　　　　所有草图几何图元均在草图环境中创建和编辑。对草图图元的所有操作，都在草图环境中处于几何状态时进行。选择草图命令后，可以指定平面、工作平面或草图曲线作为草图平面。从以前创建的草图中选择曲线将重新打开草图，即可添加、修改或删除几何图元。

2.3　草　图　绘　制

本节主要讲述如何利用 Inventor 提供的草图工具正确、快速地绘制基本的几何元素。熟练地掌握草图基本工具的使用方法和技巧，是绘制草图前的必修课程。

2.3.1　绘制点

创建草图点或中心点的操作步骤如下。

(1) 单击【草图】选项卡【创建】面板中的【点、圆心】按钮，然后在绘图区域内任意处单击，即可出现一个点。

(2) 如果要继续绘制点，可在要创建点的位置再次单击。若要结束绘制可单击鼠标右键，在弹出的快捷菜单中单击【确定】按钮。

2.3.2　绘制直线

直线分为三种类型：水平直线、竖直直线和任意角度直线。在绘制过程中，不同类型的

直线其显示方式不同。

(1) 水平直线：在绘制直线的过程中，光标附近会出现水平直线图标符号，如图 2-9 所示。

(2) 竖直直线：在绘制直线的过程中，光标附近会出现竖直直线图标符号，如图 2-10 所示。

(3) 任意角度直线：绘制的角度直线会显示角度值。

继续绘制，将绘制出相连的折线。单击【草图】选项卡【创建】面板中的【线】按钮／，还可创建与几何图元相切或垂直的圆弧。首先移动鼠标到直线的一个端点，然后按住左键，在要创建圆弧的方向上拖动鼠标，即可创建圆弧。

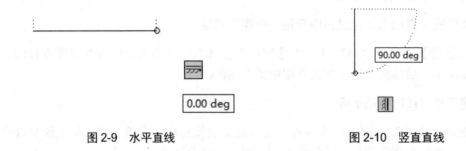

图 2-9　水平直线　　　　　　　　　　图 2-10　竖直直线

2.3.3　绘制样条曲线

通过选定的点来创建样条曲线。样条曲线的绘制过程如下。

(1) 单击【草图】选项卡【创建】面板上的【样条曲线(控制顶点)】按钮∿，开始绘制样条曲线。

(2) 在绘图区域单击，确定样条曲线的起点。

(3) 移动鼠标，在绘图区合适的位置单击鼠标，确定样条曲线上的第二点。

(4) 重复移动鼠标，确定样条曲线上的其他点。

(5) 按 Enter 键完成样条曲线的绘制，如图 2-11 所示。

【样条曲线(插值)】命令的操作方法与此命令类似，在这里就不再介绍，可以自己绘制。

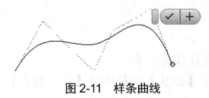

图 2-11　样条曲线

2.3.4　绘制圆

圆可以通过两种方式来绘制：一种是绘制基于中心的圆；另一种是绘制基于周边切线的圆。

1. 绘制圆心圆

(1) 单击【草图】选项卡【创建】面板中的【圆(圆心)】按钮，开始绘制圆。

（2）选择圆心。

（3）确定圆的半径。移动鼠标拖出一个圆，然后单击鼠标确定圆的半径。

（4）确认绘制的圆。单击鼠标，完成圆的绘制。

2. 绘制相切圆

（1）单击【草图】选项卡【创建】面板中的【圆(相切)】
按钮◯，开始绘制圆。

（2）确定第一条相切线。在绘图区域选择一条直线作为
第一条相切线。

（3）确定第二条相切线。在绘图区域选择一条直线作为
第二条相切线。

（4）确定第三条相切线。在绘图区域选择一条直线作为
第三条相切线，如图 2-12 所示。

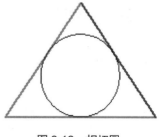

图 2-12　相切圆

2.3.5　绘制椭圆

椭圆是根据中心点、长轴与短轴绘制的。椭圆的绘制步骤如下。

（1）单击【草图】选项卡【创建】面板中的【椭圆】按钮⊙，绘制椭圆。

（2）绘制椭圆的中心。在绘图区域合适的位置单击鼠
标，确定椭圆的中心。

（3）确定椭圆的长半轴。移动鼠标，在鼠标附近会显示
椭圆的长半轴。在绘图区合适的位置单击鼠标，确定椭圆的
长半轴。

（4）确定椭圆的短半轴。移动鼠标，在绘图区合适的位
置单击鼠标，确定椭圆的短半轴。完成椭圆的绘制，如图 2-13
所示。

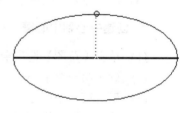

图 2-13　椭圆

2.3.6　绘制圆弧

圆弧可以通过三种方式来绘制：第一种是通过三点绘制圆弧；第二种是通过圆心、半径
来确定圆弧；第三种是绘制基于相切边的圆弧。前两种较简单，下面只介绍相切圆弧的绘制
步骤。

（1）单击【草图】选项卡【创建】面板中的【圆弧】按
钮╭，绘制相切圆弧。

（2）确定圆弧的起点。在绘图区域中选取曲线，自动捕
捉曲线的端点。

（3）确定圆弧的终点。移动光标在绘图区域合适的位置
单击鼠标，确定圆弧的终点。

（4）确定绘制的圆弧。单击鼠标完成圆弧的绘制，如
图 2-14 所示。

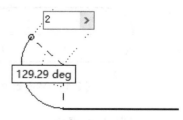

图 2-14　相切圆弧

2.3.7　绘制矩形

矩形可以通过四种方式来绘制：一是通过两个对角顶点绘制矩形；二是通过三个点绘制矩形；三是通过中心和一个顶点绘制矩形；四是通过三点中心绘制矩形。绘制矩形的一般步骤如下。

(1)　单击【草图】选项卡【创建】面板中的【矩形】按钮▭，绘制两点矩形。

(2)　单击确定两个对角点，完成矩形的绘制，如图2-15所示。

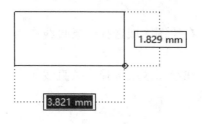

图2-15　矩形

2.3.8　绘制槽

槽包括五种类型，即"中心到中心""整体""中心点""三点圆弧"和"圆心圆弧"。

1. 创建中心到中心槽

(1)　单击【草图】选项卡【创建】面板中的【槽】按钮▭，绘制中心到中心槽。

(2)　确定第一个中心点。在图形窗口中单击任意一点，以确定槽的第一个中心点。

(3)　确定第二个中心点。在图形窗口中单击第二点，以确定槽的第二个中心点。

(4)　确定宽度。拖动鼠标，以确定槽的宽度，完成槽的绘制，如图2-16所示。

2. 创建整体槽

(1)　单击【草图】选项卡【创建】面板中的【槽】按钮▭，绘制整体槽。

(2)　确定第一点。在图形窗口中单击任意一点，以确定槽的第一点。

(3)　确定长度。拖动鼠标，以确定槽的长度。

(4)　确定宽度。拖动鼠标，以确定槽的宽度，如图2-17所示。

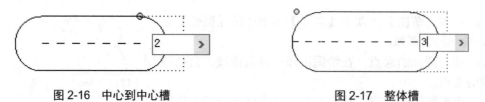

图2-16　中心到中心槽　　　　　　　　图2-17　整体槽

3. 创建中心点槽

(1)　单击【草图】选项卡【创建】面板中的【槽】按钮▭，绘制中心点槽。

(2) 确定中心点。在图形窗口中单击任意一点，以确定槽的中心点。

(3) 确定圆心。在图形窗口中单击第二点，以确定槽的圆心。

(4) 确定宽度。拖动鼠标，以确定槽的宽度，完成槽的绘制。

4. 创建三点圆弧槽

(1) 单击【草图】选项卡【创建】面板中的【槽】按钮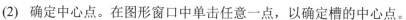，绘制三点圆弧槽。

(2) 确定圆弧起点。在图形窗口中单击任意一点，以确定槽的起点。

(3) 确定圆弧终点。在图形窗口中单击任意一点，以确定槽的终点。

(4) 确定圆弧大小。在图形窗口中单击任意一点，以确定槽的大小。

(5) 确定槽宽度。拖动鼠标，以确定槽的宽度，完成槽的绘制，如图 2-18 所示。

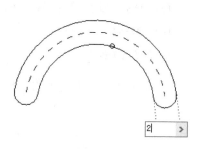

图 2-18　三点圆弧槽

5. 创建圆心圆弧槽

(1) 单击【草图】选项卡【创建】面板中的【槽】按钮，绘制圆心圆弧槽。

(2) 确定圆弧圆心。在图形窗口中单击任意一点，以确定槽的圆心。

(3) 确定圆弧起点。在图形窗口中单击任意一点，以确定槽的起点。

(4) 确定圆弧终点。拖动鼠标到适当位置，单击确定槽的终点。

(5) 确定槽的宽度。拖动鼠标，以确定槽的宽度，完成槽的绘制。

2.3.9　绘制多边形

用户可以通过【多边形】命令创建最多包含 120 条边的多边形，可以通过指定边的数量和创建方法来创建多边形。创建多边形的步骤如下。

(1) 单击【草图】选项卡【创建】面板中的【多边形】按钮，弹出【多边形】对话框，如图 2-19 所示。

(2) 确定多边形的边数。在【多边形】对话框中，输入多边形的边数。也可以使用默认的边数，在绘制以后再进行修改。

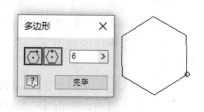

图 2-19　【多边形】对话框

(3) 确定多边形的中心。在绘图区域单击鼠标，确定多边形的中心。

(4) 设置多边形的参数。在【多边形】对话框中选择是内接圆模式还是外切圆模式。

(5) 确定多边形的形状。移动鼠标，在合适的位置单击鼠标，确定多边形的形状。

2.3.10　投影

将不在当前草图中的几何图元投影到当前草图以便使用，投影结果与原始图元动态关联。

1. 投影几何图元

可投影其他草图的几何元素、边和回路。

(1) 单击【草图】选项卡【创建】面板上的【投影几何图元】按钮。

(2) 选择要投影的轮廓。在视图中选择要投影的面或者轮廓线。

(3) 确认投影实体。退出草图绘制状态，如图 2-20 所示为草图投影的图形。

2. 投影模型边

可以将图 2-20 中所示的圆柱边线投影到草图中，如图 2-21 所示。

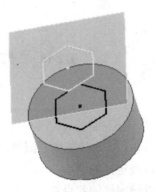

图 2-20　投影草图

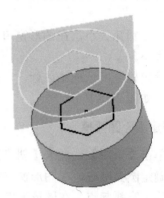

图 2-21　投影模型边

2.3.11　倒角和圆角

1. 倒角

倒角是指用斜线连接两个不平行的线性对象。创建倒角的步骤如下。

(1) 单击【草图】选项卡【创建】面板上的【倒角】按钮，弹出【二维倒角】对话框。

(2) 设置等边倒角方式。在【二维倒角】对话框中，按照等边设置倒角方式，然后选择两条直线。

(3) 设置边长。设置倒角边长参数。

(4) 确认倒角。单击【二维倒角】对话框中的【确定】按钮，完成倒角的绘制，如图 2-22 所示。

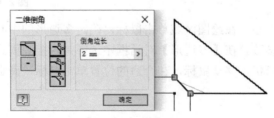

图 2-22　绘制倒角

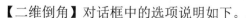

【二维倒角】对话框中的选项说明如下。

按钮：放置对齐尺寸来指定倒角的大小。

按钮：单击此按钮，此次操作的所有倒角将被添加相等半径的约束，即只有一个驱动尺寸；否则每个圆角有各自的驱动尺寸。

按钮：通过与点或选中直线的交点相同的偏移距离来定义倒角。

按钮：通过每条选中的直线指定到点或交点的距离来定义倒角。

按钮：由所选的第一条直线的角度和从第二条直线的交点开始的偏移距离来定义倒角。

2. 圆角

圆角是指用指定半径的一段平滑圆弧连接两个对象。创建圆角的步骤如下。

(1) 单击【草图】选项卡【创建】面板上的【圆角】按钮，弹出如图 2-23 所示的【二维圆角】对话框。

(2) 设置圆角半径。

(3) 选择两条绘制圆角的直线或弧线。

(4) 确认绘制的圆角。

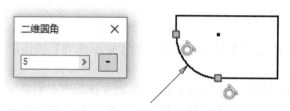

图 2-23　绘制圆角

2.4　草　图　编　辑

本节将介绍草图的镜像、阵列、偏移、移动、旋转、拉伸、缩放、延伸、修剪等操作。

2.4.1　镜像

草图镜像的操作步骤如下。

(1) 单击【草图】选项卡【阵列】面板上的【镜像】按钮，弹出【镜像】对话框，如图 2-24 所示。

(2) 选择镜像图元。单击【镜像】对话框中的【选择】按钮，选择要镜像的几何图元，比如圆形。

(3) 选择镜像线。单击【镜像】对话框中的【镜像线】按钮，选择镜像线，一般为直线。

(4) 完成镜像。单击【应用】按钮，镜像草图几何图元即被创建，单击【完毕】按钮，退出【镜像】对话框。

图 2-24　镜像操作

　草图几何图元在镜像时，使用镜像线作为其镜像轴，相等约束会自动应用到镜像双方。但在镜像完毕后，用户可删除或编辑某些线段，同时其余的线段仍然保持不变。此时不要给镜像的图元添加对称约束，否则系统会给出约束多余的警告。

2.4.2　阵列

如果要阵列几何图元，就会用到矩形阵列和环形阵列工具。矩形阵列可在两个互相垂直的方向上阵列几何图元；环形阵列则可使某个几何图元沿着圆周阵列。

1. 矩形阵列

(1)　单击【草图】选项卡【阵列】面板中的【矩形阵列】按钮，弹出【矩形阵列】对话框，如图 2-25 所示。

(2)　选择阵列图元。利用【几何图元】按钮 选择要阵列的草图几何图元，比如圆形。

(3)　选择阵列方向 1。单击【方向 1】下面的路径选择按钮 ，选择几何图元定义阵列的第一个方向。如果要选择与选择方向相反的方向，可单击【反向】按钮 。

(4)　设置参数。在【数量】 下拉列表框中，指定阵列中元素的数量，在【间距】 下拉列表框中，指定元素之间的间距。

(5)　选择阵列方向 2。进行【方向 2】的设置，操作与【方向 1】设置相同。

(6)　完成阵列。单击【确定】按钮，创建阵列。

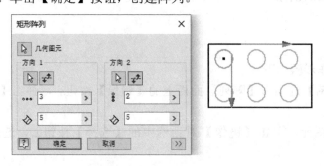

图 2-25　矩形阵列

2. 环形阵列

(1)　单击【草图】选项卡【阵列】面板中的【环形阵列】按钮，打开【环形阵列】对话框，如图 2-26 所示。

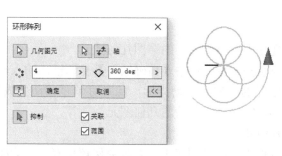

图 2-26　【环形阵列】对话框

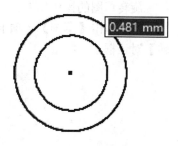

(2) 选择阵列图元。利用【几何图元】按钮 ⬚ 选择要阵列的草图几何图元。

(3) 选择旋转轴。利用旋转轴选择按钮 ⬚，选择旋转轴，如果要选择相反的旋转方向 (如顺时针方向变逆时针方向排列)，可单击【反向】按钮 ⬚。

(4) 设置阵列参数。选择好旋转方向之后，再在【数量】 ⬚ 文本框中输入要复制的几何图元的个数，以及在【角度】 ⬚ 文本框中输入旋转的角度。

(5) 单击【确定】按钮，完成环形阵列特征的创建。

【环形阵列】对话框中的一些选项说明如下。

【抑制】：抑制单个阵列元素，将其从阵列中删除，同时该几何图元将转换为构造几何图元。

【关联】：选中此复选框，阵列成员相互具有关联性，当修改零件时，会自动更新阵列。

【范围】：选中此复选框，则阵列元素均匀分布在指定间距范围内。取消选中该复选框，阵列位置将取决于两元素之间的间距。

2.4.3　偏移

偏移是指复制所选草图几何图元，并将其放置在与原图元偏移一定距离的位置上。在一般情况下，偏移的几何图元与原几何图元有等距约束。

(1) 单击【草图】选项卡【修改】面板上的【偏移】按钮 ⬚，创建偏移图元。

(2) 选择图元。在视图中选择要复制的草图几何图元。

(3) 在要放置偏移图元的方向上移动光标，此时可预览偏移生成的图元。

(4) 单击以创建新几何图元，如图 2-27 所示。

图 2-27　偏移图形

　　提示　　通过偏移，可以使用尺寸标注工具设置指定的偏移距离。在移动鼠标以预览图元的过程中，如果单击鼠标右键，可以打开快捷菜单进行设置。

2.4.4　移动

移动草图的操作如下。

(1) 单击【草图】选项卡【修改】面板上的【移动】按钮 ⬚，打开如图 2-28 所示的【移动】对话框。

(2) 选择图元。在视图中选择要移动的草图几何图元。

(3) 设置基准点。选取基准点或选中【精确输入】复选框,输入坐标。

(4) 在要放置移动图元的方向上移动光标,此时可预览移动生成的图元。动态预览将以虚线显示原始几何图元,以实线显示移动的几何图元。

(5) 单击以创建新几何图元。

复制与移动的操作过程类似,区别在于,复制会保留原有的图元(由一个变为两个),而移动仅保留新图元。

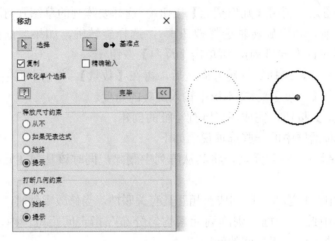

图 2-28　移动草图

2.4.5　旋转

旋转草图的操作如下。

(1) 单击【草图】选项卡【修改】面板上的【旋转】按钮 C,打开如图 2-29 所示的【旋转】对话框。

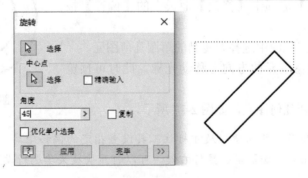

图 2-29　【旋转】对话框

(2) 选择图元。在视图中选择要旋转的草图几何图元,比如矩形。

(3) 设置中心点。选取中心点或选中【精确输入】复选框,输入坐标。

(4) 在要旋转图元的方向上移动光标,此时可预览旋转生成的图元。动态预览将以虚线显示原始几何图元，以实线显示旋转几何图元。

(5) 单击以创建新几何图元。

2.4.6　拉伸

拉伸草图的操作如下。

(1) 单击【草图】选项卡【修改】面板上的【拉伸】按钮 ，打开如图 2-30 所示的【拉伸】对话框。

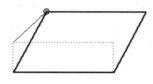

图 2-30　拉伸草图

(2) 选择图元。在视图中选择要拉伸的草图几何图元，比如矩形。

(3) 设置基准点。选取拉伸操作基准点或选中【精确输入】复选框，输入坐标。

(4) 移动光标，此时可预览拉伸生成的图元，动态预览将以虚线显示原始几何图元，以实线显示拉伸几何图元。

(5) 单击以创建新几何图元。

2.4.7　缩放

缩放命令可以统一更改选定二维草图几何图元中的所有尺寸的大小。选定和未选定几何图元之间共享的约束，会影响缩放比例的结果。缩放草图的操作如下。

(1) 单击【草图】选项卡【修改】面板上的【缩放】按钮 ，打开如图 2-31 所示的【缩放】对话框。

(2) 选择图元。在视图中选择要缩放的草图几何图元，比如圆形。

(3) 设置基准点。选取缩放操作基准点或选中【精确输入】复选框，输入坐标。

(4) 移动光标，此时可预览缩放生成的图元，动态预览将以虚线显示原始几何图元，以实线显示缩放几何图元。

(5) 单击以创建新几何图元。

图 2-31　缩放草图

2.4.8　延伸

延伸命令用来清理草图或闭合处于开放状态的草图。延伸草图的操作如下。

(1)　单击【草图】选项卡【修改】面板上的【延伸】按钮 ➡️。

(2)　选择图元。在视图中选择要延伸的草图几何图元，比如直线。

(3)　移动光标，此时可预览延伸生成的图元，动态预览将以高亮显示原始几何图元，以实线显示延伸几何图元。

(4)　单击以创建新几何图元，如图 2-32 所示。

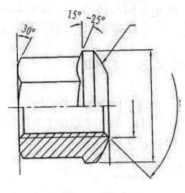

图 2-32　延伸草图

2.4.9　修剪

修剪命令可以将选中曲线修剪到与最近曲线的相交处，该工具可在二维草图、部件和工程图中使用。在一个具有很多相交曲线的二维草图环境中，该工具可以很好地除去多余的曲线部分，使得图形更加整洁。

1. 修剪单条曲线

(1)　单击【草图】选项卡【修改】面板中的【修剪】按钮 ✂️。

(2)　在视图中，在曲线上停留光标以预览修剪，如图 2-33 所示，然后单击曲线完成操作。

(3)　若要退出修剪曲线操作，按 Esc 键。

2. 修剪多条曲线

(1)　单击【草图】选项卡【修改】面板中的【修剪】按钮 ✂️。

(2)　在视图中，按住鼠标左键，然后在草图上移动光标。光标接触到的所有直线和曲线将均被修剪，如图 2-34 所示。

(3)　若要退出修剪曲线操作，按 Esc 键。

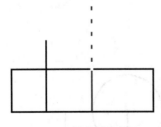

图 2-33　修剪单条曲线

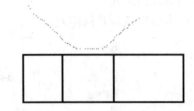

图 2-34　修剪多条曲线

　　在曲线中间进行选择会影响离光标最近的端点。当存在多个交点时，将选择最近的一个，在修剪操作中，删除掉的是光标下面的部分。

2.5　草图几何约束

在草图的几何图元绘制完毕以后，往往需要对草图进行约束，如约束两条直线平行或垂直、约束两个圆同心等。

约束的目的就是保持图元之间的某种固定关系，这种关系不受被约束对象的尺寸或位置因素的影响。如果在设计开始时要绘制一条直线和一个圆相切，假设圆的尺寸或位置在设置过程中发生改变，则这种相切关系将不会自动维持。但是如果给直线和圆添加了相切约束，则无论圆的尺寸和位置怎么改变，这种相切关系都会始终维持下去。

2.5.1　添加草图几何约束

几何约束位于【草图】选项卡【约束】面板上，如图 2-35 所示。

1. 重合约束

图 2-35　【约束】面板

重合约束可将两点约束在一起或将一个点约束到曲线上。当此约束被应用到两个圆、圆弧或椭圆的中心点时，得到的结果与使用同心约束相同。使用时分别用鼠标选取两个或多个要施加约束的几何图元，即可创建重合约束，这里的几何图元要求是两个点，或一个点和一条线。

创建重合约束时需要注意以下几点。

- 约束在曲线上的点可能会位于该线段的延伸线上。
- 重合在曲线上的点可沿曲线滑动，因此这个点可位于曲线的任意位置，除非有其他约束或尺寸影响其移动。
- 当使用重合约束来约束中点时，将创建草图点。
- 如果两个要进行重合限制的几何图元都没有其他位置，则添加约束后二者的位置由第一条曲线的位置决定。

2. 共线约束

共线约束使两条直线位于同一条直线上。使用该约束工具时分别用鼠标选取两个或多个要施加约束的几何图元即可创建共线约束。如果两个几何图元都没有添加其他位置约束，则由所选的第一个图元的位置来决定另一个图元的位置。

3. 同心约束

同心约束可将两段圆弧、两个圆或椭圆约束为具有相同的中心点，其结果与在曲线的中心点上应用重合约束是完全相同的。使用该约束工具时分别用鼠标选取两个或多个要施加约束的几何图元，即可创建同心约束。需要注意的是，添加约束后的几何图元的位置由所选的第一条曲线来设置中心点，未添加其他约束的曲线被重置为与已约束曲线同心，其结果与应用到中心点的重合约束是相同的。

4. 平行约束

平行约束可将两条或多条直线(或椭圆轴)约束为互相平行。使用时分别用鼠标选取两个或多个要施加约束的几何图元即可创建平行约束。

5. 垂直约束

垂直约束可使所选的直线、曲线或椭圆轴相互垂直。使用时分别用鼠标选取两个要施加约束的几何图元即可创建垂直约束。需要注意的是，要对样条曲线添加垂直约束，约束必须应用于样条曲线和其他曲线的端点处。

6. 水平约束

水平约束使直线、椭圆轴或成对的点平行于草图坐标系的 X 轴。添加了该几何约束后，几何图元的两点，如线的端点、中心点、中点或点等被约束到与 X 轴距离相等。使用该约束工具时分别用鼠标选取两个或多个要施加约束的几何图元，即可创建水平约束，这里的几何图元是直线、椭圆轴或者成对的点。

7. 竖直约束

竖直约束可使直线、椭圆轴或者成对的点平行于草图坐标系的 Y 轴。添加了该几何约束后，几何图元的两点，如线的端点、中心点、中点或点等被约束到与 Y 轴距离相等。使用该约束工具时分别用鼠标选取两个或多个要施加约束的几何图元，即可创建竖直约束，这里的几何图元是直线、椭圆轴或成对的点。

8. 相切约束

相切约束可将两条曲线约束为彼此相切，即使它们并不相交(在二维草图中)。相切约束通常用于将圆弧约束到直线，也可使用相切约束来约束样条曲线和直线。在三维草图中，相切约束可应用到三维草图中的与其他几何图元共享端点的三维样条曲线，包括模型边。使用时分别用鼠标选取两个或多个要施加约束的几何图元即可创建相切约束，这里的几何图元是直线和圆弧、直线和样条曲线、圆弧和样条曲线等。

9. 平滑约束

平滑约束可在样条曲线和其他曲线(如线、圆弧或样条曲线)之间创建曲率连续的曲线。

10. 对称约束

对称约束将使所选直线、曲线或圆形相对于所选直线对称。应用该约束时，约束到的所选几何图元的线段会重新确定方向和大小。使用该约束工具时依次用鼠标选取两条直线或曲线或圆，然后选择它们的对称轴即可创建对称约束。如果删除对称轴，将随之删除对称约束。

11. 等长约束

等长约束将所选的圆弧和圆调整到具有相同的半径，或将所选的直线调整到具有相同的长度。使用该约束工具时分别用鼠标选取两个或多个要施加约束的几何图元,即可创建等长约束,这里的几何图元是直线、圆弧和圆。

12. 固定约束

固定约束可将点和曲线固定到相对于草图坐标系的位置。如果移动或转动草图坐标系,固定曲线或点将随之运动。

2.5.2　显示草图几何约束

1. 显示所有几何约束

在给草图添加几何约束以后,默认情况下这些约束是不显示的,但是用户可自行设定是否显示约束。如果要显示全部约束的话,可在草图绘制区域内单击鼠标右键,在弹出的快捷菜单中选择【显示所有约束】命令;相反,如果要隐藏全部的约束,在快捷菜单中选择【隐藏所有约束】命令,如图 2-36 所示。

图 2-36　快捷菜单

2. 显示单个几何约束

单击【草图】选项卡【约束】面板上的【显示约束】按钮,在草图绘图区域选择某几何图元,则该几何图元的约束会显示。当鼠标位于某个约束符号的上方时,与该约束有关的几何图元会变为红色,以方便用户观察和选择。在显示约束的小窗口右部有一个【关闭】按钮,单击该按钮可关闭约束显示窗口。另外,还可用鼠标移动约束显示窗口,把它拖放到任何位置。

2.5.3　删除草图几何约束

在约束符号上单击鼠标右键,在弹出的快捷菜单中选择【删除】命令,可删除约束。如果多条曲线共享一个点,则每条曲线上都显示一个重合约束。如果在其中一条曲线上删除该约束,此曲线即可被移动。其他曲线仍保持约束状态,除非删除所有重合约束。

草图绘制及约束的注意事项。
① 应尽可能简化草图,复杂的草图会增加控制的难度。
② 重复简单的形状以构建复杂的形体。
③ 不需要精确绘图,只需要大致接近。
④ 在图形稳定之前,接受默认的尺寸。
⑤ 先用几何约束,然后应用尺寸约束。

2.6　标 注 尺 寸

给草图添加尺寸标注是草图设计过程中非常重要的一步,草图几何图元需要尺寸信息以便保持大小和位置,满足设计意图的需要。一般情况下,Inventor 中的所有尺寸都是参数化的。这意味着用户可通过修改尺寸来更改已进行标注的项目大小，也可将尺寸指定为计算尺寸，它反映了项目的大小却不能用来修改项目的大小。向草图几何图元添加参数尺寸的过程，也是用来控制草图中对象的大小和位置约束的过程。在 Inventor 中，如果对尺寸值进行更改，草图也将自动更新，基于该草图的特征也会自动更新。

2.6.1　自动标注尺寸

在 Inventor 中，可利用自动标注尺寸工具快速地给图形添加尺寸标注，该工具可计算所有的草图尺寸，然后自动添加。如果单独选择草图几何图元(如直线、圆弧、圆和点)，系统将自动应用尺寸标注和约束。如果不单独选择草图几何图元，系统将自动对所有未标注尺寸的草图对象进行标注。

通过自动标注尺寸工具，用户可完全标注和约束整个草图；可识别特定曲线或整个草图，以便进行约束；可以创建尺寸标注或约束，也可以同时创建两者；可使用尺寸工具来提供关键的尺寸，然后使用自动尺寸和约束工具来完成对草图的约束。在复杂的草图中，如果不能确定缺少哪些尺寸，可使用自动尺寸和约束工具来完全约束该草图，用户也可删除自动尺寸标注和约束。

(1)　单击【草图】选项卡【约束】面板上的【自动尺寸和约束】按钮，打开如图 2-37 所示的【自动标注尺寸】对话框。

(2)　接受默认设置以添加尺寸和约束，或取消选中复选框以防止应用关联项。

(3)　在视图中选择单个几何图元或多个几何图元，可以按住鼠标左键并拖动，将所需的几何图元包含在选择窗口内，单击完成选择。

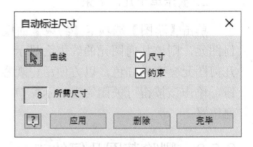

图 2-37　【自动标注尺寸】对话框

(4)　在对话框中单击【应用】按钮向所选的几何图元添加尺寸和约束。

【自动标注尺寸】对话框中的选项说明如下。

【尺寸】：选中此复选框，对所选的几何图元自动标注尺寸。

【约束】：选中此复选框，对所选的几何图元自动进行约束。

【所需尺寸】：显示要完全约束草图所需的约束和尺寸的数量。如果从方案中删除了约束或尺寸，在显示的总数中也会减去相应的数量。

【删除】按钮：从所选的几何图元中删除尺寸和约束。

2.6.2　手动标注尺寸

虽然自动标注尺寸功能强大，省时省力，但是很多设计人员在实际工作中仍手动标注尺寸。手动标注尺寸的一个优点就是可很好地体现设计思路，设计人员可在标注过程中体现重要的尺寸，以便加工人员更好地掌握设计意图。

1. 线性尺寸标注

线性尺寸标注用来标注线段的长度，或标注两个图元之间的线性距离，如点和直线的距离。

单击【草图】选项卡【约束】面板上的【尺寸】按钮，然后选择图元即可。

要标注一条线段的长度，单击该线段即可。

要标注平行线之间的距离，分别单击两条线即可。

要标注点到点或者点到线的距离，单击两个点或者点与线即可。

移动鼠标预览标注尺寸的方向，最后单击以完成标注，如图 2-38 所示。

2. 圆弧尺寸标注

单击【草图】选项卡【约束】面板上的【尺寸】按钮，然后选择要标注的圆或圆弧，这时会出现标注尺寸的预览。

如果当前选择标注的尺寸是半径，那么单击鼠标右键，在弹出的快捷菜单中选择【半径】命令即可标注半径。如果当前尺寸标注的是直径，则在弹出的快捷菜单中选择【直径】命令即可标注直径，用户可根据自己的需要灵活地在二者之间切换。

单击鼠标完成标注，如图 2-39 所示。

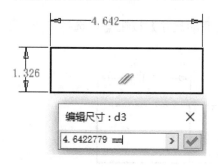

图 2-38　线性标注

图 2-39　圆弧标注

3. 角度标注

角度标注可标注相交线段形成的夹角，也可标注不共线的三个点之间的角度，还可对圆弧形成的角进行标注，标注的时候只要选择形成角的元素即可。

如果要标注相交直线的夹角，选择尺寸命令后，只要依次选择这两条直线即可，如图 2-40 所示。

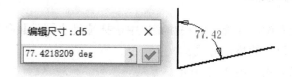

图 2-40　角度标注

如果要标注不共线的三个点之间的角度，依次选择这三个点即可。

如果要标注圆弧的角度，只要依次选取圆弧的一个端点、圆心和圆弧的另外一个端点即可。

2.6.3　编辑草图尺寸

用户可在任何时候编辑草图尺寸，不管草图是否已经退化。如果草图未退化，它的尺寸是可见的，可直接编辑；如果草图已经退化，用户可在浏览器模型树中选择该草图并激活草图进行编辑。

(1)　在草图上单击鼠标右键，在弹出的快捷菜单中选择【编辑草图】命令。

(2)　进入草图绘制环境后，双击要修改的尺寸数值。

(3)　打开【编辑尺寸】对话框，直接在文本框里输入新的尺寸数据。也可以在文本框中使用计算表达式，常用的是："+""－""*""/"等，还可以使用一些函数。

(4)　单击【确定】按钮，接受新的尺寸。

2.6.4　计算尺寸

计算尺寸在草图中可以被引用，但不能修改数据的尺寸，类似于机械设计中的"参考尺寸"，在草图中该尺寸的数据被括号括起来。

普通尺寸更改为计算尺寸的方法如下。

(1)　单击【草图】选项卡【格式】面板中的【联动尺寸】按钮，选择普通尺寸，可将普通尺寸标注为计算尺寸，如图 2-41 所示。

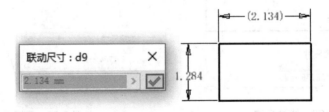

图 2-41　计算尺寸

当尺寸标注产生了重复约束时，会出现提示对话框，单击【联动尺寸】对话框中的【接受】按钮，则该尺寸被修改为计算尺寸。

(2)　选择图形中的普通尺寸，单击鼠标右键，在弹出的快捷菜单中选择【联动尺寸】命令，即可将普通尺寸修改为计算尺寸。

2.6.5　尺寸的显示设置

在绘图区单击鼠标右键，在弹出的快捷菜单中选择【尺寸显示】命令，如图 2-42 所示，在其子菜单中可以选择尺寸的显示方式。

尺寸的表达式显示方式如图 2-43 所示。

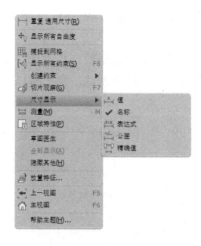

图 2-42　快捷菜单

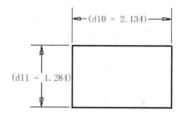

图 2-43　尺寸的表达式显示方式

2.7　草图插入

在 Inventor 中可以导入外部文件供设计者使用，例如其他 CAD 文件、图片或 Excel 表等。

2.7.1　插入图像

草图中插入图像的操作如下。

(1)　单击【草图】选项卡【插入】面板上的【插入图像】按钮，打开【打开】对话框，选择一个图像文件。

(2)　单击【打开】按钮，将图像文件放置到草图中适当位置单击，完成图像的插入。继续单击放置图像。如果不再继续放置图像，可单击鼠标右键，在弹出的快捷菜单中选择【确定】命令，结束图像的放置。

(3)　插入后的图像带有边框线，可以通过调整边框线的大小来调整图像文件的位置和大小，如图 2-44 所示。

图 2-44　插入图像

2.7.2　导入点

在二维、三维草图或工程图草图中通过按一定格式填写数据的 Excel 文件，可以导入多个点，这些点可以以直线或样条曲线的方式连接。

导入点所需的格式要求如下。

(1)　点表格必须为文件中的第一个工作表。

(2)　表格始终从单元 A1 开始。

(3)　如果第一个单元(A1)包含度量单位，则将其应用于电子表格中的所有点。如果未指定单位，则使用默认的文件单位。

(4) 必须按照以下顺序定义列：列 A 表示 X 坐标、列 B 表示 Y 坐标、列 C 表示 Z 坐标。

单元可以包含公式，但是公式必须能计算出数值。点与电子表格的行相对应，第一个导入点与第一行的坐标相对应，以此类推。如果样条曲线或直线自动创建，则它将以第一点开始，并基于其他点的导入顺序穿过这些点。

导入点的创建步骤如下。

(1) 单击【草图】选项卡【插入】面板中的【导入点】按钮，打开【打开】对话框，选择 Excel 文件。

图 2-45　【文件打开选项】对话框

(2) 单击【打开】按钮，根据 Excel 数据创建的点将显示到草图中。

(3) 若在【打开】对话框中单击【选项】按钮，则打开如图 2-45 所示的【文件打开选项】对话框，默认选中【创建点】单选按钮。如果选中【创建直线】单选按钮，则单击【确定】按钮后将根据坐标自动创建直线；如果选中【创建样条曲线】单选按钮，则单击【确定】按钮后将根据坐标自动创建样条曲线。

2.7.3　插入 CAD 文件

草图中插入 CAD 文件的操作如下。

(1) 单击【草图】选项卡【插入】面板上的【插入 AutoCAD 文件】按钮，打开【打开】对话框，选择.dwg 文件。

(2) 单击【打开】按钮，打开【图层和对象导入选项】对话框，选择要导入的图层，也可以全部导入，如图 2-46 所示。

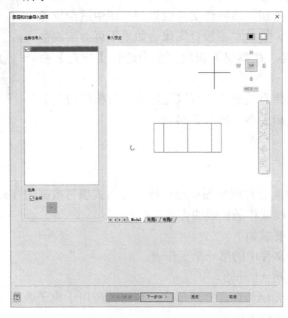

图 2-46　【图层和对象导入选项】对话框

（3）单击【下一步】按钮，打开【导入目标选项】对话框，如图 2-47 所示。单击【完成】按钮，将 AutoCAD 图导入到 Inventor 草图中。

图 2-47　【导入目标选项】对话框

2.8　设计实战范例

本范例完成文件：/2/2-1.ipt

范例分析

本节的范例是创建一个垫板零件的草图，使用直线、圆和矩形等命令绘制草图，并进行草图编辑，绘制的同时进行草图尺寸标注。

范例操作

step 01　创建草图

① 单击【三维模型】选项卡【草图】面板中的【开始创建二维草图】按钮 ，绘制二维图形。

② 在绘图区中，选择 XZ 平面作为草绘面，如图 2-48 所示。

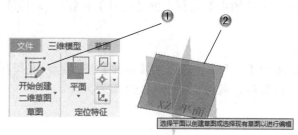

图 2-48　创建草图

step 02 绘制矩形

①单击【草图】选项卡【创建】面板中的【矩形】按钮 🔲，绘制矩形。

②单击【草图】选项卡【约束】面板上的【尺寸】按钮 📏，标注草图尺寸，如图 2-49 所示。

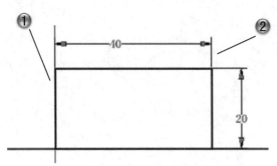

图 2-49　绘制矩形

step 03 移动矩形

单击【草图】选项卡【修改】面板上的【移动】按钮 ✛。

①选择草图进行移动。

②在【移动】对话框中设置参数，在绘图区选择点进行平移。

③单击【移动】对话框中的【完毕】按钮，如图 2-50 所示。

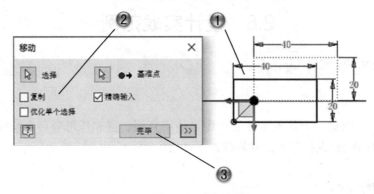

图 2-50　移动矩形

step 04 绘制圆形

①单击【草图】选项卡【创建】面板中的【圆(圆心)】按钮 ⊙，绘制圆形。

②单击【草图】选项卡【约束】面板上的【尺寸】按钮 📏，标注草图尺寸，如图 2-51 所示。

step 05 偏移草图

①单击【草图】选项卡【修改】面板上的【偏移】按钮 ⊏，选择圆形创建偏移图元。

②移动图形，并设置偏移距离为 2，如图 2-52 所示。

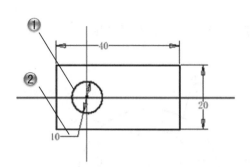

图 2-51　绘制圆形

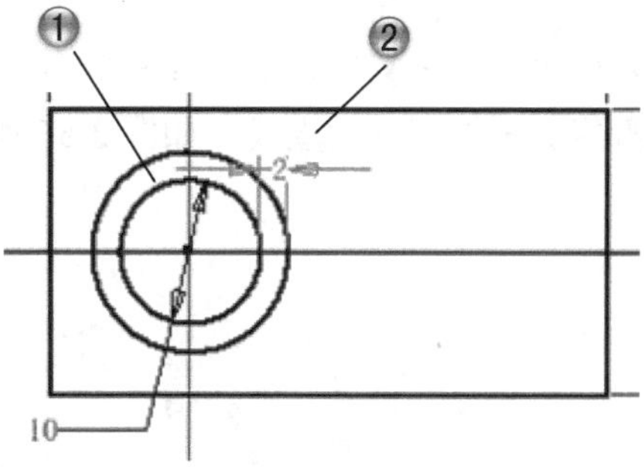

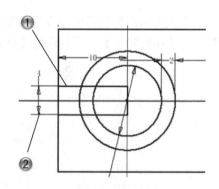

图 2-52　偏移草图

step 06　绘制矩形

① 单击【草图】选项卡【创建】面板中的【矩形】按钮▢，绘制矩形。

② 单击【草图】选项卡【约束】面板上的【尺寸】按钮⊢⊣，标注草图尺寸，如图 2-53 所示。

step 07　移动草图

① 单击【草图】选项卡【修改】面板上的【移动】按钮✛，移动草图。

② 设置移动参数为 2，在绘图区选择点进行平移，如图 2-54 所示。

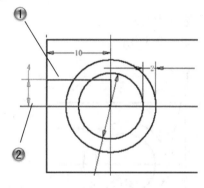

图 2-53　绘制矩形

图 2-54　移动草图

step 08　添加固定约束

① 单击【草图】选项卡【约束】面板上的【固定约束】按钮🔒，添加约束。

② 选择两条直线进行固定约束，如图 2-55 所示。

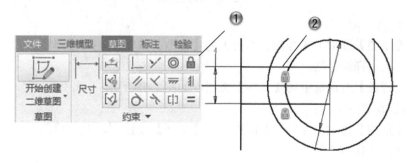

图 2-55　添加固定约束

step 09 修剪草图

①单击【草图】选项卡【修改】面板中的【修剪】按钮✂，修剪草图。

②修剪矩形部分的直线，如图 2-56 所示。

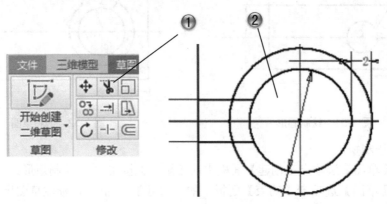

图 2-56 修剪草图

step 10 阵列草图

①单击【草图】选项卡【修改】面板中的【环形阵列】按钮，选择草图进行环形阵列。

②在【环形阵列】对话框中设置参数，在绘图区选择中心点。

③单击【环形阵列】对话框中的【确定】按钮，如图 2-57 所示。

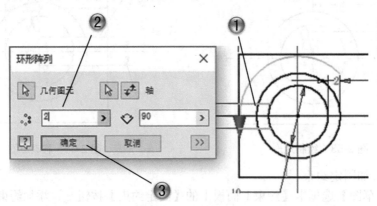

图 2-57 阵列草图

step 11 镜像草图

①单击【草图】选项卡【阵列】面板上的【镜像】按钮，镜像草图。

②在绘图区选择镜像轴。

③单击【镜像】对话框中的【完毕】按钮，如图 2-58 所示。

step 12 复制草图

①单击【草图】选项卡【修改】面板上的【复制】按钮，复制草图。

②在绘图区选择两个基准点。

③单击【复制】对话框中的【完毕】按钮，如图 2-59 所示。

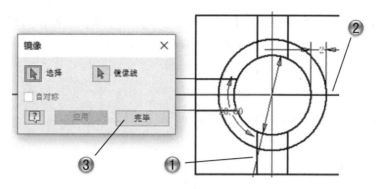

图 2-58　镜像草图

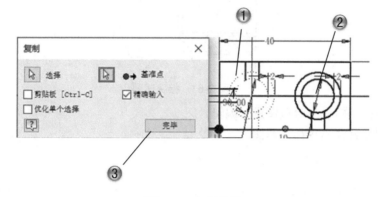

图 2-59　复制草图

step 13　完成垫板草图

单击【草图】选项卡【退出】面板上的【完成草图】按钮 ✔，完成垫板零件草图的绘制，如图 2-60 所示。

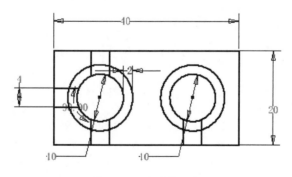

图 2-60　完成草图绘制

2.9　本章小结和练习

2.9.1　本章小结

当用户需要对三维实体的轮廓图像进行参数化控制时，一般需要修改草图。在修改草图时，与草图关联的实体模型也会自动更新。本章主要介绍了草图的基础知识，草图是三维特征的基础，掌握草图的绘制和编辑，才能更好地得到需要的特征。

2.9.2　练习

(1)　学习使用草图绘制命令绘制零件接头草图，如图 2-61 所示。

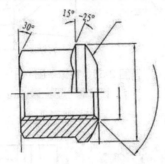

图 2-61　接头草图

(2)　使用草图编辑命令对草图进行编辑。

(3)　使用尺寸标注命令标注草图。

第 3 章

草图特征设计

　　大多数零件都是从绘制草图开始创建的，草图是创建特征所需的轮廓或者任意几何图元的截面轮廓。零件特征取决于草图几何图元，零件的第一个特征通常是一个草图特征，所有的草图几何图元都是在草图环境中使用草图命令创建和编辑的。

　　本章介绍的草图特征命令有基本体素、拉伸和旋转，读者可以结合范例使用并体会。

3.1 草 图 特 征

草图是三维造型的基础，是创建零件的第一步。创建草图时所处的工作环境就是草图环境，草图环境是专门用来创建草图几何图元的。虽然设计零件的几何形状各不相同，但是用来创建零件的草图几何图元的草图环境都是相同的。

1. 简单的草图特征

草图特征是一种三维特征，它是在二维草图的基础上建立的，Autodesk Inventor 的草图特征可以表现出大多数基本的设计意图。当创建一个草图特征时，必须首先创建一个三维的草图或者创建一个截面轮廓。而所绘制的轮廓通常是三维特征的二维截面形状，对于大多数复杂的草图特征，截面轮廓可以创建在一张草图上。

用户可以以不同的三维模型轮廓创建零件的多个草图，然后在这些草图之上创建草图特征。所创建的第一个草图特征被称为基础特征，当创建好基础特征之后，就可以在此三维模型的基础上添加草图或者添加放置三维特征。

图 3-1 退化草图

2. 退化和未退化的草图

当创建一个零件时，第一个草图是自动创建的，在大多数情况下会使用默认的草图作为三维模型的基础视图。在草图创建好之后，就可以创建草图特征，如用拉伸或旋转命令创建三维模型最初的特征。对于三维特征来说，在创建三维草图特征的同时，草图本身也就变成了退化草图，如图 3-1 所示的草图 1。除此之外，草图还可以通过【共享草图】命令重新定义成未退化的草图，在更多的草图特征中使用。

在草图退化后，仍可以进入草图编辑状态，在浏览器模型树中用鼠标右键单击草图，将弹出快捷菜单，选择【编辑草图】命令进入编辑状态，如图 3-2 所示。

草图右键快捷菜单中的一些命令介绍如下。

(1)【编辑草图】：可以激活草图环境进行编辑，草图上的一些改变可以直接反映在三维模型中。

(2)【特性】：可以对几何图元特性如线颜色、线型、线宽等进行设置。

(3)【重定义】：可以确保用户能重新选择创建草图的面，草图上的一些改变可以直接反映在三维模型中。

(4)【共享草图】：使用共享草图可以重复使用该草图添加

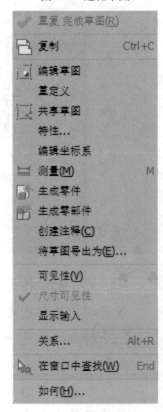

图 3-2 草图右键快捷菜单

一些其他的草图特征。

（5）【编辑坐标系】：激活草图可以编辑坐标系，例如，可以改变 X 轴和 Y 轴的方向，或者重新定义草图方向。

（6）【创建注释】：使用工程师记事本给草图增加注释。

（7）【可见性】：当一个草图通过特征成为退化草图后，它将会自动关闭。通过该选项可以设置草图的可见性。

3. 草图轮廓

在创建草图轮廓时，要尽可能创建包含多个轮廓的几何草图。草图轮廓有两种类型：开放的和封闭的。封闭的轮廓多用于创建三维几何模型，开放的轮廓用于创建路径和曲面。草图轮廓也可以通过投影模型几何图元的方式来创建。

在创建许多复杂的草图轮廓时，必须以封闭的轮廓来创建草图。在这种情况下，往往是一个草图中包含着多个封闭的轮廓。在一些情况下，封闭的轮廓将会与其他轮廓相交。在用这种类型的草图来创建草图特征时，可以使所创建的特征包含一个封闭或多个封闭的轮廓。注意选择要包含在草图特征中的轮廓。

4. 共享草图的特征

可以用共享草图的方式重复使用一个已存在的退化草图。共享草图后，为了重复添加草图特征仍需将草图可见。

通常，一个共享草图可以创建多个草图特征。当共享草图后，它的几何轮廓就可以无限地添加草图特征。

3.2　基　本　体　素

基本体素是从 Inventor 2013 开始新增的功能，本节介绍它的操作步骤。

3.2.1　长方体

长方体命令可以自动创建草图，并在执行拉伸过程中创建长方体。创建长方体特征的操作步骤如下。

（1）单击【三维模型】选项卡【基本体素】面板上的【长方体】按钮，选取草图绘制面。

（2）绘制矩形草图，在【尺寸】文本框中输入尺寸或直接单击完成草图，返回到模型环境中。

（3）在【特性】面板中设置拉伸参数，输入拉伸距离、调整拉伸方向等，如图 3-3 所示。

（4）在【特性】面板中单击【确定】按钮，完成长方体特征的创建，如图 3-4 所示。

图 3-3 【特性】面板

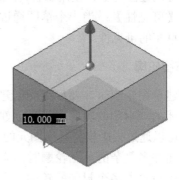

图 3-4 长方体

3.2.2 圆柱体

创建圆柱体特征的操作步骤如下。

(1) 单击【三维模型】选项卡【基本体素】面板上的【圆柱体】按钮，选取草图绘制面。

(2) 绘制草图，在【尺寸】文本框中输入直径或单击完成圆的绘制，返回到模型环境中。

(3) 在【特性】面板中设置拉伸参数，输入拉伸距离、调整拉伸方向等。

(4) 在【特性】面板中单击【确定】按钮，完成圆柱体特征的创建，如图 3-5 所示。

  基本体素形状创建命令不能创建曲面。

图 3-5 圆柱体

3.2.3 球体

创建球体特征的操作步骤如下。

(1) 单击【三维模型】选项卡【基本体素】面板上的【球体】按钮，选取草图绘制面。

(2) 绘制草图，在【尺寸】文本框中输入直径或单击完成圆的绘制，返回到模型环境中。

(3) 在【特性】面板中设置旋转参数，输入角度和方向等。

(4) 在【特性】面板中单击【确定】按钮，完成球体特征的创建，如图 3-6 所示。

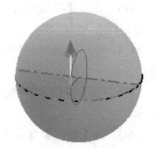

图 3-6 球体

3.2.4 圆环体

创建圆环体特征的操作步骤如下。

(1) 单击【三维模型】选项卡【基本体素】面板上的【圆环体】按钮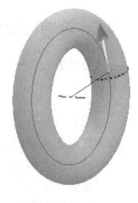，选取草图绘制面。

(2) 绘制草图，绘制圆环的半径直线，之后绘制圆环的扫掠圆形截面，返回到模型环境中。

(3) 在【特性】面板中设置旋转参数，输入角度和方向等。

(4) 在【特性】面板中单击【确定】按钮，完成圆环体特征的创建，如图 3-7 所示。

图 3-7 圆环体

3.3 拉 伸 特 征

拉伸命令可以将一个草图中的一个或多个轮廓，沿着草图所在面的法向拉长出特征实体，沿伸长方向可控制锥角，也可以创建曲面。

3.3.1 创建拉伸特征

创建拉伸特征的步骤如下。

(1) 单击【三维模型】选项卡【创建】面板中的【拉伸】按钮，打开如图 3-8 所示的【特性】面板。

(2) 在视图中选取要拉伸的截面。

(3) 在【特性】面板中设置拉伸参数，输入拉伸距离、调整拉伸方向等。

(4) 在【特性】面板中单击【确定】按钮，完成拉伸特征的创建，如图 3-9 所示。

图 3-8 【特性】面板

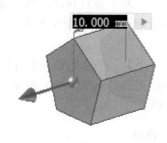

图 3-9 拉伸体

3.3.2　拉伸特征参数设置

【特性】面板中的选项说明如下。

1. 轮廓

进行拉伸操作的第一个步骤是选择截面轮廓，在选择截面轮廓时，可以选择多种类型的截面轮廓创建拉伸特征。

可选择单个截面轮廓，系统会自动选择该截面轮廓。

可选择多个截面轮廓。

可选择嵌套的截面轮廓。

还可选择开放的截面轮廓，该截面轮廓将延伸它的两端直到与下一个平面相交，拉伸操作将填充最接近的面，并填充周围孤岛(如果存在)。这种方式对部件拉伸来说是不可用的，它只能形成拉伸曲面。

要取消某个截面轮廓的选择，按下 Ctrl 键，然后单击要取消的截面轮廓即可。

2. 特征类型

拉伸操作提供两种输出方式：实体和曲面。选中【实体】按钮▉可将一个封闭的截面形状拉伸成实体，选中【曲面】按钮▉可将一个开放的或封闭的曲线拉伸成曲面。

3. 拉伸方式

拉伸方式用来确定轮廓截面拉伸的距离，也就是说要把截面拉伸到什么范围才停止。用户可以用指定的深度进行拉伸，或使拉伸终止到工作平面、构造曲面或零件面(包括平面、圆柱面、球面或圆环面)。在 Inventor 中，提供了四种拉伸方式，即【距离】、【贯通】、【到】、【到下一个】。

【距离】：系统的默认方式，它需要指定起始平面和终止平面之间建立拉伸的深度。在该模式下，需要在拉伸距离文本框中输入具体的深度数值，数值可有正负，正值代表拉伸方向为正方向。

【贯通】▉：可使拉伸特征在指定方向上贯通所有特征和截面轮廓。可通过拖动截面轮廓的边，将拉伸反向到草图平面的另一端。

【到】▉：对于零件拉伸，选择终止拉伸的终点、顶点、面或平面。对于点和顶点，在平行于通过选定的点的草图平面上终止零件特征。对于面或平面，在选定的面上终止零件特征。

【到下一个】▉：选择下一个可用的面或平面，以终止指定方向上的拉伸。拖动操作箭头可将截面轮廓翻转到草图平面的另一侧。选择一个实体或曲面可以在其上终止拉伸，然后选择拉伸方向。

4. 拉伸锥角

对于所有终止方式类型，都可为拉伸(垂直于草图平面)设置最大为 180°的拉伸锥角，拉伸锥角在两个方向对等延伸。如果指定了拉伸锥角，图形窗口中会有符号显示拉伸锥角的固定边和方向。

拉伸锥角功能的一个常用用途就是创建锥形。要在一个方向上使特征变成锥形，在创建拉伸特征时，使用此选项为特征指定拉伸锥角。在指定拉伸锥角时，正角表示实体，正角拉伸矢量增加截面面积，负角相反。对于嵌套截面轮廓来说，正角导致外回路增大，内回路减小，负角则相反。

5. iMate

iMate 复选框：在封闭的回路(如拉伸圆柱体、旋转特征或孔)上放置 iMate。Inventor 会尝试将此 iMate 放置在最可能有用的封闭回路上。多数情况下，每个零件只能放置一个或两个 iMate。

3.4　旋　转　特　征

旋转特征是将一个封闭的或不封闭的截面轮廓，围绕选定的旋转轴旋转。如果截面轮廓是封闭的，则创建实体特征；如果是非封闭的，则创建曲面特征。

创建旋转特征的步骤如下。

(1) 单击【三维模型】选项卡【创建】面板中的【旋转】按钮 ，打开如图 3-10 所示的【特性】面板。

(2) 在视图中选取要旋转的截面。

(3) 在视图中选取作为旋转轴的轴线。

(4) 在【特性】面板中设置旋转参数，如输入旋转角度、调整旋转方向等。

(5) 单击【确定】按钮，完成旋转特征的创建，如图 3-11 所示。

图 3-10　【特性】面板

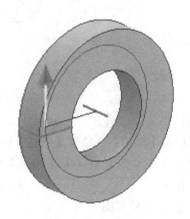

图 3-11　旋转特征

可以看到很多造型要素和拉伸特征的造型要素相似，所以这里不再详述，仅就其中的不同项进行介绍。旋转轴可以是已经存在的直线，也可以是工作轴或构造线。旋转特征的终止方式可以是完整圆或一定角度，如果选择角度的话，用户需要自己输入旋转的角度值，还可单击方向箭头以设置旋转方向，或在两个方向上等分输入的旋转角度。

3.5 设计实战范例

3.5.1 螺纹接头范例

本范例完成文件：/3/3-1.ipt

范例分析

本节的范例是创建一个螺纹接头的模型。首先绘制草图，创建底座部分，包括底座上的孔，之后使用扫掠命令创建管径部分；在方形连接部分使用到了基本体素命令，并运用布尔运算形成模型特征。

范例操作

step 01 创建草图

单击【三维模型】选项卡【草图】面板中的【开始创建二维草图】按钮。

① 选择 XZ 平面绘制二维图形。

② 单击【草图】选项卡【创建】面板中的【圆(圆心)】按钮，绘制直径为 6 和 10 的圆形，如图 3-12 所示。

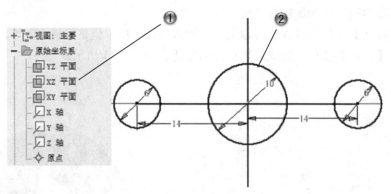

图 3-12 创建圆草图

step 02 绘制切线

① 单击【草图】选项卡【创建】面板中的【线】按钮，绘制直线。

② 单击【草图】选项卡【约束】面板上的【相切】按钮，约束直线和圆相切，如图 3-13 所示。

step 03 修剪草图

① 单击【草图】选项卡【修改】面板中的【修剪】按钮，修剪草图。

② 选择草图部分修剪，如图 3-14 所示。

step 04 创建拉伸特征

单击【三维模型】选项卡【创建】面板中的【拉伸】按钮。

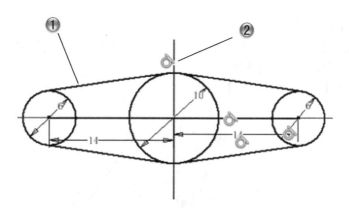

图 3-13　绘制切线

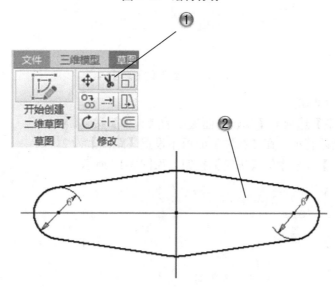

图 3-14　修剪草图

① 创建拉伸特征，在【特性】面板中设置【距离】为 2。
② 单击【特性】面板中的【确定】按钮，如图 3-15 所示。

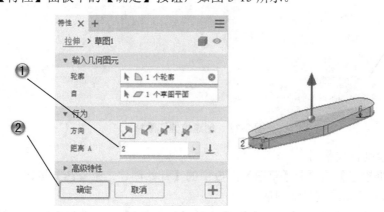

图 3-15　创建拉伸特征

step 05 绘制圆形草图

单击【三维模型】选项卡【草图】面板中的【开始创建二维草图】按钮。

① 选择模型平面，绘制二维图形。

② 单击【草图】选项卡【创建】面板中的【圆】按钮，绘制直径为 4 的圆形，如图 3-16 所示。

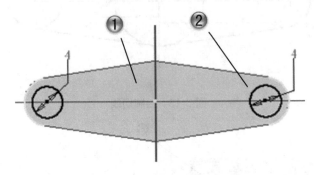

图 3-16 绘制圆形草图

step 06 创建拉伸切除特征

单击【三维模型】选项卡【创建】面板中的【拉伸】按钮。

① 创建拉伸切除特征，在【特性】面板中设置【距离】为 2。

② 单击【特性】面板中的【确定】按钮，如图 3-17 所示。

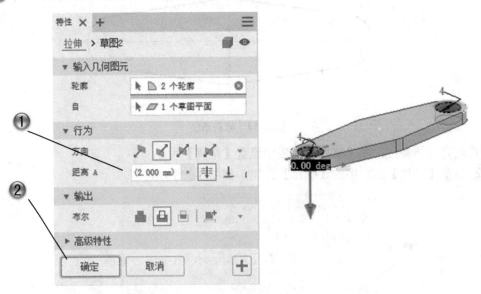

图 3-17 创建拉伸切除特征

step 07 绘制直线草图

单击【三维模型】选项卡【草图】面板中的【开始创建二维草图】按钮。

① 选择 XY 平面绘制二维图形。

② 单击【草图】选项卡【创建】面板中的【线】按钮，绘制直线，如图 3-18 所示。

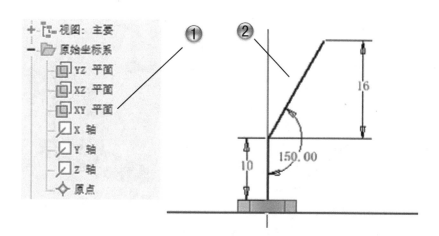

图 3-18　绘制直线草图

step 08　绘制圆形

单击【三维模型】选项卡【草图】面板中的【开始创建二维草图】按钮 📝。

① 选择模型平面，绘制二维图形。

② 单击【草图】选项卡【创建】面板中的【圆】按钮 ⊙，绘制直径为 7 的圆形，如图 3-19 所示。

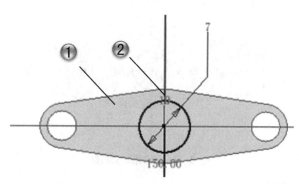

图 3-19　绘制圆形

step 09　创建扫掠特征

单击【三维模型】选项卡【创建】面板上的【扫掠】按钮 📦。

① 创建扫掠特征，在【特性】面板中设置参数。

② 在绘图区中，选择轮廓和路径。

③ 单击【特性】面板中的【确定】按钮，如图 3-20 所示。

step 10　绘制圆形草图

单击【三维模型】选项卡【草图】面板中的【开始创建二维草图】按钮 📝。

① 选择模型平面，绘制二维图形。

② 单击【草图】选项卡【创建】面板中的【圆】按钮 ⊙，绘制直径为 5 的圆形，如图 3-21 所示。

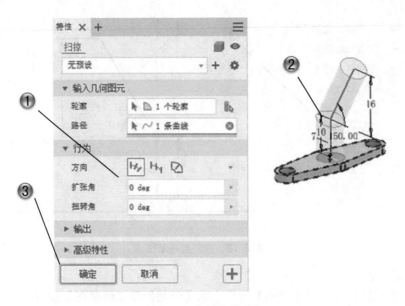

图 3-20　创建扫掠特征

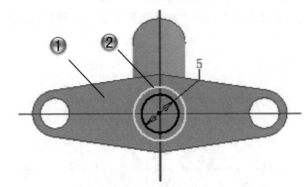

图 3-21　绘制圆形草图

step 11 绘制直线草图

单击【三维模型】选项卡【草图】面板中的【开始创建二维草图】按钮 。

① 选择 XY 平面绘制二维图形。

② 单击【草图】选项卡【创建】面板中的【线】按钮 ，绘制直线，如图 3-22 所示。

step 12 创建扫掠切除特征

单击【三维模型】选项卡【创建】面板上的【扫掠】按钮 。

① 创建扫掠切除特征，在【特性】面板中设置参数。

② 在绘图区中，选择轮廓和路径。

③ 单击【特性】面板中的【确定】按钮，如图 3-23 所示。

step 13 创建定位轴

① 单击【三维模型】选项卡【定位特征】面板中的【轴】按钮 ，绘制模型上的定位轴。

② 在绘图区选择模型边线，如图 3-24 所示。

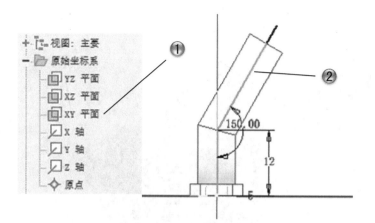

图 3-22　绘制直线草图

图 3-23　创建扫掠切除特征

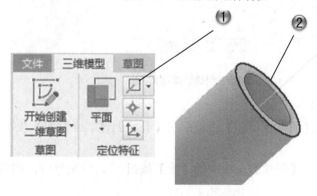

图 3-24　创建定位轴

step 14 绘制圆形草图

单击【三维模型】选项卡【草图】面板中的【开始创建二维草图】按钮 。

① 选择 XY 平面绘制二维图形。

② 单击【草图】选项卡【创建】面板中的【圆(圆心)】按钮 ，绘制直径为 1 的圆形，

如图 3-25 所示。

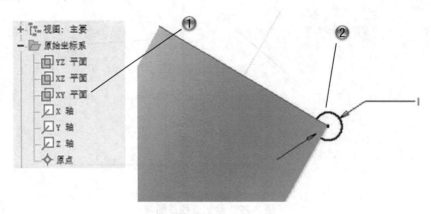

图 3-25　绘制圆形草图

step 15　创建螺旋切除扫掠

单击【三维模型】选项卡【创建】面板上的【螺旋扫掠】按钮 。

① 创建螺旋扫掠切除特征，在【螺旋扫掠】对话框中设置参数。

② 在绘图区中，选择截面和轴。

③ 单击【螺旋扫掠】对话框中的【确定】按钮，如图 3-26 所示。

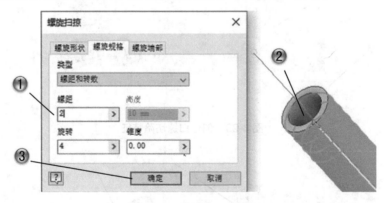

图 3-26　创建螺旋切除扫掠

step 16　绘制直线草图

① 单击【三维模型】选项卡【草图】面板中的【开始创建二维草图】按钮 ，选择 YZ 平面绘制二维图形。

② 单击【草图】选项卡【创建】面板中的【线】按钮 ，绘制直线，如图 3-27 所示。

step 17　创建加强筋

单击【三维模型】选项卡【创建】面板上的【加强筋】按钮 。

① 创建加强筋，在【加强筋】对话框中设置参数。

② 在绘图区中，选择截面轮廓。

③ 单击【加强筋】对话框中的【确定】按钮，如图 3-28 所示。

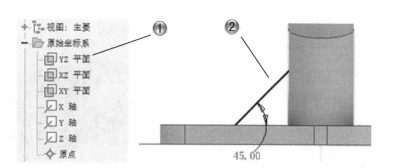

图 3-27　绘制直线草图

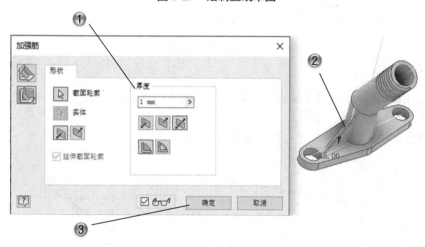

图 3-28　创建加强筋

step 18 绘制文字草图

单击【三维模型】选项卡【草图】面板中的【开始创建二维草图】按钮 。

① 选择模型平面绘制二维图形。

② 单击【草图】选项卡【创建】面板中的【文本】按钮 **A**，绘制文字，如图 3-29 所示。

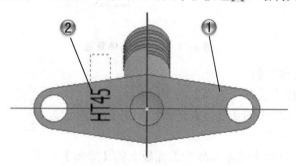

图 3-29　绘制文字草图

step 19 创建凸雕

单击【三维模型】选项卡【创建】面板上的【凸雕】按钮 。

① 创建凸雕特征，在【凸雕】对话框中设置参数。

② 在绘图区中，选择截面轮廓。

③ 单击【凸雕】对话框中的【确定】按钮，如图 3-30 所示。

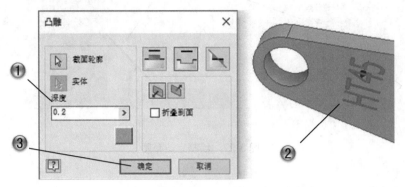

图 3-30　创建凸雕

step 20 绘制长方体截面

单击【三维模型】选项卡【基本体素】面板上的【长方体】按钮 。

① 选择 YZ 平面绘制二维图形。

② 在绘图区中，绘制矩形并标注，如图 3-31 所示。

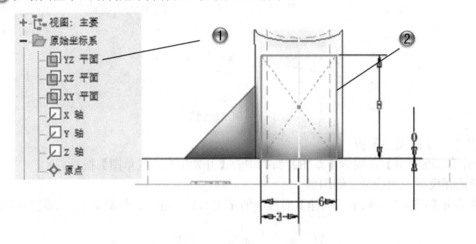

图 3-31　绘制长方体截面

step 21 设置长方体参数

① 在【特性】面板中设置【距离】为 10。

② 单击【特性】面板中的【确定】按钮，如图 3-32 所示。

step 22 绘制球体截面

单击【三维模型】选项卡【基本体素】面板上的【球体】按钮 。

① 选择模型平面绘制二维图形。

② 在绘图区中，绘制圆形并标注，如图 3-33 所示。

step 23 设置球体参数

① 在【特性】面板中设置参数。

② 单击【特性】面板中的【确定】按钮，如图 3-34 所示。

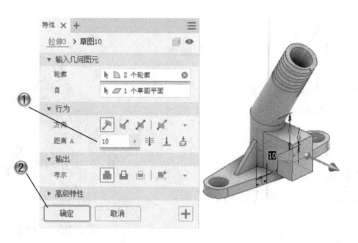

图 3-32　设置长方体参数

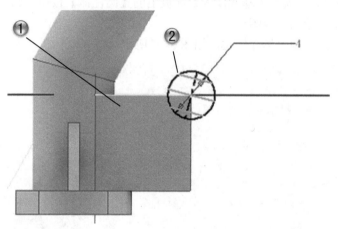

图 3-33　绘制球体截面

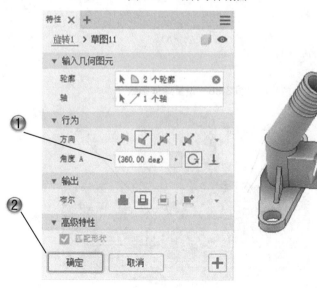

图 3-34　设置球体参数

step 24 绘制球体截面

单击【三维模型】选项卡【基本体素】面板
上的【球体】按钮◯。

①选择模型平面绘制二维图形。

②在绘图区中，绘制圆形并标注，如图 3-35
所示。

step 25 设置球体参数

①在【特性】面板中设置参数。

②单击【特性】面板中的【确定】按钮，
如图 3-36 所示。

step 26 绘制圆柱体截面

单击【三维模型】选项卡【基本体素】面板上的【圆柱体】按钮▢。

①选择模型平面绘制二维图形。

②在绘图区中，绘制圆形并标注，如图 3-37 所示。

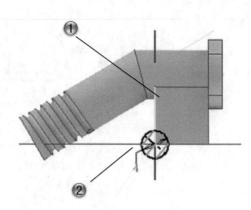

图 3-35　绘制球体截面

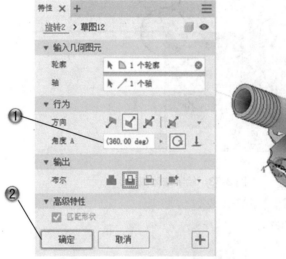

图 3-36　设置球体参数

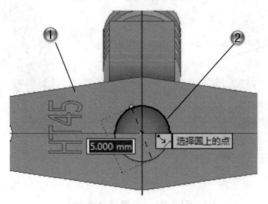

图 3-37　绘制圆柱体截面

step 27 设置圆柱体参数

① 在【特性】面板中设置参数。

② 单击【特性】面板中的【确定】按钮，如图 3-38 所示。至此完成螺纹接头模型，结果如图 3-39 所示。

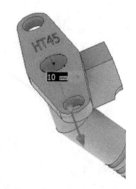

图 3-38 设置圆柱体参数

图 3-39 完成螺纹接头模型

3.5.2 四通接头范例

> 本范例完成文件：/3/3-2.ipt

范例分析

本节的范例是创建一个四通接头的模型。首先绘制草图，创建底座部分，包括底座上的孔，之后使用扫掠命令创建管径部分；在方形连接部分使用到了基本体素命令，并运用布尔运算形成模型特征。

范例操作

step 01 绘制六边形草图

单击【三维模型】选项卡【草图】面板中的【开始创建二维草图】按钮。

① 选择 XY 平面绘制二维图形。

② 单击【草图】选项卡【创建】面板中的【多边形】按钮，绘制六边形，如图 3-40
所示。

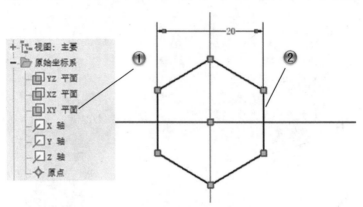

图 3-40　绘制六边形草图

step 02　创建拉伸特征

单击【三维模型】选项卡【创建】面板中的【拉伸】按钮。

① 创建拉伸特征，设置【距离】为 8。

② 单击【特性】面板中的【确定】按钮，如图 3-41 所示。

step 03　绘制圆形草图

单击【三维模型】选项卡【草图】面板中的【开始创建二维草图】按钮。

① 选择模型平面绘制二维图形。

② 单击【草图】选项卡【创建】面板中的【圆(圆心)】按钮，绘制直径为 16 的圆
形，如图 3-42 所示。

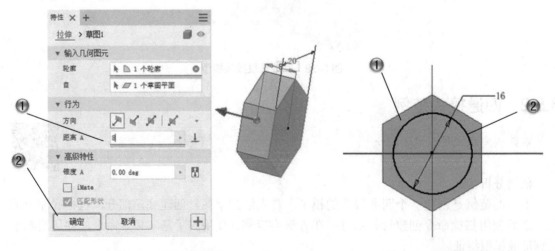

图 3-41　创建拉伸特征　　　　　　　　　　图 3-42　绘制圆形草图

step 04　创建拉伸特征

单击【三维模型】选项卡【创建】面板中的【拉伸】按钮。

① 创建拉伸特征，设置【距离】为 6。

② 单击【特性】面板中的【确定】按钮，如图 3-43 所示。

step 05 绘制圆形草图

单击【三维模型】选项卡【草图】面板中的【开始创建二维草图】按钮 。

① 选择模型平面绘制二维图形。

② 单击【草图】选项卡【创建】面板中的【圆(圆心)】按钮 ⊙，绘制直径为 20 的圆形，如图 3-44 所示。

图 3-43　创建拉伸特征

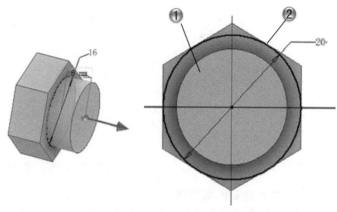

图 3-44　绘制圆形草图

step 06 创建拉伸特征

单击【三维模型】选项卡【创建】面板中的【拉伸】按钮 ▯。

① 创建拉伸特征，设置【距离】为 10。

② 单击【特性】面板中的【确定】按钮，如图 3-45 所示。

step 07 绘制圆形草图

单击【三维模型】选项卡【草图】面板中的【开始创建二维草图】按钮 ▱。

① 选择模型平面绘制二维图形。

② 单击【草图】选项卡【创建】面板中的【圆(圆心)】按钮 ⊙，绘制直径为 22 的圆形，如图 3-46 所示。

图 3-45　创建拉伸特征

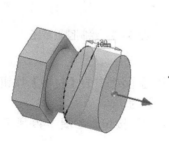

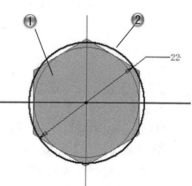

图 3-46　绘制圆形草图

step 08 创建拉伸特征

单击【三维模型】选项卡【创建】面板中的【拉伸】按钮 。

① 创建拉伸特征，设置【距离】为 8。

② 单击【特性】面板中的【确定】按钮，如图 3-47 所示。

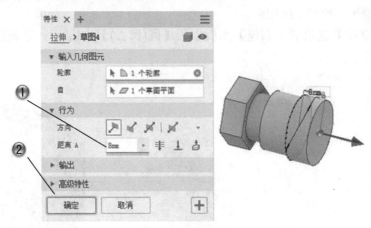

图 3-47　创建拉伸特征

step 09 绘制圆形草图

① 单击【三维模型】选项卡【草图】面板中的【开始创建二维草图】按钮 ，选择 XZ 平面绘制二维图形。

② 单击【草图】选项卡【创建】面板中的【圆(圆心)】按钮 ，绘制直径为 6 的圆形，如图 3-48 所示。

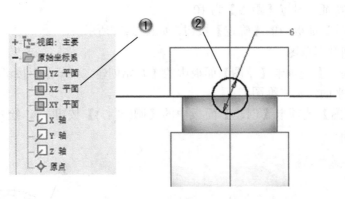

图 3-48　绘制圆形草图

step 10 创建拉伸特征

单击【三维模型】选项卡【创建】面板中的【拉伸】按钮 。

① 创建拉伸特征，设置【距离】为 12。

② 单击【特性】面板中的【确定】按钮，如图 3-49 所示。

step 11 绘制六边形草图

单击【三维模型】选项卡【草图】面板中的【开始创建二维草图】按钮 。

① 选择模型平面绘制二维图形。

② 单击【草图】选项卡【创建】面板中的【多边形】按钮⬠，绘制六边形，如图 3-50 所示。

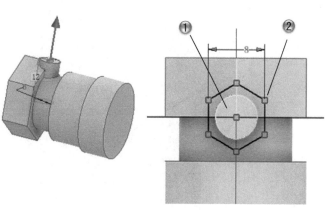

图 3-49 创建拉伸特征

图 3-50 绘制六边形草图

step 12 创建拉伸特征

单击【三维模型】选项卡【创建】面板中的【拉伸】按钮。

① 创建拉伸特征，设置【距离】为 2。

② 单击【特性】面板中的【确定】按钮，如图 3-51 所示。

step 13 绘制圆形草图

单击【三维模型】选项卡【草图】面板中的【开始创建二维草图】按钮。

① 选择模型平面绘制二维图形。

② 单击【草图】选项卡【创建】面板中的【圆(圆心)】按钮⊙，绘制直径为 5 的圆形，如图 3-52 所示。

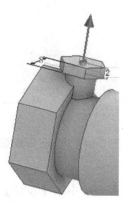

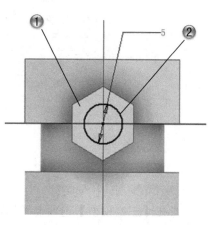

图 3-51 创建拉伸特征

图 3-52 绘制圆形草图

step 14 创建拉伸特征

单击【三维模型】选项卡【创建】面板中的【拉伸】按钮。

① 创建拉伸特征，设置【距离】为 5。

② 单击【特性】面板中的【确定】按钮，如图 3-53 所示。

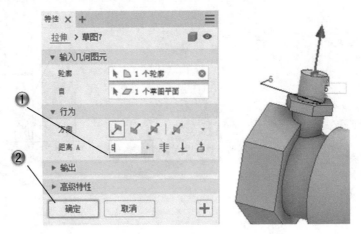

图 3-53　创建拉伸特征

step 15 绘制圆形草图

单击【三维模型】选项卡【草图】面板中的【开始创建二维草图】按钮。

① 选择 YZ 平面绘制二维图形。

② 单击【草图】选项卡【创建】面板中的【圆(圆心)】按钮，绘制直径为 10 的圆形，如图 3-54 所示。

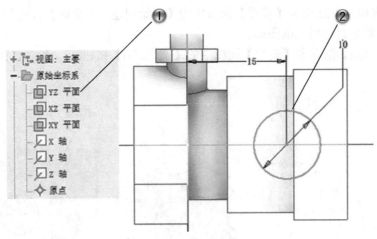

图 3-54　绘制圆形草图

step 16 创建拉伸特征

单击【三维模型】选项卡【创建】面板中的【拉伸】按钮。

① 创建拉伸特征，设置【距离】为14。

② 单击【特性】面板中的【确定】按钮，如图 3-55 所示。

step 17 创建抽壳特征

单击【三维模型】选项卡【修改】面板中的【抽壳】按钮。

① 创建抽壳特征，设置【厚度】为 1。

② 在绘图区中，选择去除的模型面。

③ 单击【抽壳】对话框中的【确定】按钮，如图 3-56 所示。

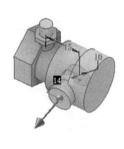

图 3-55　创建拉伸特征

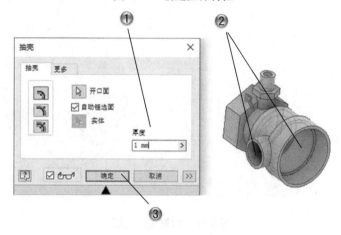

图 3-56　创建抽壳特征

step 18　绘制矩形特征

① 绘制矩形，尺寸为 3×2。

② 在绘图区中，绘制矩形并标注，如图 3-57 所示。

step 19　创建拉伸特征

单击【三维模型】选项卡【创建】面板中的【拉伸】按钮▇。

① 创建拉伸特征，设置【距离】为 2。

② 单击【特性】面板中的【确定】按钮，如图 3-58 所示。

step 20　创建圆角特征

单击【三维模型】选项卡【修改】面板中的【圆角】按钮▇。

① 创建圆角特征，设置【半径】为 1。

② 在绘图区中，选择圆角的边线。

③ 单击【圆角】对话框中的【确定】按钮，如图 3-59 所示。至此完成四通接头零件的模型，如图 3-60 所示。

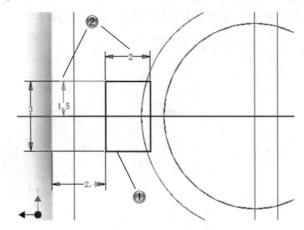

图 3-57　绘制矩形特征

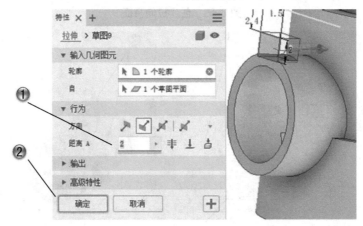

图 3-58　创建拉伸特征

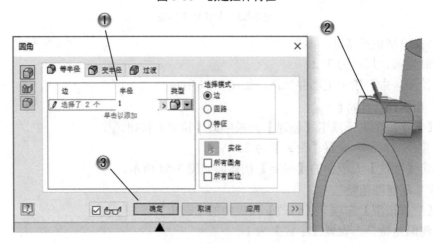

图 3-59　创建圆角特征

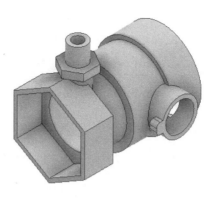

图 3-60　完成四通接头模型

3.6　本章小结和练习

3.6.1　本章小结

　　本章主要介绍了草图特征命令，草图特征命令包括拉伸、旋转、扫掠、放样等。这些命令是在创建草图完成后使用的，依据草图形成零件特征，不同的零件特征最终会形成完整的零件模型。基本体素特征的创建，也是根据先绘制草图，再创建拉伸或者旋转特征的步骤完成的。

3.6.2　练习

　　使用本章所学的草图特征命令，创建旋盖模型，如图 3-61 所示。

(1)　创建旋盖的基体部分。

(2)　创建内空心结构。

(3)　创建密封圈部分。

(4)　使用扫掠命令和阵列命令创建摩擦肋条部分。

图 3-61　旋盖模型

第 4 章

放置特征设计

在特征创建完成后，往往需要修改，这时候就要用到放置特征。放置特征包括圆角、倒角、孔、抽壳、螺纹、镜像、阵列等，它们不需要创建草图，但必须有已经存在的相关特征，即创建基于模型的某一特征。

4.1 圆角特征

4.1.1 边圆角

以现有特征实体或者曲面相交的棱边为基础，可以创建等半径圆角、变半径圆角和过渡圆角。

可以在零件的一条或多条边上添加内圆角或外圆角。在一次操作中，用户可以创建等半径和变半径圆角、不同大小的圆角和具有不同连续性(相切或平滑)的圆角。在同一次操作中创建的不同大小的所有圆角将成为独立特征。

边圆角特征的创建步骤如下。

(1) 单击【三维模型】选项卡【修改】面板上的【圆角】按钮，打开【圆角】对话框，选中【边圆角】按钮，如图4-1所示。

(2) 选择要倒圆角的边，并输入圆角半径。

(3) 在对话框中设置其他参数，单击【确定】按钮，完成圆角的创建，如图4-2所示。

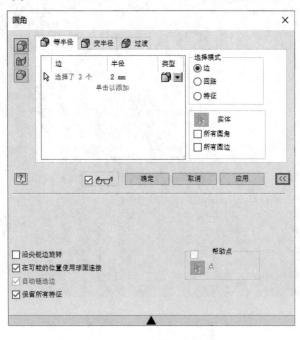

图4-1 【圆角】对话框

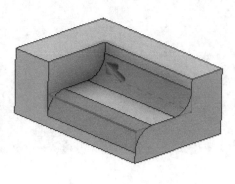

图4-2 边圆角

【圆角】类型对话框中的选项说明如下。

1) 等半径圆角

等半径圆角特征由三个部分组成，即【边】、【半径】和【类型】。首先要选择产生圆角的边，然后指定圆角的半径，再选择一种圆角模式即可。

(1) 选择模式。

● 【边】：只对选中的边创建圆角，如图4-3所示。

- 【回路】：可选中一个回路，这个回路的整个边线都会创建圆角特征，如图 4-4 所示。
- 【特征】：选择因某个特征与其他面相交产生的特征，此特征所有边都会创建圆角，如图 4-5 所示。

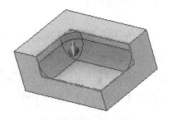

图 4-3 【边】模式　　　　图 4-4 【回路】模式　　　　图 4-5 【特征】模式

(2) 【所有圆角】：选中此复选框，所有的凹边和拐角都将创建圆角特征。

(3) 【所有圆边】：选中此复选框，所有的凸边和拐角都将创建圆角特征。

(4) 【沿尖锐边旋转】：设置指定圆角半径会使相邻面延伸时创建圆角。选中该复选框可在需要时改变指定的半径，以保持相邻面的边不延伸。取消选中该复选框，保持等半径，并且在需要时延伸相邻的面。

(5) 【在可能的位置使用球面连接】：设置圆角的拐角样式。选中该复选框可创建一个圆角，它就像一个球沿着边和拐角滚动时的轨迹一样。取消选中该复选框，在尖锐拐角的圆角之间创建连续相切的过渡。

2) 变半径圆角

切换到【圆角】对话框的【变半径】选项卡，如图 4-6 所示。创建变半径圆角的方法是选择边线上至少三个点，并分别指定这几个点的圆角半径，Inventor 会自动根据指定的半径创建变半径圆角。

【平滑半径过渡】：定义变半径圆角在控制点之间是如何创建的。选中该复选框可使圆角在控制点之间逐渐混合过渡，过渡是相切的(在点之间不存在跃变)。取消选中该复选框，在点之间用线性过渡来创建圆角。

3) 过渡圆角

切换到【圆角】对话框的【过渡】选项卡，如图 4-7 所示。过渡圆角是指

图 4-6 【变半径】选项卡

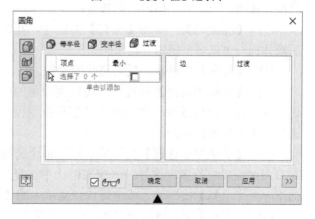

图 4-7 【过渡】选项卡

相交边上的圆角连续地相切过渡。要创建过渡圆角，首先选择一个或更多要创建过渡圆角边的顶点，然后再依次选择边即可。此时会出现圆角的预览，修改对话框左侧窗口内的每一条边的过渡尺寸，最后单击【确定】按钮即可完成过渡圆角的创建。

4.1.2　面圆角

面圆角在不需要共享边的两个面之间，添加内圆角或外圆角的特征。

面圆角特征的创建步骤如下。

（1）单击【三维模型】选项卡【修改】面板中的【圆角】按钮，打开【圆角】对话框，选中【面圆角】按钮，如图 4-8 所示。

（2）选择要倒圆角的面，并输入圆角半径。

（3）在对话框中设置其他参数，单击【确定】按钮，完成面圆角的创建，如图 4-9 所示。

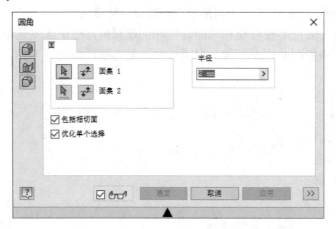

图 4-8　【圆角】对话框　　　　　　　图 4-9　面圆角

【圆角】对话框中的选项说明如下。

（1）【面集 1】：单击【选择】按钮，指定在要创建圆角的第一个面集中的模型，或曲面实体的一个或多个相切、相邻面。

（2）【面集 2】：单击【选择】按钮，指定要创建圆角的第二个面集中的模型，或曲面实体的一个或多个相切、相邻面。

（3）【反向】按钮：反转圆角的方向。

（4）【包括相切面】复选框：设置面圆角的面选择配置。选中该复选框则允许圆角在相切、相邻面上自动继续。取消选中该复选框则仅在两个选择的面之间创建圆角。此选项不会选择集中添加或删除面。

（5）【优化单个选择】复选框：进行单个选择时，自动前进到下一个【选择】按钮。对每一个面集进行多项选择时，应取消选中该复选框。要进行多个选择，可以单击对话框中的下一个【选择】按钮，或选择快捷菜单中的【继续】命令以完成特定选择。

（6）【半径】文本框：指定所选面集的圆角半径。

4.1.3　全圆角

全圆角特征可以创建与三个相邻面相切的变半径圆角或外圆角，中心面集由变半径圆角取代。全圆角特征可用于圆化外部零件特征。

全圆角特征的创建步骤如下。

(1) 单击【三维模型】选项卡【修改】面板中的【圆角】按钮，打开【圆角】对话框，选中【全圆角】按钮，如图 4-10 所示。

(2) 选择要倒圆角的面。

(3) 在对话框中设置其他参数，单击【确定】按钮，完成全圆角的创建，如图 4-11 所示。

图 4-10　【圆角】对话框

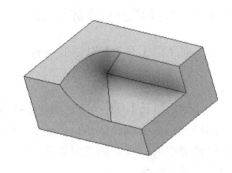

图 4-11　全圆角

等半径圆角沿着其整个圆角长度都有相同的半径。变半径圆角的半径沿着其圆角长度会变化，要为起点和终点设置不同的半径。也可以添加中间点，每个中间点处都可以有不同的半径。圆角的形状由过渡类型决定。

4.2　倒　角　特　征

倒角可在零件和部件环境中使零件的边产生斜角。与圆角相似，倒角不要求有草图，也不要求被约束到要放置的边上。

4.2.1　创建倒角特征

倒角特征的创建步骤如下。

(1) 单击【三维模型】选项卡【修改】面板中的【倒角】按钮，打开【倒角】对话框，选择倒角类型，如图 4-12 所示。

(2) 选择要倒角的边，并输入倒角参数，单击【确定】按钮，完成倒角的创建，如图 4-13 所示。

图 4-12　【倒角】对话框

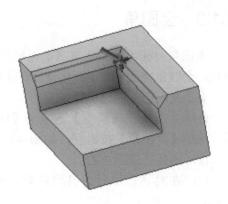

图 4-13　倒角

4.2.2　倒角特征参数设置

下面介绍【倒角】对话框中的主要参数设置。

1. 倒角边长参数

【倒角边长】：这是创建倒角最简单的一种方式，该方式通过指定与所选择的边线偏移同样的距离来创建倒角。可选择单条边、多条边或相连的边界链以创建倒角，还可指定拐角过渡类型的外观。创建时仅需选择用来创建倒角的边以及指定倒角距离即可。在该方式下的选项说明如下。

(1)　链选边

● 【所有相切连接边】：在倒角操作中一次可选择所有相切边。

● 【独立边】：一次只选择一条边。

(2)　过渡类型

可在选择了三个或多个相交边创建倒角时应用，以确定倒角的形状。

● 【过渡】：在各边交汇处创建交叉平面而不是拐角，如图 4-14 所示。

● 【无过渡】：倒角的外观通过去掉每个边而形成尖角，如图 4-15 所示。

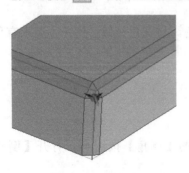

图 4-14　过渡倒角

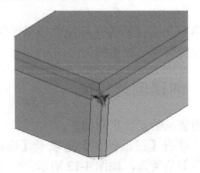

图 4-15　无过渡倒角

2. 倒角边长和角度参数

【倒角边长和角度】：创建倒角需要指定倒角边长和倒角角度两个参数。选择了该选项后，【倒角】对话框如图 4-16 所示。首先选择创建倒角的边，然后选择一个表面，倒角生成的斜面与该面的夹角就是指定的倒角角度。倒角距离和倒角角度均可在对话框右侧的【倒角边长】和【角度】文本框中输入，然后单击【确定】按钮就可创建倒角特征。

图 4-16 倒角边长和角度参数设置

3. 两个倒角边长参数

【两个倒角边长】：创建倒角需要指定两个倒角距离来创建倒角。选择该选项后，【倒角】对话框如图 4-17 所示。首先选定倒角边，然后分别指定两个倒角距离即可。可利用【反向】按钮使得两个距离调换，单击【确定】按钮即可完成创建操作。

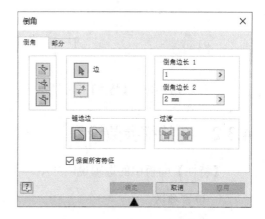

图 4-17 两个倒角边长参数设置

4.3 孔 特 征

在 Inventor 中可利用打孔工具在零件环境、部件环境和焊接环境中创建参数化直孔、沉头孔或倒角孔特征，还可自定义螺纹孔的螺纹特征和顶角的类型，来满足设计要求。

4.3.1 创建孔特征

孔特征的创建步骤如下。

(1) 单击【三维模型】选项卡【修改】面板中的【孔】按钮，打开如图 4-18 所示的【特性】面板。

(2) 在视图中选择孔放置面。

(3) 分别选择两条边为参考边，并输入尺寸。

(4) 在面板中选择孔类型，并输入孔直径，选择孔底类型并输入角度，选择终止方式。

(5) 单击【确定】按钮，按指定的参数生成孔，如图 4-19 所示。

图 4-18　【特性】面板

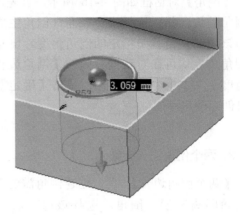

图 4-19　孔特征

4.3.2　孔特征参数设置

【特性】面板中的选项说明如下。

1. 位置参数

指定孔的放置位置。在放置孔的过程中，可以通过以下三种方法设置孔的位置。

（1）单击平面或工作平面上的任意位置。采用此方法放置的孔中心为鼠标单击的位置，此时孔中心未被约束，可以拖动中心将其重新定位。

（2）旋转模型边以放置尺寸。此方法首先选择放置孔的平面，然后选择参考边线，系统弹出【距离尺寸】文本框，通过距离约束确定孔的具体位置。

（3）创建同心孔。采用该方法，首先选择要放置孔的平面，然后选择要同心的对象，可以是环形边或圆柱面，最后所创建的孔与同心引用对象具有同心约束。

2. 孔的形状

用户可选择创建四种类型的孔，即【简单孔】、【配合孔】、【螺纹孔】和【锥螺纹孔】。

要为孔设置螺纹特征，可选中【螺纹孔】或【锥螺纹孔】选项，此时出现【螺纹】选项区域，用户可自己指定螺纹类型，如图 4-20 所示。

图 4-20　孔的螺纹参数

(1) 英制螺纹孔的螺纹类型为 ANSI Unified Screw Threads，公制螺纹孔则为 ANSI Metric M Profile。

(2) 可设定螺纹的右旋或左旋方向，设置是否为全螺纹，可设定公称尺寸、螺距、系列和直径等。

(3) 如果选中【配合孔】选项，创建与所选紧固件配合的孔，此时出现【紧固件】选项区域。可从【标准】下拉列表框中选择紧固件标准；从【紧固件类型】下拉列表框中选择紧固件类型；从【配合】下拉列表框中设置孔配合的类型，可选的值为【常规】、【紧】或【松】。

 不能将锥角螺纹孔与沉头孔结合使用。

3. 孔底座

孔的底座有四种形式，即【无】⊘、【沉头孔】、【沉头平面孔】和【倒角孔】。直孔与平面齐平，并且具有指定的直径；沉头孔具有指定的直径、沉头直径和沉头深度；沉头平面孔具有指定的直径、沉头平面直径和沉头平面深度，孔和螺纹深度从沉头平面的底部曲面进行测量；倒角孔具有指定的直径、倒角孔直径和倒角孔角度。

4. 终止方式

通过【终止方式】选项区域中的选项，可设置孔的方向和终止方式。终止方式有【距离】、【贯通】和【到】几种。其中，【到】方式仅可用于零件特征，在该方式下需要指定是在曲面还是在延伸面(仅适用于零件特征)上终止孔。如果选择【距离】或【贯通】选项，则通过方向按钮选择是否反转孔的方向。

5. 孔的方向

孔的方向有三种选项，【默认】、【翻转】和【对称】。可以根据实际情况进行选择。

6. 孔预览区域

在孔的预览区域内可预览孔的形状。需要注意的是孔的尺寸是在预览窗口中进行修改的，双击对话框中孔图形上的尺寸，此时尺寸值变为可编辑状态，然后输入新值即完成修改。

4.4 抽壳特征

抽壳特征是指从零件的内部去除材料，创建一个具有指定厚度的空腔零件。抽壳特征也是参数化特征，常用于模具和铸造方面的造型。

4.4.1 创建抽壳特征

抽壳特征的创建步骤如下。

（1）单击【三维模型】选项卡【修改】面板中的【抽壳】按钮，打开【抽壳】对话框，如图 4-21 所示。

（2）选择开口面，指定一个或多个要去除的零件面，只保留作为壳壁的面，如果不想选择某个面，可按住 Ctrl 键的同时单击该面即可。

（3）选择好开口面以后，需要指定壳体的厚度，设置效果如图 4-22 所示。单击【确定】按钮完成抽壳特征的创建。

图 4-21　【抽壳】对话框

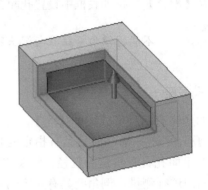

图 4-22　抽壳特征

4.4.2　抽壳特征参数设置

【抽壳】对话框中参数选项说明如下。

1）抽壳方式

● 【向内】：向零件内部偏移壳壁，原始零件的内壁成为抽壳的外壁。

● 【向外】：向零件外部偏移壳壁，原始零件的外壁成为抽壳的内壁。

● 【双向】：向零件内部和外部以相同距离偏移壳壁，每侧偏移厚度是壳壁厚度的一半。

2）抽壳厚度

用户可忽略默认厚度，而对所选的壁面应用其他厚度。需要指出的是，指定相等的壁厚是一个好的习惯，因为相等的壁厚有助于避免在加工和冷却的过程中出现变形。当然如果情况特殊，可为特定壳壁指定不同的厚度。

● 【开口面】：显示应用新厚度的所选面个数。

● 【厚度】：显示和修改为所选面设置的新厚度。

4.5　螺　纹　特　征

在 Inventor 中，可使用螺纹特征工具在孔或诸如轴、螺柱、螺栓等圆柱面上创建螺纹特征。Inventor 的螺纹特征实际上不是真实存在的螺纹，而是用贴图的方法实现的效果图。这样可大大减少系统的计算量，使得特征的创建时间更短，效率更高。

4.5.1　创建螺纹特征

螺纹特征的创建步骤如下。

(1)　单击【三维模型】选项卡【修改】面板中的【螺纹】按钮，打开【特性】面板，如图 4-23 所示。

(2)　在视图区中选择一个圆柱或者圆锥面放置螺纹。

(3)　设置螺纹长度，更改螺纹类型。

(4)　单击【确定】按钮即可完成螺纹特征的创建，如图 4-24 所示。

图 4-23　【特性】面板

图 4-24　螺纹特征

4.5.2　螺纹特征参数设置

【特性】面板中的选项说明如下。

(1)　【螺纹】选项区域：可指定螺纹类型、尺寸、规格、类和方向。

(2)　【深度】：可指定螺纹是全螺纹，也可指定螺纹相对于螺纹起始面的偏移量和螺纹的长度。

(3)　【显示模型中的螺纹】：选中此复选框，创建的螺纹可在模型上显示出来，否则即使创建了螺纹也不会显示在零件上。

Inventor 使用 Excel 电子表格来管理螺纹和螺纹孔数据。默认情况下，电子表格位于安装文件夹中。电子表格中包含了一些常用行业标准的螺纹类型和标准的螺纹孔数据，用户可编辑该电子表格，以便包含更多的螺纹尺寸和螺纹类型，创建自定义螺纹尺寸及螺纹类型等。

如果用户要自行创建或修改螺纹(或螺纹孔)数据，应考虑以下因素。

(1)　编辑文件之前备份电子表格(thread.xls)；要在电子表格中创建新的螺纹类型，应先复制一份现有工作表以便维持数据列结构的完整性，然后在新工作表中进行修改得到新的螺纹数据。

(2) 要创建自定义尺寸螺纹孔，应在电子表格中创建一个新工作表，使其包含自定义尺寸的螺纹，选择【螺纹】类型列表中的【自定义】选项即可。

(3) 修改电子表格不会使现有的螺纹和螺纹孔产生关联变动。

(4) 修改并保存电子表格后，编辑螺纹特征并选择不同的螺纹类型，然后保存文件即可。

4.6 镜　　像

镜像特征可以以等长距离在平面的另外一侧创建一个或多个特征甚至整个实体的副本。如果零件中有多个相同的特征且在空间的排列上具有一定的对称性，可使用镜像工具以减少工作量，提高工作效率。

4.6.1 镜像特征

镜像特征的操作步骤如下。

(1) 单击【三维模型】选项卡【阵列】面板中的【镜像】按钮，打开【镜像】对话框，选中【镜像各个特征】按钮，如图 4-25 所示。

(2) 选择一个或多个要镜像的特征，如果所选特征带有从属特征，则它们也将被自动选中。

(3) 选择镜像平面。任何直的零件边、平坦零件表面、工作平面或工作轴都可用于镜像所选特征的对称平面。

(4) 单击【确定】按钮完成特征的创建，如图 4-26 所示。

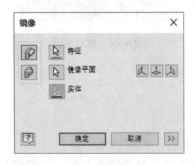

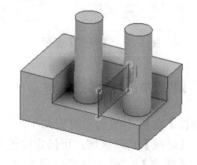

图 4-25　【镜像】对话框　　　　　　　　图 4-26　镜像特征

4.6.2 镜像实体

镜像实体的操作步骤如下。

(1) 单击【三维模型】选项卡【阵列】面板中的【镜像】按钮，打开【镜像】对话框，选中【镜像实体】按钮，如图 4-27 所示。

(2) 选择一个或多个要镜像的实体，如果所选实体带有从属实体，则它们也将被自动选中。

(3) 选择镜像平面。任何直的零件边、平坦零件表面、工作平面或工作轴都可作为镜像所选实体的对称平面。

(4) 单击【确定】按钮完成实体的创建，如图 4-28 所示。

图 4-27 【镜像】对话框

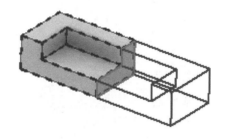

图 4-28 镜像实体

【镜像】对话框中的选项说明如下。

(1) 【包括定位/曲面特征】 ：选择一个或多个要镜像的定位特征。

(2) 【镜像平面】 ：选择工作平面或平面，所选的定位特征将穿过该平面创建镜像。

(3) 【删除原始特征】：选中该复选框，则删除原始实体，零件文件中仅保留镜像引用。可使用此选项对零件的左旋和右旋版本进行造型。

(4) 【优化】：选中该单选按钮，则创建的镜像引用是原始特征的直接副本。

(5) 【完全相同】：选中该单选按钮，则创建完全相同的镜像体，而不管它们是否与另一特征相交。当镜像特征终止在工作平面上时，使用此方法可高效地镜像出大量的特征。

(6) 【调整】：选中该单选按钮，用户可根据其中的每个特征分别计算各自的镜像特征。

4.7 阵　　列

阵列是指多重复制选择对象，并把这些副本按矩形或环形排列。

4.7.1 矩形阵列

矩形阵列是指复制一个或多个特征的副本，在矩形中或沿着指定的线性路径排列所得到的引用特征。线性路径可以是直线、圆弧、样条曲线或修剪的椭圆。

矩形阵列步骤如下。

(1) 单击【三维模型】选项卡【阵列】面板中的【矩形阵列】按钮 ，打开【矩形阵列】对话框，如图 4-29 所示。

(2) 选择要阵列的特征或实体。

(3) 选择阵列的两个方向。

(4) 为在该方向上复制的特征指定副本的个数，以及副本之间的距离。副本之间的距离可用三种方法来定义，即间距、距离和曲线长度。

(5) 在【方向】选项组中，选中【完全相同】单选按钮，用第一个所选特征的放置方式放置所有特征，或指定控制阵列特征排列的路径。

(6) 单击【确定】按钮完成特征的创建，如图 4-30 所示。

图 4-29　【矩形阵列】对话框

图 4-30　矩形阵列

【矩形阵列】对话框中的选项说明如下。

(1) 选择阵列特征或者实体。

如果要阵列各个特征，可选择要阵列的一个或多个特征，对于精加工特征(如圆角或倒角)，仅当选择了它们的父特征时才能包含在阵列中。

(2) 选择方向。

选择阵列的两个方向，用路径选择工具 来选择线性路径以指定阵列的方向。路径可以是边线、圆弧、样条曲线、修剪的椭圆或边，可以是开放回路，也可是闭合回路。【反向】按钮 使阵列方向反向。

(3) 设置参数。

【间距】：指定每个特征副本之间的距离。

【距离】：指定特征副本的总距离。

【曲线长度】：在指定长度的曲线上等距排列特征的副本，两个方向上的设置是完全相同的。对于任何一个方向，【起始位置】选项应选择路径上的一点以指定一列或两列的起点。如果路径是封闭回路，则必须指定起点。

(4) 计算。

【优化】：创建一个副本并重新生成面，而不是重新生成特征。

【完全相同】：创建完全相同的特征，而不管终止方式。

【调整】：使特征在遇到面时终止。需要注意的是，用"完全相同"方法创建的阵列比用"调整"方法创建的阵列计算速度快。如果使用"调整"方法，则阵列特征会在遇到平面时终止，所以可能会得到一个其大小和形状与原始特征不同的特征。

(5) 方向。

【完全相同】：用第一个所选特征的放置方式放置所有特征。

【方向1】/【方向2】：指定控制阵列特征排列的路径。

 阵列整个实体的选项与阵列特征选项基本相同，只是【调整】单选按钮在阵列整个实体时不可用。

4.7.2 环形阵列

环形阵列是指复制一个或多个特征，然后在圆弧或圆中按照指定的数量和间距排列所得到的引用特征。

环形阵列创建步骤如下。

(1) 单击【三维模型】选项卡【阵列】面板中的【环形阵列】按钮，打开【环形阵列】对话框，如图 4-31 所示。

(2) 选中【各个特征】按钮或【整个实体】按钮。如果要阵列各个特征，可以选择要阵列的一个或多个特征。

(3) 选择旋转轴。旋转轴可以是边线、工作轴以及圆柱的中心线等，它可以不和特征在同一个平面上。

(4) 在【放置】选项组中，可指定引用的数目以及引用之间的夹角。创建方法与矩形阵列中的对应选项的含义相同。

(5) 在【放置方法】选项组中，【范围】单选按钮可定义引用夹角是所有引用之间的夹角，【增量】单选按钮定义两个引用之间的夹角。

(6) 单击【确定】按钮完成阵列特征的创建，如图 4-32 所示。

图 4-31 【环形阵列】对话框

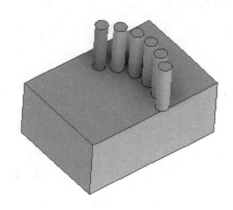

图 4-32 环形阵列

【环形阵列】对话框中的选项说明如下。

(1) 放置。

【数量】 ：指定阵列中引用的数目。

【角度】 ：引用之间的角度间距，取决于放置方法。

【中间面】 ：指定在原始特征的两侧分布特征引用。

(2) 放置方法。

【增量】：定义特征之间的间距。

【范围】：阵列使用一个角度来定义阵列特征占用的总区域。

 如果选中【整个实体】按钮 ，则【创建方法】选项组中的【调整】单选按钮不可用。其他选项意义和选中【各个特征】按钮 的对应选项相同。

4.8 设计实战范例

4.8.1 插槽零件范例

本范例完成文件：/4/4-1.ipt

范例分析

本节的范例是创建一个插槽零件。首先创建基体部分，之后依次创建一些附属特征，运用镜像命令进行复制；并在特征上创建一些螺纹特征、阵列特征和圆角特征。

范例操作

step 01 绘制矩形草图

① 单击【三维模型】选项卡【草图】面板中的【开始创建二维草图】按钮 ，选择 XY 平面绘制二维图形。

② 单击【草图】选项卡【创建】面板中的【矩形】按钮 ，绘制矩形，尺寸为 20×6，如图 4-33 所示。

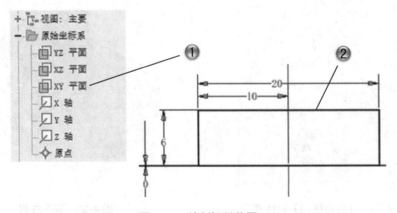

图 4-33 绘制矩形草图

step 02　创建拉伸特征

①创建拉伸特征，设置【距离】为 40。

②单击【特性】面板中的【确定】按钮，如图 4-34 所示。

step 03　绘制矩形草图

①选择模型平面绘制二维图形。

②绘制矩形，尺寸为 14×4，如图 4-35 所示。

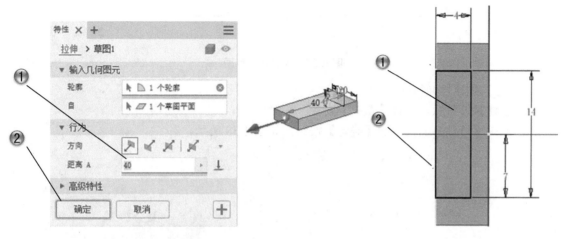

图 4-34　创建拉伸特征　　　　　　　　　　图 4-35　绘制矩形草图

step 04　创建拉伸切除特征

①创建拉伸切除特征，设置【距离】为 36。

②单击【特性】面板中的【确定】按钮，如图 4-36 所示。

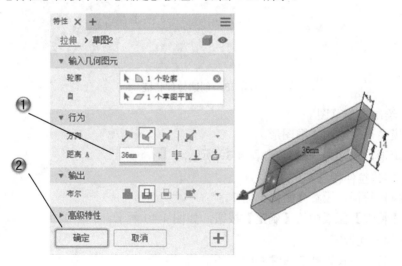

图 4-36　创建拉伸切除特征

step 05　绘制矩形草图

①选择模型平面绘制二维图形。

②绘制矩形，尺寸为 3×0.5，如图 4-37 所示。

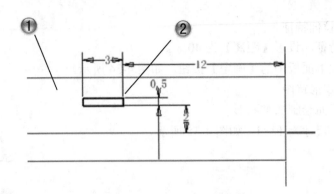

图 4-37　绘制矩形草图

step 06　创建拉伸特征

①创建拉伸特征，设置【距离】为4。

②单击【特性】面板中的【确定】按钮，如图 4-38 所示。

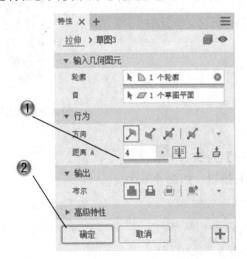
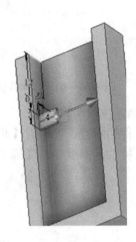

图 4-38　创建拉伸特征

step 07　绘制矩形草图

①选择模型平面绘制二维图形。

②绘制矩形，尺寸为 3.2×3，如图 4-39 所示。

step 08　创建拉伸特征

①创建拉伸特征，设置【距离】为1。

②单击【特性】面板中的【确定】按钮，如图 4-40 所示。

step 09　创建孔特征

①创建孔特征，设置孔的特性参数。

②在绘图区中，设置孔的位置。

③单击【特性】面板中的【确定】按钮，如图 4-41 所示。

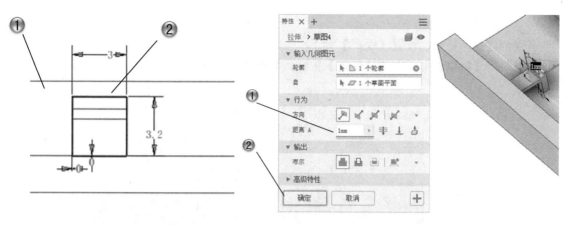

图 4-39　绘制矩形草图　　　　　　　　　　　　　图 4-40　创建拉伸特征

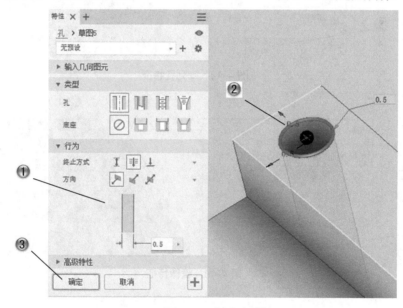

图 4-41　创建孔特征

step 10 ▶ 阵列孔特征

① 创建矩形阵列特征，设置【矩形阵列】对话框中的参数。

② 在绘图区中，选择特征和参考边。

③ 单击【矩形阵列】对话框中的【确定】按钮，如图 4-42 所示。

step 11 ▶ 镜像特征

单击【三维模型】选项卡【阵列】面板中的【镜像】按钮◭。

① 选择要镜像的特征。

② 在绘图区中，选择镜像平面。

③ 单击【镜像】对话框中的【确定】按钮，如图 4-43 所示。

step 12 ▶ 绘制矩形草图

① 选择模型平面绘制二维图形。

② 绘制矩形，尺寸为 4×2，如图 4-44 所示。

step 13 创建拉伸特征

① 创建拉伸特征，设置【距离】为1。

② 单击【特性】面板中的【确定】按钮，如图 4-45 所示。

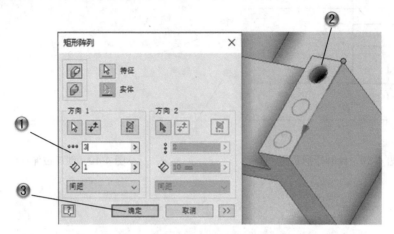

图 4-42 阵列孔特征

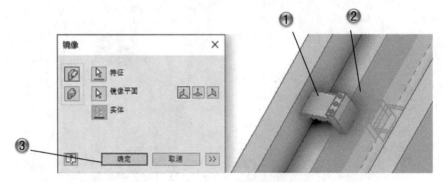

图 4-43 镜像特征

图 4-44 绘制矩形草图   图 4-45 创建拉伸特征

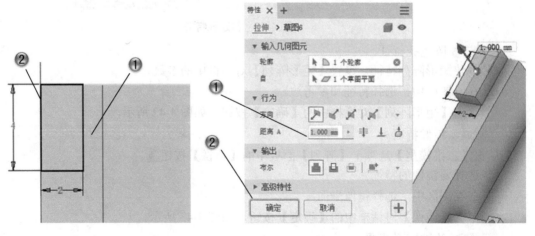

step 14 绘制槽图形

① 选择模型平面绘制二维图形。

② 单击【草图】选项卡【创建】面板中的【槽】按钮▭▭，绘制槽图形，如图 4-46 所示。

step 15 创建拉伸切除特征

① 创建拉伸切除特征，设置【距离】为 0.1。

② 单击【特性】面板中的【确定】按钮，如图 4-47 所示。

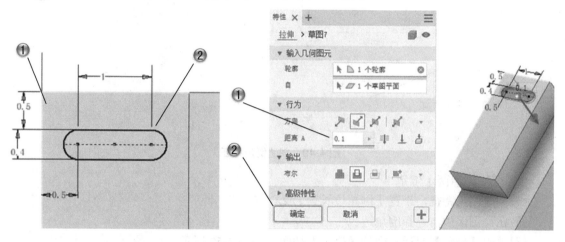

图 4-46 绘制槽图形　　　　　　　　　　　　　图 4-47 创建拉伸切除特征

step 16 创建矩形阵列

单击【三维模型】选项卡【阵列】面板中的【矩形阵列】按钮▦▦。

① 创建矩形阵列特征，设置【矩形阵列】对话框中的参数。

② 在绘图区中，选择特征和参考边。

③ 单击【矩形阵列】对话框中的【确定】按钮，如图 4-48 所示。

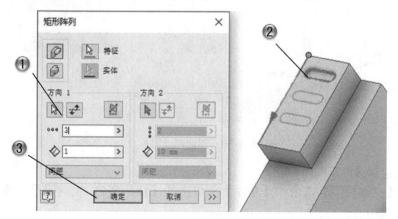

图 4-48 创建矩形阵列

step 17 创建倒角特征

① 创建倒角特征，设置【倒角边长】为 0.5。

② 在绘图区中，选择倒角边。

③单击【倒角】对话框中的【确定】按钮，如图 4-49 所示。

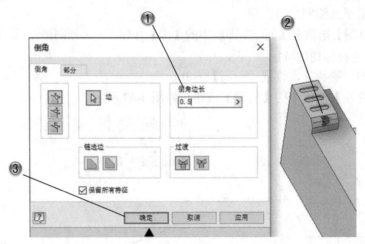

图 4-49　创建倒角特征

step 18　创建两个倒角

①创建倒角特征，设置【倒角边长】为 2。

②在绘图区中，选择倒角边。

③单击【倒角】对话框中的【确定】按钮，如图 4-50 所示。

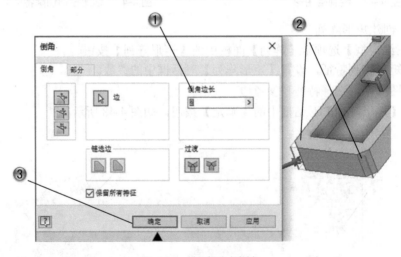

图 4-50　创建两个倒角

step 19　绘制圆形草图

①单击【三维模型】选项卡【草图】面板中的【开始创建二维草图】按钮 ，选择模型平面绘制二维图形。

②绘制直径为 2 的圆形，如图 4-51 所示。

step 20　创建拉伸特征

①创建拉伸特征，设置【距离】为 4。

②单击【特性】面板中的【确定】按钮，如图 4-52 所示。

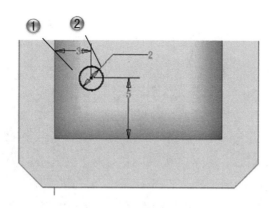

图 4-51 绘制圆形草图

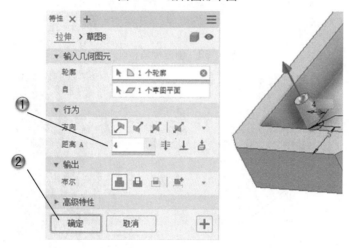

图 4-52 创建拉伸特征

step 21 创建倒角特征

单击【三维模型】选项卡【修改】面板中的【倒角】按钮。

①创建倒角特征，设置【倒角边长】为0.2。

②在绘图区中，选择倒角边。

③单击【倒角】对话框中的【确定】按钮，如图 4-53 所示。

step 22 创建螺纹特征

单击【三维模型】选项卡【修改】面板中的【螺纹】按钮。

①创建螺纹特征，设置【特性】面板中的参数。

②在绘图区中，选择放置面。

③单击【特性】面板中的【确定】按钮，如图 4-54 所示。

step 23 镜像特征

单击【三维模型】选项卡【阵列】面板中的【镜像】按钮。

①选择要镜像的特征。

②在绘图区中，选择镜像平面。

③单击【镜像】对话框中的【确定】按钮，如图 4-55 所示。

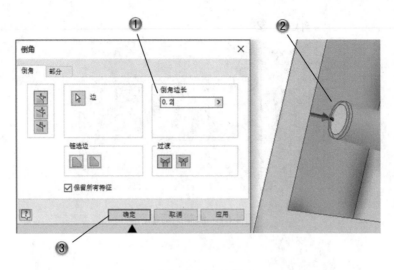

图 4-53　创建倒角特征

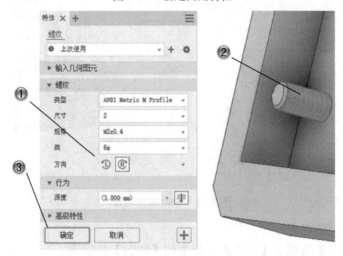

图 4-54　创建螺纹特征

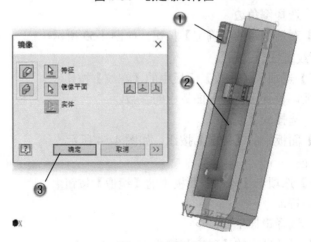

图 4-55　镜像特征

step 24 绘制矩形草图

① 单击【三维模型】选项卡【草图】面板中的【开始创建二维草图】按钮 ，选择模型平面绘制二维图形。

② 绘制矩形，尺寸为 4×4，如图 4-56 所示。

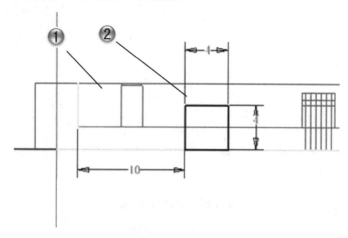

图 4-56　绘制矩形草图

step 25 创建拉伸切除特征

① 创建拉伸切除特征，设置【距离】为 20。

② 单击【特性】面板中的【确定】按钮，如图 4-57 所示。

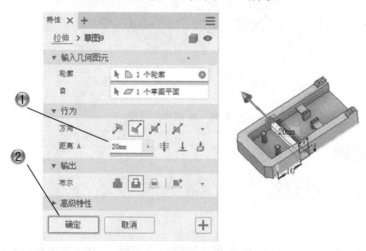

图 4-57　创建拉伸切除特征

step 26 创建圆角特征

单击【三维模型】选项卡【修改】面板中的【圆角】按钮 。

① 创建圆角特征，设置【半径】为 1。

② 在绘图区中，选择圆角边。

③ 单击【圆角】对话框中的【确定】按钮，如图 4-58 所示。至此完成的插槽零件模型如图 4-59 所示。

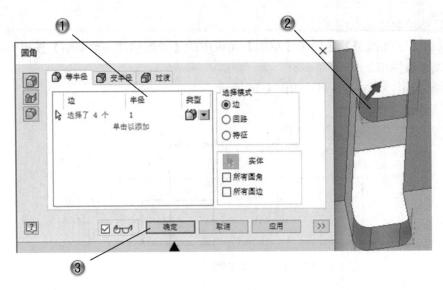

图 4-58　创建圆角特征

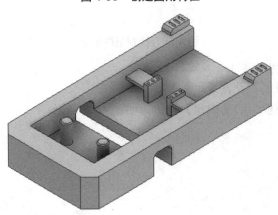

图 4-59　插槽零件模型

4.8.2　瓶盖范例

本范例完成文件：/4/4-2.ipt

范例分析

本节的范例是创建一个瓶盖模型。首先创建拉伸基体，之后创建圆角和抽壳特征，再创建拉伸特征，最后进行阵列的创建。

范例操作

step 01　绘制圆形草图

①单击【三维模型】选项卡【草图】面板中的【开始创建二维草图】按钮，选择 XZ 平面绘制二维图形。

②单击【草图】选项卡【创建】面板中的【圆(圆心)】按钮，绘制直径为 10 的圆

形，如图 4-60 所示。

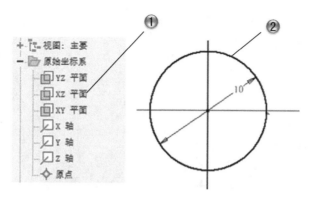

图 4-60　绘制圆形草图

step 02　创建拉伸特征

单击【三维模型】选项卡【创建】面板中的【拉伸】按钮。

① 创建拉伸特征，设置【距离】为 3。

② 单击【特性】面板中的【确定】按钮，如图 4-61 所示。

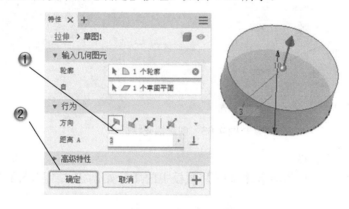

图 4-61　创建拉伸特征

step 03　创建圆角特征

单击【三维模型】选项卡【修改】面板中的【圆角】按钮。

① 创建圆角特征，设置【半径】为 1。

② 在绘图区中，选择圆角边。

③ 单击【圆角】对话框中的【确定】按钮，如图 4-62 所示。

step 04　创建抽壳特征

单击【三维模型】选项卡【修改】面板中的【抽壳】按钮。

① 创建抽壳特征，设置【厚度】为 0.4。

② 在绘图区中，选择去除面。

③ 单击【抽壳】对话框中的【确定】按钮，如图 4-63 所示。

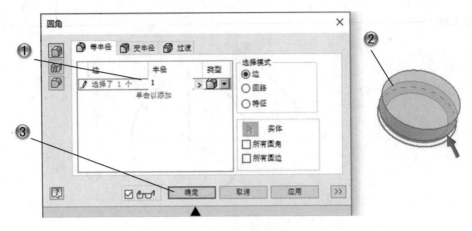

图 4-62　创建圆角特征

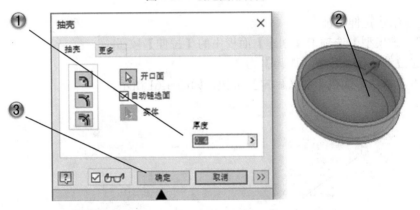

图 4-63　创建抽壳特征

step 05 绘制圆形草图

① 单击【三维模型】选项卡【草图】面板中的【开始创建二维草图】按钮⬚，选择模型平面绘制二维图形。

② 绘制直径为 0.5 的圆形，如图 4-64 所示。

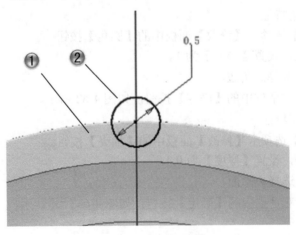

图 4-64　绘制圆形草图

step 06 创建拉伸特征

① 创建拉伸特征，设置【距离】为2。

② 单击【特性】面板中的【确定】按钮，如图4-65所示。

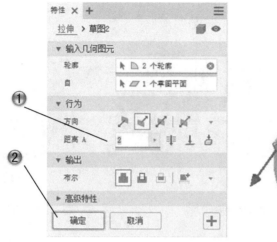

图4-65 创建拉伸特征

step 07 创建圆角特征

单击【三维模型】选项卡【修改】面板中的【圆角】按钮。

① 创建圆角特征，设置【半径】为0.1。

② 在绘图区中，选择圆角边。

③ 单击【圆角】对话框中的【确定】按钮，如图4-66所示。

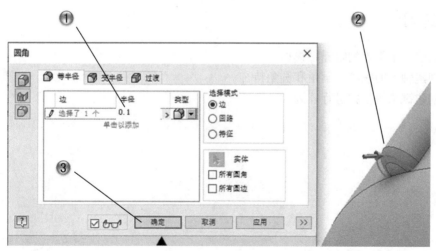

图4-66 创建圆角特征

step 08 创建阵列

单击【三维模型】选项卡【阵列】面板中的【环形阵列】按钮。

① 创建环形阵列特征，设置【环形阵列】对话框中的参数。

② 在绘图区中，选择特征和旋转轴。

③ 单击【环形阵列】对话框中的【确定】按钮，如图 4-67 所示。至此完成瓶盖零件模型的创建，如图 4-68 所示。

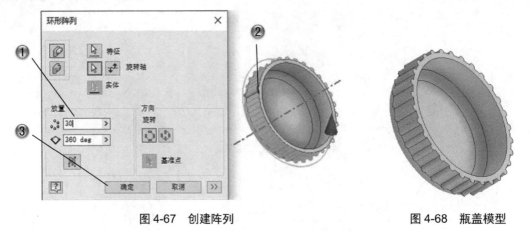

图 4-67　创建阵列　　　　　　　　　图 4-68　瓶盖模型

4.9　本章小结和练习

4.9.1　本章小结

本章主要介绍了放置特征的一些命令和使用方法，放置特征是在创建特征之后的操作。通常的零件模型需要大量的放置特征才能完成，并要进行一定的参数修改才能最终定型。

4.9.2　练习

(1)　创建一个常见的阶梯轴模型。

(2)　创建轴上的螺纹、倒角和圆角特征。

(3)　创建键槽特征并进行阵列。

第 5 章

零件建模设计

　　绘制草图可以在构造任何特征之前定义零件的基本大小和形状。完成草图绘制后，就可以进行零件建模，建模包括创建特征和修改特征。创建特征基于所绘制的草图，这些 3D 特征可修改模型上现有的边；或者可以基于所指定的一组属性，例如扫掠、螺旋扫掠、放样等。修改特征提供了修改模型的各种工具，例如拔模、加强筋、凸雕等，以更改模型的大小或形状。

5.1 布尔运算

布尔运算是基于两个或两个以上的独立实体，布尔运算提供了三种操作方式，即"求和""求差""求交"，下面进行介绍。

5.1.1 【合并】对话框参数设置

单击【三维模型】选项卡【修改】面板上的【合并】按钮，弹出【合并】对话框。单击【求和】按钮，在绘图区依次选择将要合并的两个圆柱体，单击【确定】按钮即可完成合并运算，如图 5-1 所示。

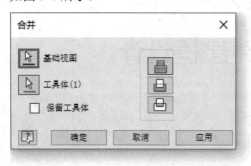
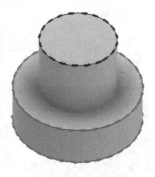

图 5-1 合并运算

单击【三维模型】选项卡【修改】面板上的【合并】按钮，弹出【合并】对话框。单击【求差】按钮，在绘图区依次选择将要求差的两个圆柱体，单击【确定】按钮即可完成求差运算，如图 5-2 所示。

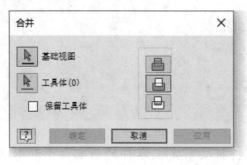

图 5-2 求差运算

单击【三维模型】选项卡【修改】面板上的【合并】按钮，弹出【合并】对话框。单击【求交】按钮，在绘图区依次选择将要求交的两个圆柱体，单击【确定】按钮即可完成求交运算，如图 5-3 所示。

图 5-3 求交运算

图 5-4 【特性】面板

5.1.2 【特性】面板参数设置

布尔操作还可以在特性的创建过程中进行设置,例如拉伸的【特性】面板中【输出】选项组会提供布尔运算的操作,如图 5-4 所示。

(1)【求和】■:将拉伸特征产生的体积添加到另一个特征上去,二者合并为一个整体。

(2)【求差】■:从另一个特征中去除由拉伸特征产生的体积。

(3)【求交】■:将拉伸特征和其他特征的公共体积创建为新特征,未包含在公共体积内的材料被全部去除。

(4)【新建实体】■:创建实体。如果拉伸是零件文件中的第一个实体特征,则此选项是默认选项。选择该选项可在包含现有实体的零件文件中创建单独的实体。每个实体均是独立的特征集合,独立于其他实体而存在。实体可以与其他实体共享特征。

5.2 拔 模 斜 度

在进行铸件设计时,通常需要一个拔模面使得零件更容易从模具里面取出。在为模具或铸造零件设计特征时,可通过为拉伸或扫掠特征指定正或负的斜角来应用拔模斜度,当然也可直接对现成的零件进行拔模斜度操作。在 Inventor 中提供了拔模工具,可以很方便地对零件进行拔模操作。

5.2.1 创建拔模斜度特征

创建拔模斜度特征的步骤如下。

(1)单击【三维模型】选项卡【修改】面板中的【拔模】按钮■,打开【面拔模】对话框,选择拔模类型,如图 5-5 所示。

(2) 在对话框右侧的【拔模斜度】文本框中输入斜度，可以是正值或负值。

(3) 选择要进行拔模的平面，可选择一个或多个拔模面。注意拔模的平面不能与拔模方向垂直。当鼠标位于某个符合要求的平面时，会出现效果的预览。

(4) 单击【确定】按钮，即可完成拔模斜度特征的创建，如图 5-6 所示。

图 5-5　【面拔模】对话框

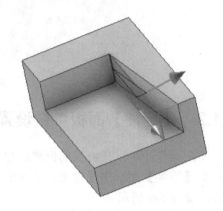

图 5-6　面拔模

5.2.2　【面拔模】对话框参数设置

1) 拔模方式

- 【固定边】：在每个平面的一个或多个相切的连续固定边处创建拔模，拔模结果是创建额外的面。
- 【固定平面】：选择一个固定平面(或者工作平面)，之后拔模方向就自动设定为垂直于所选平面，然后再选择拔模面，即根据确定的拔模斜度角，来创建拔模斜度特征。
- 【分模线】：创建有关二维或三维草图的拔模，模型将在分模线上方和下方进行拔模。

2) 自动链选面

选择与拔模选定面相切的所有面。

3) 自动过渡

适用于以圆角或其他特征过渡到相邻面的面。选中此复选框，可创建过渡的几何图元。

5.3　扫掠特征

扫掠特征就是截面沿着一个不规则轨迹运动形成的特征，如管道和管路、把手、衬垫凹槽等。Inventor 提供了【扫掠】命令用来完成此类特征的创建，该命令通过沿一条平面路径移动草图截面轮廓来创建一个特征。如果截面轮廓是曲线，则创建曲面，如果是闭合曲线，则创建实体。

创建扫掠特征最重要的两个要素就是截面轮廓和扫掠路径。截面轮廓可以是闭合的或非闭合的曲线，截面轮廓可嵌套，但不能相交。如果选择多个截面轮廓，可以按住 Ctrl 键，然后继续选择即可。扫掠路径可以是开放的曲线或闭合的回路，截面轮廓在扫掠路径的所有位置都与扫掠路径保持垂直，扫掠路径的起点必须放置在截面轮廓和扫掠路径所在平面的相交处。扫掠路径草图必须在与扫掠截面轮廓平面相交的平面上。

5.3.1　创建扫掠特征

创建扫掠特征的步骤如下。

(1) 单击【三维模型】选项卡【创建】面板上的【扫掠】按钮，打开如图 5-7 所示的【特性】面板。

(2) 在视图中选取扫掠截面。

(3) 在视图中选取扫掠路径。

(4) 设置扫掠参数，如扫掠类型、扫掠方向等。

(5) 单击【确定】按钮，完成扫掠特征的创建，如图 5-8 所示。

图 5-7　【特性】面板

扫描路径

扫描截面

图 5-8　扫掠截面和路径

5.3.2　扫掠参数设置

【特性】面板中的选项说明如下。

1. 轮廓

选择草图的一个或多个截面轮廓以沿选定的路径进行扫掠，也可利用【已启用实体扫掠】按钮对所选的实体沿所选的路径进行扫掠。

扫掠也是集创建实体和曲面于一体的特征：对于封闭截面轮廓，用户可以选择创建实体或曲面；而对于开放的截面轮廓，则只创建曲面。无论扫掠路径开放与否，扫掠路径必须要贯穿截面草图平面，否则无法创建扫掠特征。

2. 路径

选择扫掠截面轮廓所围绕的轨迹或路径，路径可以是开放回路，也可以是封闭回路，但无论扫掠路径开放与否，扫掠路径必须要贯穿截面草图平面，否则无法创建扫掠特征。

3. 方向

用户创建扫掠特征时，除了必须指定截面轮廓和路径外，还要选择扫掠方向、设置扩张角或扭转角等参数来控制截面轮廓的扫掠方向、比例和扭曲。

1) 【跟随路径】

创建扫掠时，截面轮廓相对于扫掠路径保持不变，即所有扫掠截面都维持与该路径相关的原始截面轮廓。原始截面轮廓与路径垂直，在结束处扫掠截面仍维持这种几何关系。

当选择控制方式为"路径"时，用户可以指定路径方向上截面轮廓的锥度变化和旋转程度，即扩张角和扭转角。

扩张角相当于拉伸特征的拔模角度，用来设置扫掠过程中在路径的垂直平面内扫掠体的面积变化。当选择正角度时，扫掠特征沿着离开起点方向的截面面积增大，反之减小，图 5-9 所示为扩张角为 5°时的扫掠体。扩张角不适于封闭的路径。

扭转角用来设置轮廓沿路径扫掠的同时，在轴向方向自身旋转的角度，即从扫掠开始到扫掠结束轮廓自身旋转的角度，如图 5-10 所示是扭转角为 90°的扫掠体。

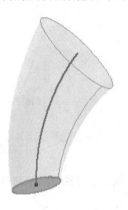

图 5-9　扩张角为 5°时的扫掠体　　　　　图 5-10　扭转角为 90°的扫掠体

2) 【固定】

创建扫掠时，截面轮廓会保持平行于原始截面轮廓，在路径任一点作平行面轮廓的剖面，获得的几何形状仍与原始截面相当。

3) 【引导】

引导轨道扫掠，即创建扫掠时，选择一条附加曲线作为轨道来控制截面轮廓的比例和扭曲。这种扫掠用于具有不同截面轮廓的对象，沿着轨道扫掠时，扫掠体可能会旋转或扭曲，如吹风机的手柄和高跟鞋底。

在此类型的扫掠中，可以通过控制截面轮廓在 X 和 Y 方向上的缩放，创建符合引导轨道的扫掠特征。截面轮廓缩放方式有以下三种。

- X 和 Y：在扫掠过程中，截面轮廓在引导轨道的影响下，随路径在 X 和 Y 方向同时缩放。
- X：在扫掠过程中，截面轮廓在引导轨道的影响下，随路径在 X 方向上进行缩放。
- 无：使截面轮廓保持固定的形状和大小，此时引导轨道仅控制截面轮廓扭曲。当选择此方式时，相当于传统路径扫掠。

4. 优化单个选择

选中【优化单个选择】复选框，进行单个选择后，即自动前进到下一个选择器。进行多项选择时应取消选中该复选框。

5.4 放 样 特 征

放样特征是用两个或两个以上的截面草图为基础，再根据需要添加"轨道""中心线"或"面积放样"等构成要素作为辅助约束而生成的复杂几何结构，它常用来创建一些具有复杂形状的零件，如塑料模具或铸造模型。

5.4.1 创建放样特征

创建放样特征的步骤如下。

(1) 单击【三维模型】选项卡【创建】面板上的【放样】按钮，打开如图 5-11 所示的【放样】对话框。

(2) 在视图中选取放样截面。

(3) 在对话框中设置放样参数，如放样类型等。

(4) 在对话框中单击【确定】按钮，完成放样特征的创建，如图 5-12 所示。

图 5-11 【放样】对话框

图 5-12 放样特征

5.4.2 放样参数设置

【放样】对话框中的选项说明如下。

1. 截面形状

放样特征通过将多个截面轮廓与单独的平面、非平面或工作平面上的各种形状相混合来创建复杂的形状，因此截面形状的创建是放样特征的基础也是关键要素。

如果截面形状是非封闭的曲线或闭合曲线，或是零件面的闭合面回路，则放样生成曲面特征。

如果截面形状是封闭的曲线，或是零件面的闭合面回路，或是一组连续的模型边，则可生成实体特征也可生成曲面特征。

截面形状是在草图上创建的，在放样特征的创建过程中，往往需要首先创建大量的工作平面以在对应的位置创建草图，再在草图上绘制放样截面形状。

用户可以创建任意多个截面轮廓，但是要避免放样形状扭曲，最好沿一条直线向量在每个截面轮廓上映射点。

可通过添加轨道进一步控制截面形状，轨道是指连接至每个截面上的点的二维或三维线。起始和终止截面轮廓可以是特征上的平面，并可与特征平面相切以获得平滑过渡。可使用现有面作为放样的起始和终止面，在该面上创建草图以使面的边可被选中用于放样。如果使用平面或非平面的回路，可直接选中它，而不需要在该面上创建草图。

2. 轨道

为了加强对放样形状的控制，引入了"轨道"的概念。轨道是在截面之上或之外终止的二维或三维直线、圆弧或样条曲线，如二维或三维草图中开放或闭合的曲线，以及一组连续的模型边等，都可作为轨道。轨道必须与每个截面都相交，并且都应该是平滑的，在方向上没有突变。创建放样特征时，如果轨道延伸到截面之外，则将忽略延伸到截面之外的那一部分轨道。轨道可影响整个放样实体，而不仅仅是与它相交的面或截面。如果没有指定轨道，对齐的截面和仅具有两个截面的放样将用直线连接。未定义轨道的截面顶点受相邻轨道的影响。

3. 输出类型和布尔操作

放样的输出可选择实体或曲面，可通过【输出】选项组中的【实体】按钮和【曲面】按钮来实现。还可利用放样来实现三种布尔操作，即"求和""求差"和"求交"运算。

4. 条件

【放样】对话框中的【条件】选项卡，如图 5-13 所示。【条件】选项卡用来指定终止截面轮廓的边界条件，以控制放样体末端的形状。可对每一个草图几何图元分别设置边界条件。

放样有两种边界条件，即无条件和方向条件。

【无条件】：对其末端形状不加以干涉。

【方向条件】：仅当曲线是二维草图时可用，需要用户指定放样特征的末端形状相对于截面轮廓平面的角度。

当选择【方向条件】选项时，需要指定【角度】和【权值】条件。

【角度】：指定草图平面和由草图平面上的放样创建的面之间的角度。

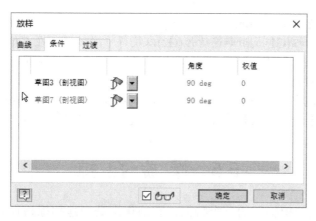

图 5-13 【条件】选项卡

【权值】：决定角度如何影响放样外观的无量纲值。大数值创建逐渐过渡，而小数值创建突然过渡。需要注意的是，特别大的权值会导致放样曲面的扭曲，并且可能会生成自交的曲面。此时应该在每个截面轮廓的截面上设置工作点，并构造轨道(穿过工作点的二维或三维线)，以使形状扭曲最小化。

5. 过渡

【放样】对话框的【过渡】选项卡，如图 5-14 所示。

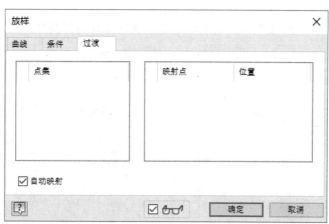

图 5-14 【过渡】选项卡

在【过渡】选项卡中，可以定义一个截面的各段如何映射到其前后截面的各段中，自动映射是默认的选项。如果关闭自动映射，将列出自动计算的点集，并根据需要添加或删除点。

【点集】：表示在每个放样截面上列出自动计算的点。

【映射点】：表示在草图上列出自动计算的点，以便沿着这些点线性对齐截面轮廓，使放样特征的扭曲最小化。点按照选择截面轮廓的顺序列出。

【位置】：用无量纲值指定相对于所选点的位置。"0"表示直线的一端，"0.5"表示直线的中点，"1"表示直线的另一端，用户可进行修改。

可以选择非平面或平面作为起始截面和终止截面，使放样对相邻零件表面具有切向连续性(G1)或曲率连续性(G2)以获得平滑过渡。在 G1 放样中，可以看到曲面之间的过渡。G2 过渡(也称为"平滑")显示为一个曲面。在亮显时，其不会显示曲面之间的过渡。

要将现有面用作放样的起始截面或终止截面，可以直接选择该面而无须创建草图。对于开放的放样，可以在某一点处开始截面或结束截面。

5.5 螺旋扫掠

螺旋扫掠特征是扫掠特征的一个特例，它的作用是创建扫掠路径为螺旋线的三维实体特征。

5.5.1 创建螺旋扫掠特征

创建螺旋扫掠特征的步骤如下。

(1) 单击【三维模型】选项卡【创建】面板上的【螺旋扫掠】按钮，打开如图 5-15 所示的【螺旋扫掠】对话框。

(2) 在视图中选取扫掠截面轮廓。

(3) 在视图中选取旋转轴。

(4) 在对话框中切换到【螺旋规格】选项卡，设置螺旋扫掠参数，如图 5-16 所示。

图 5-15 【螺旋形状】选项卡　　　图 5-16 【螺旋规格】选项卡

(5) 在对话框中单击【确定】按钮，完成螺旋扫掠特征的创建，如图 5-17 所示。

图 5-17 螺旋扫掠

5.5.2　螺旋扫掠参数设置

【螺旋扫掠】对话框中的选项说明如下。

1.【螺旋形状】选项卡

【截面轮廓】应该选择一个封闭的曲线，以创建实体；【旋转轴】选择一条直线，它不能与截面轮廓曲线相交，但是必须在同一个平面内。在【旋转】选项组中，可以指定螺旋扫掠的方向：顺时针或者逆时针。

2.【螺旋规格】选项卡

可设置的螺旋扫掠类型一共有四种，即【螺距和转数】、【转数和高度】、【螺距和高度】、【平面螺旋】。选择了不同的类型以后，在下面的参数文本框中输入对应的参数即可。需要注意的是，如果要创建发条之类没有高度的螺旋扫掠特征，可使用【平面螺旋】选项。

3.【螺旋端部】选项卡

只有当螺旋线是平底时可用，而在螺旋扫掠为截面轮廓时不可用。用户可指定螺旋扫掠的两端为【自然】或【平底】样式，如图 5-18 所示，开始端和终止端可以是不同的终止类型。如果选择【平底】选项，可指定具体的过渡段包角和平底段包角。

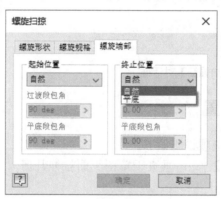

图 5-18　【螺旋端部】选项卡

- 【过渡段包角】：螺旋扫掠获得过渡的距离，单位为度(°)，一般少于一圈。
- 【平底段包角】：螺旋扫掠过渡后不带螺距(平底)的延伸距离(度数)，它是从螺旋扫掠的正常旋转的末端过渡到平底端的末尾。

5.6　加　强　筋

在模具和铸件的制造过程中，常常为零件增加加强筋和筋板(也称作隔板或腹板)，以提高零件强度。

加强筋和筋板是基于草图的特征，在草图中完成的工作就是绘制二者的截面轮廓。可创建一个封闭的截面轮廓作为加强筋的轮廓，或者创建一个开放的截面轮廓作为筋板的轮廓，也可创建多个相交或不相交的截面轮廓定义网状加强筋和筋板。

5.6.1　创建加强筋特征

创建加强筋特征的步骤如下。

(1)　单击【三维模型】选项卡【创建】面板上的【加强筋】按钮，打开如图 5-19 所示的【加强筋】对话框，选择加强筋类型。

(2)　在视图中选取截面轮廓。

(3)　在对话框中设置加强筋参数，设置加强筋厚度、调整拉伸方向等。

(4)　在对话框中单击【确定】按钮，完成加强筋特征的创建，如图 5-20 所示。

图 5-19　【加强筋】对话框

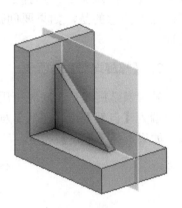

图 5-20　加强筋

5.6.2　加强筋参数设置

【加强筋】对话框中的选项说明如下。

(1)　【垂直于草图平面】：垂直于草图平面拉伸几何图元，厚度平行于草图平面。

(2)　【平行于草图平面】：平行于草图平面拉伸几何图元，厚度垂直于草图平面。

(3)　【到表面或平面】：加强筋终止于下一个面。

(4)　【有限的】：需要设置终止加强筋的距离，这时可在弹出的文本框中输入一个数值，形成中空的形态，结果如图 5-21 所示。

(5)　【延伸截面轮廓】：选中此复选框，则截面轮廓会自动延伸到与零件相交的位置。

图 5-21　有限的加强筋

5.7　凸　　雕

在零件设计中，往往需要在零件表面增添一些凸起或凹进的图案或文字，以实现某种功能或美观性。

在 Inventor 中，可利用凸雕工具来实现这种设计要求。进行凸雕的基本思路是首先创建草图(因为凸雕也是基于草图的特征)，在草图上绘制用来形成特征的草图几何图元或草图文本，然后在指定的面上进行特征的生成，也可以将特征缠绕或投影到其他面上。

5.7.1　创建凸雕特征

创建凸雕特征的步骤如下。

(1)　单击【三维模型】选项卡【创建】面板上的【凸雕】按钮 ，打开如图 5-22 所示的【凸雕】对话框。

(2)　在视图中选取截面轮廓。

(3)　在对话框中设置凸雕参数，如选择凸雕类型，设置深度值，调整方向等。

(4)　在对话框中单击【确定】按钮，完成凸雕特征的创建，如图 5-23 所示。

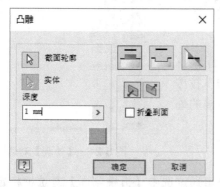

图 5-22　【凸雕】对话框

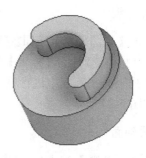

图 5-23　凸雕特征

5.7.2　凸雕参数设置

【凸雕】对话框中的选项说明如下。

1. 截面轮廓

在创建截面轮廓以前，首先应该选择创建凸雕特征的面。

如果是在平面上创建凸雕特征，则可直接在该平面上创建草图绘制截面轮廓。

如果在曲面上创建凸雕特征，则应该在对应的位置建立工作平面或利用其他的辅助平面，然后在工作平面上创建草图。

草图中的截面轮廓用作凸雕图像，可使用【草图】选项卡上的工具创建截面轮廓。截面轮廓主要有两种：一种是使用文本工具创建文本，另一种是使用草图工具创建图形，如圆形、多边形等。

2．类型

类型选项指定凸雕区域的方向，有以下三个选项可供选择。

【从面凸雕】：将升高截面轮廓区域，也就是说截面将凸起。

【从面凹雕】：将凹进截面轮廓区域。

【从平面凸雕/凹雕】：将从草图平面向两个方向或一个方向拉伸，向模型中添加并从中去除材料。如果向两个方向拉伸，则会去除或添加材料，这取决于截面轮廓相对于零件的位置。如果凸雕或凹雕对零件的外形没有任何改变作用，那么该特征将无法生成，系统也会给出错误信息。

3．深度和方向

可指定凸雕或凹雕的深度，即凸雕或凹雕截面轮廓的偏移深度，还可指定凸雕或凹雕特征的方向。当截面轮廓位于从模型面偏移得到的工作平面上时尤其有用，因为如果截面轮廓位于偏移的平面上，而且深度不合适，就不能生成凹雕特征(截面轮廓不能延伸到零件的表面形成切割)。

4．顶面外观

通过单击【顶面外观】按钮可以指定凸雕顶面(注意不是边)的颜色。在打开的【外观】对话框中，单击下拉按钮显示一个列表，在列表中进行选择，可以查找所需的外观颜色，如图 5-24 所示。

图 5-24 【外观】对话框

5．折叠到面

对于【从面凸雕】和【从面凹雕】类型，用户可通过选中【折叠到面】复选框指定截面轮廓缠绕在曲面上。注意仅限于单个面，不能是接缝面。面只能是平面或圆锥面，而不能是样条曲线。如果取消选中该复选框，图像将投影到面而不是折叠到面。如果截面轮廓曲率有些大，当凸雕或凹雕区域向曲面投影时会轻微失真。遇到垂直面时，缠绕即停止。

对于【从平面凸雕/凹雕】类型，可指定特征边缘的斜角。指向模型面的角度为正，允许从模型中去除一部分材料。

5.8　设计实战范例

5.8.1　闸阀零件范例

本范例完成文件：/5/5-1.ipt

范例分析

本节的范例是创建一个闸阀的零件模型。首先创建闸阀的基体部分，主要使用拉伸命令进行创建，其中使用阵列命令创建孔的部分；之后创建的阀杆部分需要用到拔模命令，结合拉伸命令完成创建。

范例操作

step 01　创建草图

单击【三维模型】选项卡【草图】面板中的【开始创建二维草图】按钮。

① 选择 XY 平面绘制二维图形。

② 绘制直径为 100 的圆形，如图 5-25 所示。

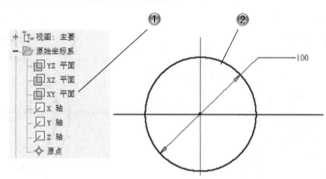

图 5-25　绘制圆形草图

step 02　创建拉伸特征

单击【三维模型】选项卡【创建】面板中的【拉伸】按钮。

① 创建拉伸特征，设置【距离】为 20。

② 单击【特性】面板中的【确定】按钮，如图 5-26 所示。

step 03　绘制圆形草图

单击【三维模型】选项卡【草图】面板中的【开始创建二维草图】按钮。

① 选择模型平面绘制二维图形。

② 单击【草图】选项卡【创建】面板中的【圆(圆心)】按钮，绘制直径为 90 的圆形，如图 5-27 所示。

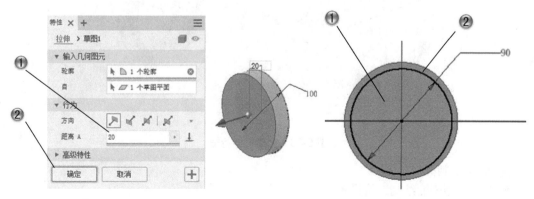

图 5-26　创建拉伸特征　　　　　　　图 5-27　绘制圆形草图

step 04 创建拉伸切除特征

① 创建拉伸切除特征，设置【距离】为 20。

② 单击【特性】面板中的【确定】按钮，如图 5-28 所示。

step 05 绘制圆形草图

单击【三维模型】选项卡【草图】面板中的【开始创建二维草图】按钮。

① 选择模型平面绘制二维图形。

② 绘制直径为 100 和 120 的圆形，如图 5-29 所示。

图 5-28　创建拉伸切除特征

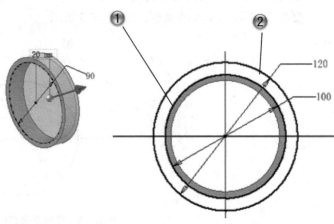

图 5-29　绘制圆形草图

step 06 创建拉伸特征

① 创建拉伸特征，设置【距离】为 2。

② 单击【特性】面板中的【确定】按钮，如图 5-30 所示。

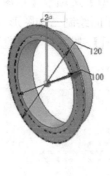

图 5-30　创建拉伸特征

step 07 绘制圆形草图

① 选择模型平面绘制二维图形。

② 绘制直径为 5 的圆形，如图 5-31 所示。

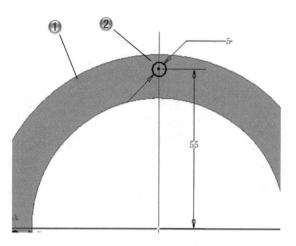

图 5-31　绘制圆形草图

step 08　创建拉伸切除特征

① 创建拉伸切除特征，设置【距离】为 2。

② 单击【特性】面板中的【确定】按钮，如图 5-32 所示。

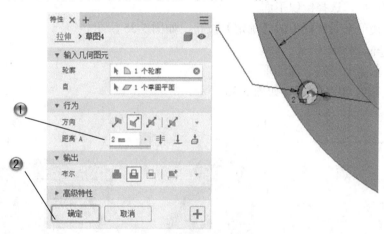

图 5-32　创建拉伸切除特征

step 09　创建环形阵列

单击【三维模型】选项卡【阵列】面板中的【环形阵列】按钮。

① 创建环形阵列特征，设置参数。

② 在绘图区中，选择特征和旋转轴。

③ 单击【环形阵列】对话框中的【确定】按钮，如图 5-33 所示。

step 10　创建定位面

单击【三维模型】选项卡【定位特征】面板中的【平面】按钮。

① 选择参考平面。

② 在绘图区中，设置偏移参数。

③ 单击【确定】按钮，完成定位面，如图 5-34 所示。

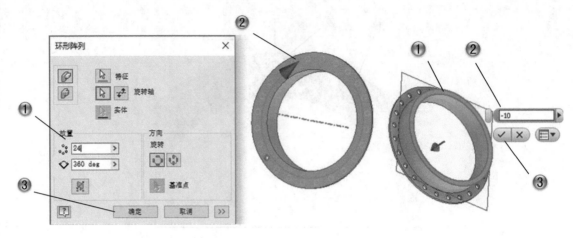

图 5-33　创建环形阵列　　　　　　　　　　　　图 5-34　创建定位面

step 11 镜像特征

单击【三维模型】选项卡【阵列】面板中的【镜像】按钮△。

① 选择要镜像的特征。

② 在绘图区中，选择镜像平面。

③ 单击【镜像】对话框中的【确定】按钮，如图 5-35 所示。

step 12 绘制圆形草图

① 选择定位平面绘制二维图形。

② 绘制直径为 90 的圆形，如图 5-36 所示。

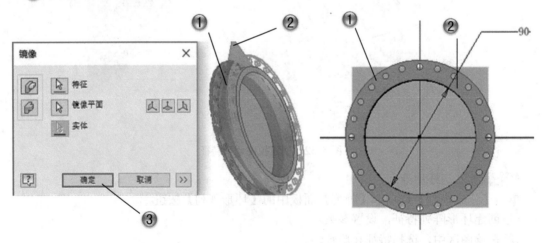

图 5-35　镜像特征　　　　　　　　　　　　图 5-36　绘制圆形草图

step 13 创建拉伸特征

① 创建拉伸特征，设置【距离】为 4。

② 单击【特性】面板中的【确定】按钮，如图 5-37 所示。

step 14 绘制圆形草图

① 选择模型平面绘制二维图形。

② 绘制直径为 70 的圆形，如图 5-38 所示。

step 15 创建拉伸特征

① 创建拉伸切除特征，设置【距离】为 1。

② 单击【特性】面板中的【确定】按钮，如图 5-39 所示。

图 5-37 创建拉伸特征

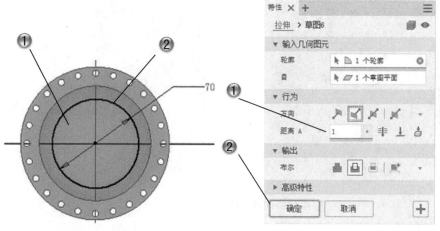

图 5-38 绘制圆形草图   图 5-39 创建拉伸特征

step 16 绘制圆形草图

① 选择模型平面绘制二维图形。

② 绘制直径为 4 的圆形，如图 5-40 所示。

step 17 创建拉伸特征

① 创建拉伸切除特征，设置【距离】为 1。

② 单击【特性】面板中的【确定】按钮，如图 5-41 所示。

step 18 创建环形阵列

① 创建环形阵列特征，设置【环形阵列】对话框中的参数。

② 在绘图区中，选择特征和旋转轴。

③ 单击【环形阵列】对话框中的【确定】按钮，如图 5-42 所示。

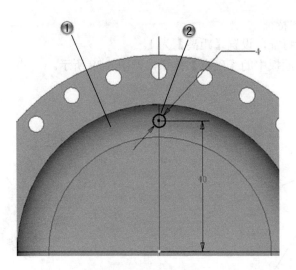

图 5-40　绘制圆形草图

图 5-41　创建拉伸特征

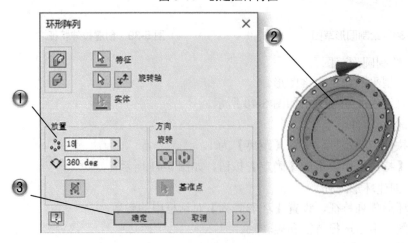

图 5-42　创建环形阵列

step 19 绘制圆形草图

① 选择 YZ 平面绘制二维图形。

② 绘制直径为 8 的圆形，如图 5-43 所示。

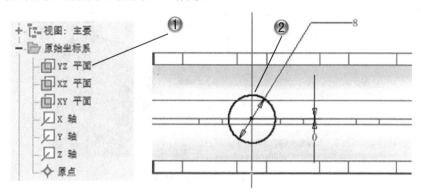

图 5-43　绘制圆形草图

step 20 创建拉伸特征

① 创建拉伸特征，设置【距离】为 65。

② 单击【特性】面板中的【确定】按钮，如图 5-44 所示。

step 21 绘制圆形草图

① 选择模型平面绘制二维图形。

② 绘制直径为 18 的圆形，如图 5-45 所示。

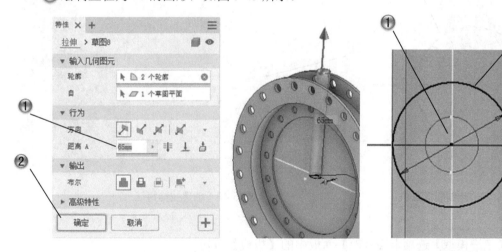

图 5-44　创建拉伸特征　　　　　　　图 5-45　绘制圆形草图

step 22 创建拉伸特征

① 创建拉伸特征，设置【距离】为 20。

② 单击【特性】面板中的【确定】按钮，如图 5-46 所示。

step 23 绘制圆形草图

① 选择模型平面绘制二维图形。

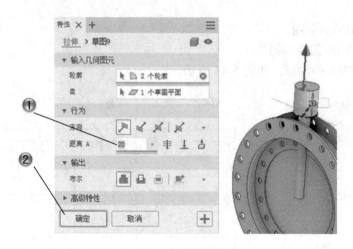

图 5-46　创建拉伸特征

② 绘制直径为 36 的圆形，如图 5-47 所示。

step 24　创建拉伸特征

① 创建拉伸特征，设置【距离】为 15。

② 单击【特性】面板中的【确定】按钮，如图 5-48 所示。

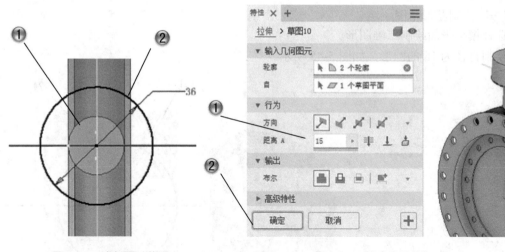

图 5-47　绘制圆形草图　　　　　　　图 5-48　创建拉伸特征

step 25　创建面拔模

单击【三维模型】选项卡【修改】面板中的【拔模】按钮 。

① 创建拔模特征，设置【拔模斜度】为 10°。

② 在绘图区中，选择拔模面和固定面。

③ 单击【面拔模】对话框中的【确定】按钮，如图 5-49 所示。

step 26　绘制圆形草图

① 选择 XY 平面绘制二维图形。

② 绘制直径为 5 的圆形，如图 5-50 所示。

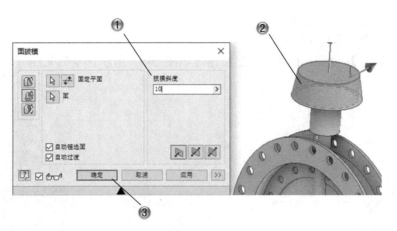

图 5-49　创建面拔模

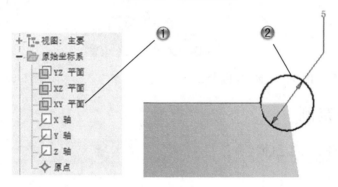

图 5-50　绘制圆形草图

step 27　绘制圆形草图

①选择模型平面绘制二维图形。

②绘制直径为 36 的圆形，如图 5-51 所示。

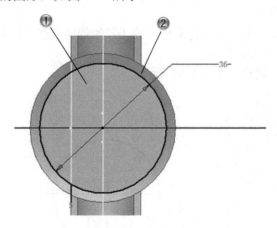

图 5-51　绘制圆形草图

step 28　创建扫掠特征

单击【三维模型】选项卡【创建】面板上的【扫掠】按钮🔁。

① 创建扫掠特征，设置参数。

② 在绘图区中，选择轮廓和路径。

③ 单击【特性】面板中的【确定】按钮，如图 5-52 所示。至此完成的闸阀零件模型如图 5-53 所示。

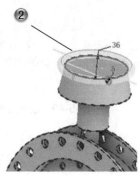

图 5-52　创建扫掠特征　　　　　　　　　　　　　　图 5-53　闸阀零件模型

5.8.2　夹紧轮范例

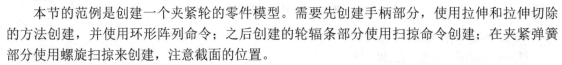

本范例完成文件：/5/5-2.ipt

范例分析

本节的范例是创建一个夹紧轮的零件模型。需要先创建手柄部分，使用拉伸和拉伸切除的方法创建，并使用环形阵列命令；之后创建的轮辐条部分使用扫掠命令创建；在夹紧弹簧部分使用螺旋扫掠来创建，注意截面的位置。

范例操作

step 01　绘制圆形草图

单击【三维模型】选项卡【草图】面板中的【开始创建二维草图】按钮。

① 选择 XZ 平面绘制二维图形。

② 绘制直径为 60 的圆形，如图 5-54 所示。

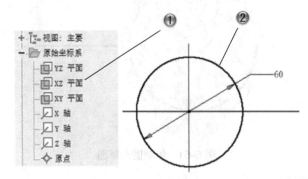

图 5-54　绘制圆形草图

step 02　创建拉伸特征

① 创建拉伸特征，设置【距离】为 6。

② 单击【特性】面板中的【确定】按钮，如图 5-55 所示。

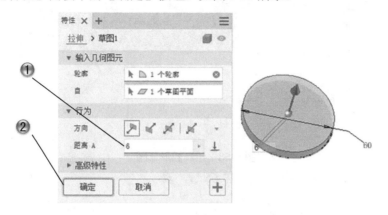

图 5-55　创建拉伸特征

step 03　绘制圆形草图

① 选择模型平面绘制二维图形。

② 绘制直径为 50 的圆形，如图 5-56 所示。

step 04　创建拉伸切除特征

① 创建拉伸切除特征，设置【距离】为 6。

② 单击【特性】面板中的【确定】按钮，如图 5-57 所示。

step 05　绘制圆形草图

① 选择 YZ 平面绘制二维图形。

② 绘制直径为 6 的圆形，如图 5-58 所示。

step 06　创建拉伸切除特征

① 创建拉伸切除特征，设置【距离】为 50。

② 单击【特性】面板中的【确定】按钮，如图 5-59 所示。

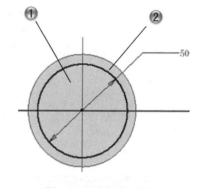

图 5-56　绘制圆形草图

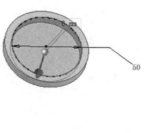

图 5-57　创建拉伸切除特征

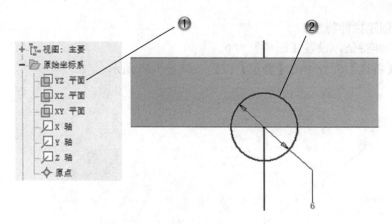

图 5-58　绘制圆形草图

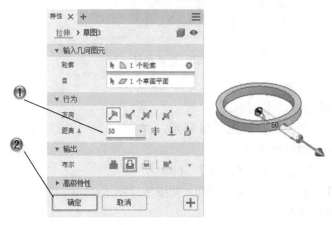

图 5-59　创建拉伸切除特征

step 07　创建环形阵列

单击【三维模型】选项卡【阵列】面板中的【环形阵列】按钮。

① 创建环形阵列特征，设置参数。

② 在绘图区中，选择特征和旋转轴。

③ 单击【环形阵列】对话框中的【确定】按钮，如图 5-60 所示。

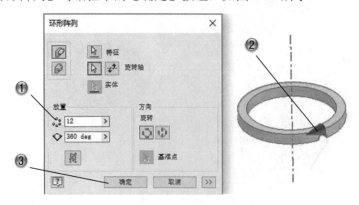

图 5-60　创建环形阵列

step 08 绘制圆形草图

① 选择模型平面绘制二维图形。

② 绘制直径为 16 的圆形，如图 5-61 所示。

step 09 创建拉伸特征

① 创建拉伸特征，设置【距离】为 10。

② 单击【特性】面板中的【确定】按钮，如图 5-62 所示。

step 10 绘制圆弧

① 选择模型平面绘制二维图形。

② 绘制三点圆弧，半径为 20，如图 5-63 所示。

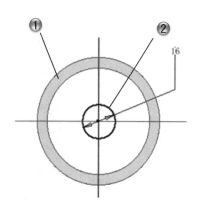

图 5-61 绘制圆形草图

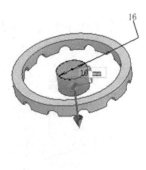

图 5-62 创建拉伸特征

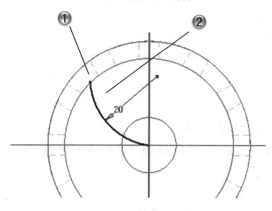

图 5-63 绘制圆弧

step 11 绘制圆形草图

① 选择 XY 平面绘制二维图形。

② 绘制直径为 2 的圆形，如图 5-64 所示。

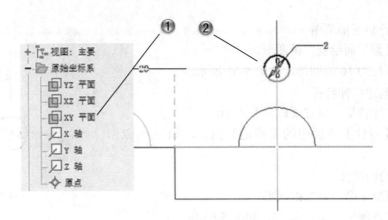

图 5-64　绘制圆形草图

step 12 创建扫掠特征

① 创建扫掠特征，设置扫掠参数。

② 在绘图区中，选择轮廓和路径。

③ 单击【特性】面板中的【确定】按钮，如图 5-65 所示。

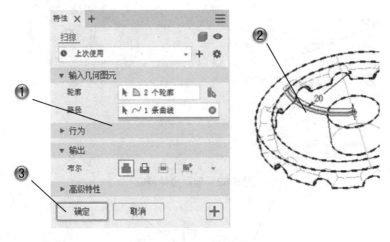

图 5-65　创建扫掠特征

step 13 创建环形阵列

① 创建环形阵列特征，设置参数。

② 在绘图区中，选择特征和旋转轴。

③ 单击【环形阵列】对话框中的【确定】按钮，如图 5-66 所示。

step 14 绘制矩形草图

① 选择 YZ 平面绘制二维图形。

② 绘制矩形，尺寸为 80×30，如图 5-67 所示。

step 15 创建拉伸特征

① 创建拉伸特征，设置【距离】为 6。

② 单击【特性】面板中的【确定】按钮，如图 5-68 所示。

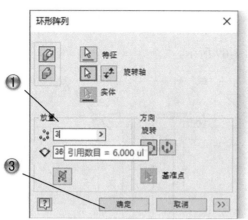
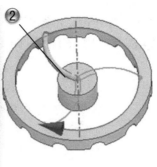

图 5-66　创建环形阵列

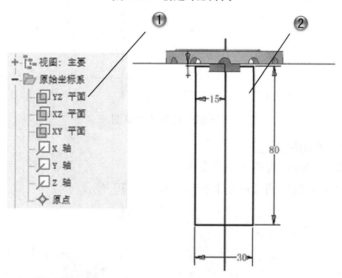

图 5-67　绘制矩形草图

图 5-68　创建拉伸特征

step 16 绘制矩形草图

①选择 YZ 平面绘制二维图形。

②绘制矩形，尺寸为 60×20，如图 5-69 所示。

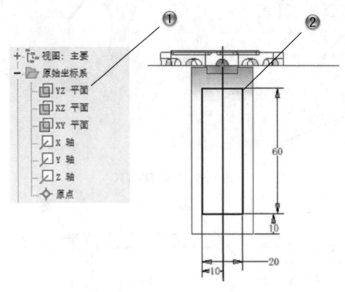

图 5-69　绘制矩形草图

step 17 创建拉伸切除特征

①创建拉伸切除特征，设置【距离】为 10。

②单击【特性】面板中的【确定】按钮，如图 5-70 所示。

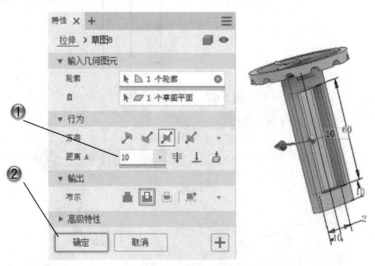

图 5-70　创建拉伸切除特征

step 18 绘制圆形草图

①选择模型平面绘制二维图形。

②绘制直径为 25 的圆形，如图 5-71 所示。

step 19 创建定位面

单击【三维模型】选项卡【定位特征】面板中的【平面】按钮██。

①选择参考平面。

②在绘图区中，设置偏移参数。

③单击【确定】按钮✓，完成定位面，如图 5-72 所示。

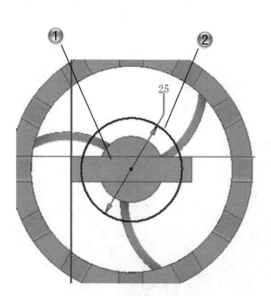

图 5-71　绘制圆形草图

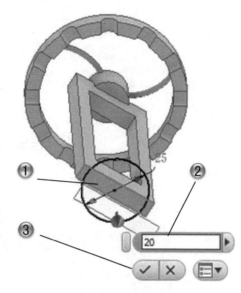

图 5-72　创建定位面

step 20 绘制圆形草图

①选择定位平面绘制二维图形。

②绘制直径为 20 的圆形，如图 5-73 所示。

step 21 创建放样特征

单击【三维模型】选项卡【创建】面板上的【放样】按钮██。

①创建放样特征，设置参数。

②在绘图区中，选择两个截面。

③单击【放样】对话框中的【确定】按钮，如图 5-74 所示。

step 22 创建定位轴

①单击【三维模型】选项卡【定位特征】面板中的【轴】按钮██，创建模型上的定位轴。

②在绘图区选择模型边线，如图 5-75 所示。

step 23 绘制圆形草图

①选择 YZ 平面绘制二维图形。

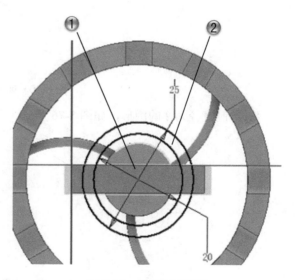

图 5-73　绘制圆形草图

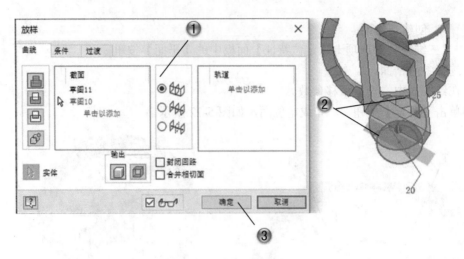

图 5-74 创建放样特征

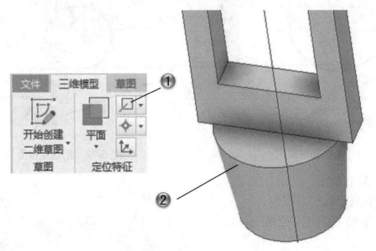

图 5-75 创建定位轴

② 绘制直径为 2 的圆形，如图 5-76 所示。

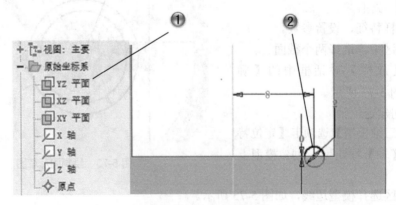

图 5-76 绘制圆形草图

step 24 创建螺旋扫掠

单击【三维模型】选项卡【创建】面板上的【螺旋扫掠】按钮 。

① 创建螺旋扫掠，设置参数。

② 在绘图区中，选择截面轮廓和旋转轴。

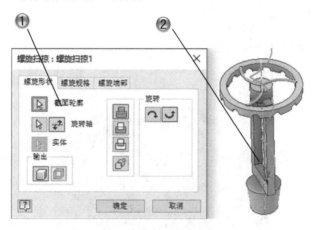

图 5-77 创建螺旋扫掠

step 25 设置螺旋扫掠参数

① 在【螺旋扫掠】对话框的【螺旋规格】选项卡中，设置螺旋扫掠参数。

② 单击【螺旋扫掠】对话框中的【确定】按钮，完成螺旋扫掠，如图 5-78 所示。至此完成的夹紧轮零件模型如图 5-79 所示。

图 5-78 设置螺旋扫掠参数

图 5-79 夹紧轮零件模型

5.9 本章小结和练习

5.9.1 本章小结

本章主要介绍了零件建模的一些常见命令的使用方法和步骤，包括拔模、扫掠、放样、螺旋扫掠、加强筋和凸雕，这些命令是之前介绍的特征创建命令的补充，也是不可缺少的部分。

5.9.2 练习

使用本章所学的零件建模命令，创建手轮模型，如图 5-80 所示。

(1) 使用扫掠命令创建手轮圆环部分。

(2) 使用放样命令创建手柄部分。

(3) 使用圆角、放样等命令创建细节。

图 5-80 手轮模型

第6章

曲面造型

　　曲面是一种零厚度模型的统称，片体和实体的自由表面都可以称为曲面。平面表面是曲面的一种，而片体是由一个或多个表面组成的几何体。本章就是介绍曲面造型的部分，包括曲面的创建和编辑。

6.1　曲　面　加　厚

加厚是指添加或删除零件或缝合曲面的厚度，或从零件面、曲面创建偏移曲面或创建新实体。

6.1.1　创建曲面加厚特征

创建曲面加厚特征的操作步骤如下。

（1）　单击【三维模型】选项卡【修改】面板上的【加厚/偏移】按钮，打开【加厚/偏移】对话框，如图 6-1 所示。

（2）　在视图中选择要加厚的面。

（3）　在对话框中输入厚度数值，并为加厚特征指定求和、求差或求交操作，设置加厚方向。

（4）　在对话框中单击【确定】按钮，完成曲面加厚，如图 6-2 所示。

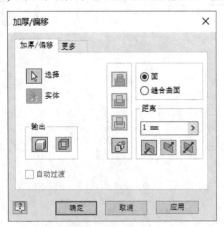

图 6-1　【加厚/偏移】对话框

图 6-2　加厚的曲面

6.1.2　曲面加厚参数设置

【加厚/偏移】对话框中的选项说明如下。

1.【加厚/偏移】选项卡

（1）　【选择】：指定要加厚的面或要从中创建偏移曲面的面。

（2）　【实体】：如果存在多个实体，选择参与体。

（3）　选择模式：设置选择的是单个面或缝合曲面。可以选择多个相连的面或缝合曲面，但是不能选择混合的面和缝合曲面。

- 【面】：默认选中此单选按钮，表示每单击一次，只能选择一个面。
- 【缝合曲面】：单击一次选择一组相连的面。

（4）　【距离】文本框：指定加厚特征的厚度，或者指定偏移特征的距离。当输出为曲面时，偏移距离可以为零。

(5) 【输出】：指定特征是实体还是曲面。

● 操作：指定加厚特征与实体零件是进行求和、求差或求交操作。

● 方向：将厚度或偏移特征沿一个方向延伸或在两个方向上同等延伸。

(6) 【自动过渡】复选框：选中此复选框，可自动移动相邻的相切面，还可以创建新过渡。

2. 【更多】选项卡(见图6-3)

(1) 【自动链选面】复选框：用于选择多个连续相切的面进行加厚，所有选中的面使用相同的布尔操作和方向加厚。

图 6-3 【更多】选项卡

(2) 【创建竖直曲面】复选框：对于偏移特征，将创建将偏移面连接到原始缝合曲面的竖直曲面，竖直曲面仅在内部曲面的边处创建，而不会在曲面边界的边处创建。

(3) 【允许近似值】复选框：如果不存在精确方式，在计算偏移特征时，允许与指定的厚度有偏差。镜像方式可以创建偏移曲面，该曲面中，原始曲面上的每一点在偏移曲面上都具有对应点。

● 【中等】：将偏差分为近似指定距离的两部分。

● 【不要过薄】：保留最小距离。

● 【不要过厚】：保留最大距离。

(4) 【优化】单选按钮：使用合理公差和最短计算时间进行计算。

(5) 【指定公差】单选按钮：使用指定的公差进行计算。

　　加厚的面和偏移曲面不能在同一个特征中创建。

6.2　曲　面　延　伸

延伸是通过指定距离或终止平面，使曲面在一个或多个方向上扩展。

6.2.1　创建延伸曲面特征

创建延伸曲面特征的操作步骤如下。

（1）　单击【三维模型】选项卡【曲面】面板上的【延伸】按钮，打开【延伸曲面】对话框，如图 6-4 所示。

（2）　在视图中选择要延伸的曲面边。选择的所有边，必须在单一曲面或缝合曲面上。

（3）　在【范围】下拉列表中选择延伸的终止方式，并设置相关参数。

（4）　在对话框中单击【确定】按钮，完成曲面延伸操作，如图 6-5 所示。

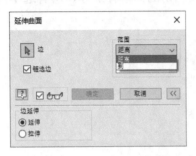

图 6-4　【延伸曲面】对话框

图 6-5　曲面的延伸

6.2.2　延伸曲面参数设置

【延伸曲面】对话框中的选项说明如下。

（1）　【边】：选择并高亮显示单一曲面或缝合曲面的每个边，以便进行延伸。

（2）　【链选边】复选框：自动延伸所选边，以包含连续相切于所选边的所有边。

（3）　【范围】下拉列表框：确定延伸的终止方式并设置其距离。

● 　【距离】：将边延伸指定的距离。

● 　【到】：选择在其上终止延伸的面或工作平面。

（4）　【边延伸】：控制用于延伸或要延伸的曲面边相邻边的方法。

● 　【延伸】单选按钮：沿与选定的边相邻的边的曲线方向创建延伸边。

● 　【拉伸】单选按钮：沿直线从与选定的边相邻的边创建延伸边。

6.3　边　界　嵌　片

边界嵌片特征是以闭合的二维草图或闭合的边界为基础，生成的平面曲面或三维曲面。

6.3.1　创建边界嵌片特征

创建边界嵌片特征的操作步骤如下。

（1）　单击【三维模型】选项卡【曲面】面板上的【面片】按钮，打开【边界嵌片】对话框，如图 6-6 所示。

(2) 在视图中选择定义闭合回路的相切、连续的链选边。

(3) 在【边界】列表框中选择每条边或每组选定边的边界条件。

(4) 在对话框中单击【确定】按钮，创建的边界嵌片特征如图 6-7 所示。

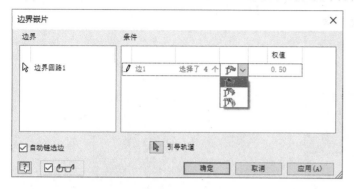
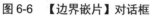

图 6-6 【边界嵌片】对话框

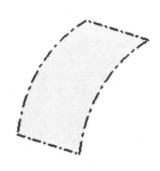

图 6-7 由边线创建的面片

6.3.2 边界嵌片参数设置

【边界嵌片】对话框中的选项说明如下。

(1) 【边界】：指定嵌片的边界。选择闭合的二维草图或相切、连续的链选边，来指定闭合面域。

(2) 【条件】：列出选定边的名称和选择集中的边数，并将指定边条件应用于边界嵌片的每条边。条件包括【无条件】、【相切条件】和【平滑(G2)条件】。

为了创建曲面时方便观察，可以在【应用程序选项】对话框中将曲面的外观修改为【半透明】。

6.4 曲 面 缝 合

【缝合】命令可以将参数化曲面缝合在一起形成缝合曲面或实体。曲面的边必须相邻才能成功缝合。

6.4.1 创建缝合曲面特征

创建缝合曲面特征的操作步骤如下。

(1) 单击【三维模型】选项卡【曲面】面板上的【缝合】按钮，打开【缝合】对话框，如图 6-8 所示。

(2) 在视图中选择一个或多个单独曲面，选中曲面后，将显示边状态，不具有公共边的边将变成红色，已成功缝合的边为蓝色。

(3) 输入最大公差数值。

(4) 在对话框中单击【完毕】按钮，曲面将结合在一起形成缝合曲面或实体，结果如

图 6-9 所示。

图 6-8 【缝合】对话框

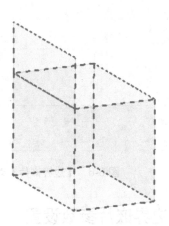

图 6-9 缝合曲面

6.4.2 缝合曲面参数设置

1. 【缝合】选项卡

- 【曲面】 用于选择单个曲面或所有曲面，以缝合在一起形成缝合曲面或进行分析。
- 【最大公差】文本框：用于选择或输入自由边之间的最大允许公差值。
- 【查找剩余的自由边】：用于显示缝合后剩余的自由边及它们之间的最大间隙。
- 【保留为曲面】复选框：如果取消选中此复选框，则具有有效闭合体积的缝合曲面将实体化。如果选中该复选框，则缝合曲面仍然为曲面。

2. 【分析】选项卡(见图 6-10)

- 【显示边条件】复选框：选中该复选框，可以用颜色指示曲面边来显示分析结果。
- 【显示接近相切】复选框：选中该复选框，可以显示接近相切条件。

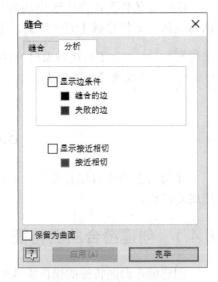

图 6-10 【分析】选项卡

提示 未缝合成功的曲面，可以尝试修改最大公差的值，使数值适当变大，方便曲面的生成。

6.5　曲面修剪和替换

6.5.1　曲面修剪

【修剪曲面】命令可以利用修剪工具等对曲面本身进行剪裁。修剪曲面可以是形成闭合回路的曲面边、单个零件面、单个不相交的二维草图曲线或者工作平面。

修剪曲面的操作步骤如下。

(1)　单击【三维模型】选项卡【曲面】面板上的【修剪】按钮，打开【修剪曲面】对话框，如图 6-11 所示。

(2)　在视图中选择作为修剪工具的几何图元。

(3)　选择要删除的区域。要删除的区域包含与修剪曲面相交的任何曲面。如果要删除的区域多于要保留的区域，可选择要保留的区域，然后单击【反向选择】按钮反转选择。

(4)　在对话框中单击【确定】按钮，完成曲面修剪，结果如图 6-12 所示。

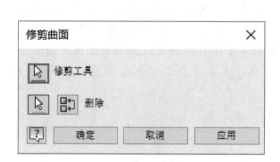

图 6-11　【修剪曲面】对话框

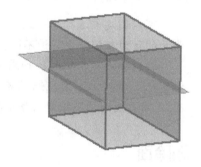

图 6-12　修剪的曲面

【修剪曲面】对话框中的选项说明如下。

(1)　【修剪工具】：选择用于修剪曲面的几何图元。

(2)　【删除】：选择要删除的一个或多个区域。

(3)　【反向选择】：取消当前选定的区域并选择先前取消的区域。

6.5.2　替换面

【替换面】命令可用不同的面替换一个或多个零件面，零件必须与新面完全相交。

替换面的操作步骤如下。

(1)　单击【三维模型】选项卡【曲面】面板上的【替换面】按钮，打开【替换面】对话框，如图 6-13 所示。

(2)　在视图中选择一个或多个要替换的零件面。

(3)　单击【新建面】按钮，选择曲面、缝合曲面、一个或多个工作平面作为新建面。

(4)　在对话框中单击【确定】按钮，完成替换面操作，结果如图 6-14 所示。

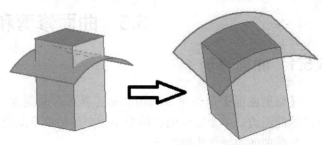

图 6-13　【替换面】对话框　　　　　　　图 6-14　曲面替换实体面

【替换面】对话框中的选项说明如下。

(1)　【现有面】：选择要替换的单个面、相邻面的集合或不相邻面的集合。

(2)　【新建面】：选择用于替换现有面的曲面、缝合曲面、一个或多个工作平面，零件将与新面相交。

(3)　【自动链选面】复选框：自动选择与选定面连续相切的所有面。

 可以创建并选择一个或多个工作平面，以生成平面替换面。工作平面与选定曲面的行为相似，但范围不同。无论图形如何显示，工作平面范围均为无限大。

编辑替换面特征时，如果从选择的单个工作平面更改为多个工作平面，可以保留从属特征。如果在选择的单个工作平面和多个工作平面(或替代多个工作平面)之间更改则不全保留从属特征。

6.5.3　删除面

【删除面】命令可以删除零件面、体积块或中空体。

删除面的操作步骤如下。

(1)　单击【三维模型】选项卡【修改】面板上的【删除面】按钮，打开【删除面】对话框，如图 6-15 所示。

(2)　选择删除类型。

(3)　在视图中选择一个或多个要删除的面。

(4)　在对话框中单击【确定】按钮，完成删除面操作，如图 6-16 所示。

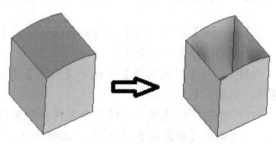

图 6-15　【删除面】对话框　　　　　　　图 6-16　删除一个实体面

【删除面】对话框中的选项说明如下。

(1) 【面】 ▶：选择一个或多个要删除的面。

(2) 【选择单个面】按钮 ▥：指定要删除的一个或多个独立面。

(3) 【选择体块或中空体】按钮 ▥：指定要删除体块的所有面。

(4) 【修复】复选框：删除单个面后，尝试通过延伸相邻面直至相交来修复间隙。

6.6 细分自由造型面

6.6.1 基本自由造型

基本自由造型形状有 6 个，包括平面、长方体、圆柱体、球体、圆环体和四边形球，系统还提供了多个工具来编辑造型，连接多个实体以及与现有几何图元进行匹配，通过添加三维模型特征可以合并或生成自由造型实体。

创建自由造型长方体的操作步骤如下。

(1) 单击【三维模型】选项卡【创建自由造型】面板上的【长方体】按钮 ▦，打开【长方体】对话框，如图 6-17 所示。

(2) 在视图中选择工作平面、平面或二维草图。

(3) 在视图中单击以指定长方体的基准点。

(4) 在对话框中更改长度、宽度和高度值，或直接拖动箭头调整形状。

(5) 在对话框中还可以设置长方体的面数等参数，单击【确定】按钮，如图 6-18 所示。

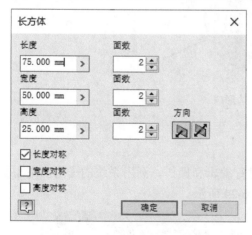

图 6-17　【长方体】对话框

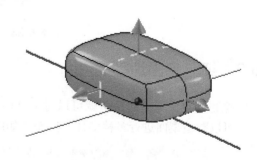

图 6-18　长方体自由造型

【长方体】对话框中的选项说明如下。

(1) 【长度】/【宽度】/【高度】：指定长度、宽度、高度方向上的距离。

(2) 长度/宽度/高度方向上的【面数】：指定长度、宽度、高度方向上的面数。

自由造型的其他平面、圆柱体、球体、圆环体和四边形球的操作步骤和长方体是一样的，这里就不再赘述，如图 6-19～图 6-23 所示。

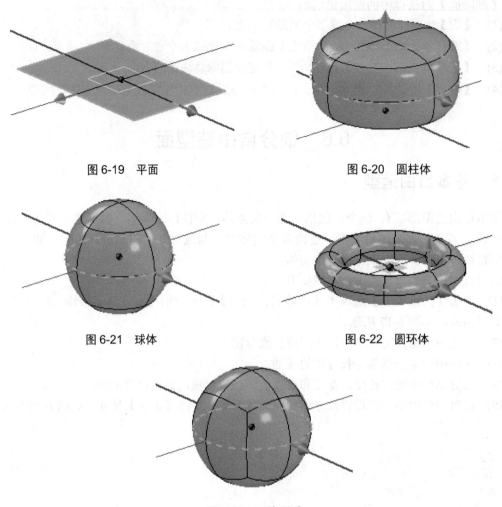

图 6-19　平面　　　　　　　　　　　图 6-20　圆柱体

图 6-21　球体　　　　　　　　　　　图 6-22　圆环体

图 6-23　四边形球

6.6.2　细分自由造型面

创建完成自由造型面后，就可以对造型面进行编辑和操作。利用系统的【自由造型】选项卡，可以对造型面进行多种多样的操作，如图 6-24 所示。

图 6-24　【自由造型】选项卡

细分自由造型面的操作步骤如下。

(1)　单击【自由造型】选项卡【修改】面板上的【细分】按钮，打开【细分】对话框，如图 6-25 所示。

(2)　在视图中选择一个面或按住 Ctrl 键添加多个面。

(3)　根据需要修改面的值，指定模式。

(4)　在对话框中单击【确定】按钮，如图 6-26 所示。

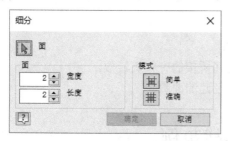

图 6-25　【细分】对话框

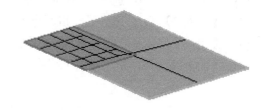

图 6-26　细分造型面

【细分】对话框中的选项说明如下。

(1)　【面】 ：选择面进行细分。

(2)　【模式】。

● 　【简单】 ：仅添加指定的面数。

● 　【准确】 ：添加其他面到相邻区域以保留当前的形状。

6.7　桥接自由造型面

【桥接】命令可以在自由造型模型中连接实体或创建孔。

6.7.1　桥接自由造型面的操作

桥接自由造型面的操作步骤如下。

(1)　单击【自由造型】选项卡【修改】面板上的【桥接】按钮 ，打开【桥接】对话框，如图 6-27 所示。

(2)　在视图中选择桥接起始面。

(3)　在视图中选择桥接终止面。

(4)　单击【反转】按钮 可以使曲面反转方向，或者可以选择箭头附近的一条边以反转方向。

(5)　在对话框中单击【确定】按钮，结果如图 6-28 所示。

图 6-27　【桥接】对话框

图 6-28　桥接两个面

173

6.7.2 桥接自由造型面参数设置

【桥接】对话框中的选项说明如下。

(1) 【侧面 1】 ：选择一组面作为起始面。

(2) 【侧面 2】 ：选择另一组面作为终止面。

(3) 【扭曲】文本框：指定侧面 1 和侧面 2 之间桥接的完整旋转数。

(4) 【面】文本框：指定侧面 1 和侧面 2 之间创建的面数。

6.8 设计实战范例

6.8.1 电器外壳范例

> 本范例完成文件：/6/6-1.ipt

范例分析

本节的范例是创建一个电器外壳的曲面模型。首先创建拉伸基体部分，再使用平面上的草图修剪曲面，然后创建阵列特征，最后创建扫掠曲面。

范例操作

`step 01` 绘制直线草图

单击【三维模型】选项卡【草图】面板中的【开始创建二维草图】按钮 。

① 选择 XY 平面绘制二维图形。

② 绘制直线，长度为 20，如图 6-29 所示。

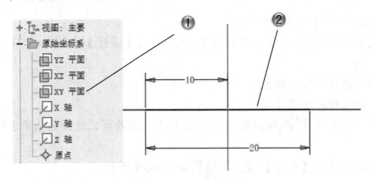

图 6-29 绘制直线草图

`step 02` 创建拉伸曲面

单击【三维模型】选项卡【创建】面板中的【拉伸】按钮 。

① 创建拉伸曲面，设置【距离】为 50。

② 单击【特性】面板中的【确定】按钮，如图 6-30 所示。

`step 03` 绘制圆形草图

单击【三维模型】选项卡【草图】面板中的【开始创建二维草图】按钮 。

① 选择模型平面绘制二维图形。

② 绘制直径为 3 的圆形，如图 6-31 所示。

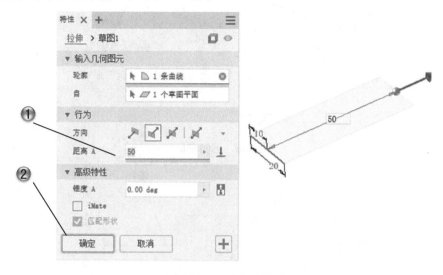

图 6-30　创建拉伸曲面

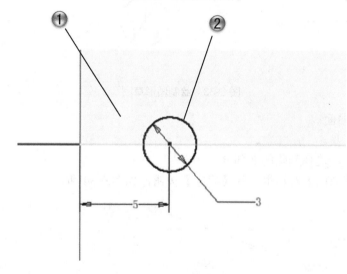

图 6-31　绘制圆形草图

step 04　修剪曲面

单击【三维模型】选项卡【曲面】面板上的【修剪】按钮 ✂，弹出的【修剪曲面】对话框。

① 选择修剪工具。

② 在绘图区中，选择删除的面部分。

③ 单击【修剪曲面】对话框中的【确定】按钮，如图 6-32 所示。

step 05　绘制圆形草图

① 选择模型平面绘制二维图形。

② 绘制直径为 3 的圆形，如图 6-33 所示。

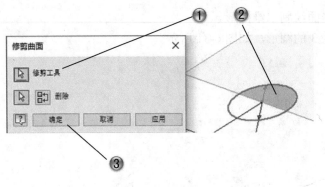

图 6-32　修剪曲面

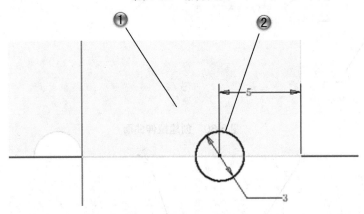

图 6-33　绘制圆形草图

step 06　修剪曲面

①选择修剪工具。

②在绘图区中，选择删除的面部分。

③单击【修剪曲面】对话框中的【确定】按钮，如图 6-34 所示。

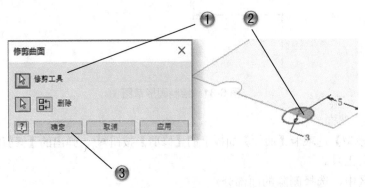

图 6-34　修剪曲面

step 07　绘制矩形草图

①选择模型平面绘制二维图形。

②绘制矩形，尺寸为 40×20，如图 6-35 所示。

step 08 创建拉伸曲面

① 创建拉伸曲面，设置【距离】为 15。

② 单击【特性】面板中的【确定】按钮，如图 6-36 所示。

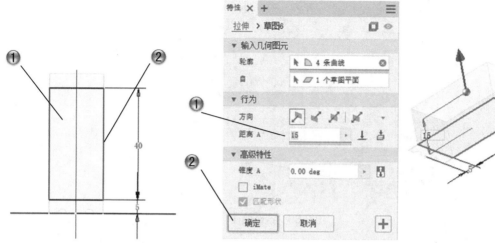

图 6-35　绘制矩形草图

图 6-36　创建拉伸曲面

step 09 绘制直线草图

① 选择模型平面绘制二维图形。

② 绘制直线，长度为 20，如图 6-37 所示。

step 10 创建拉伸曲面

① 创建拉伸曲面，设置【距离】为 40。

② 单击【特性】面板中的【确定】按钮，如图 6-38 所示。

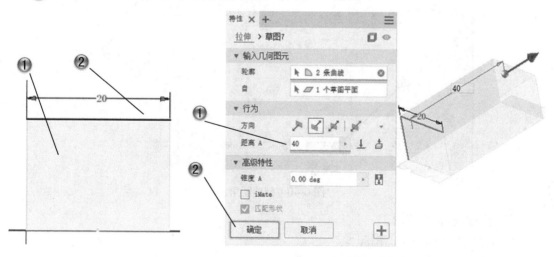

图 6-37　绘制直线草图

图 6-38　创建拉伸曲面

step 11 缝合曲面

单击【三维模型】选项卡【曲面】面板上的【缝合】按钮，弹出【缝合】对话框。

① 选择缝合曲面。

② 单击【缝合】对话框中的【应用】按钮，如图 6-39 所示。

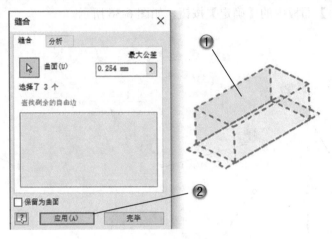

图 6-39　缝合曲面

step 12　创建圆角

单击【三维模型】选项卡【修改】面板中的【圆角】按钮，弹出【圆角】对话框。

① 创建曲面圆角，设置【半径】为 4。

② 在绘图区中，选择要圆角的曲面部分。

③ 单击【圆角】对话框中的【确定】按钮，如图 6-40 所示。

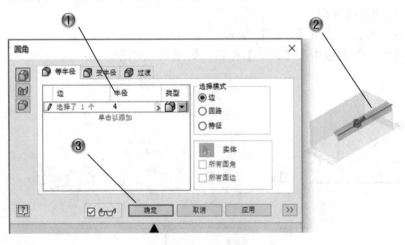

图 6-40　创建圆角

step 13　绘制直线草图

① 选择模型平面绘制二维图形。

② 绘制直线，长度为 40，如图 6-41 所示。

step 14　创建拉伸曲面

① 创建拉伸曲面，设置【距离】为 1。

② 单击【特性】面板中的【确定】按钮，如图 6-42 所示。

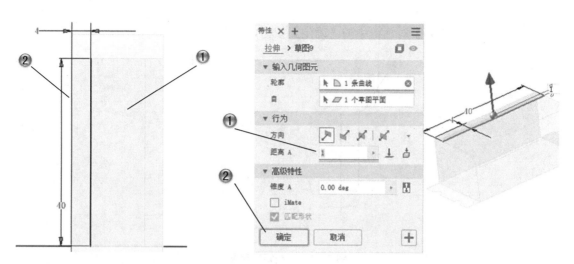

图 6-41　绘制直线草图　　　　　　　　　　图 6-42　创建拉伸曲面

step 15　创建矩形阵列

单击【三维模型】选项卡【阵列】面板中的【矩形阵列】按钮，弹出【矩形阵列】对话框。

①创建矩形阵列特征，设置参数。

②在绘图区中，选择要阵列的曲面。

③单击【矩形阵列】对话框中的【确定】按钮，如图 6-43 所示。

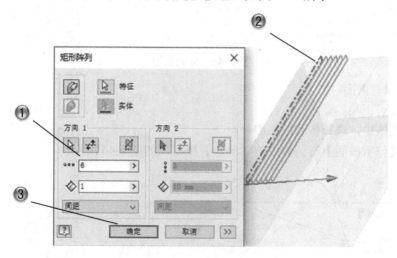

图 6-43　创建矩形阵列

step 16　绘制矩形草图

①选择模型平面绘制二维图形。

②绘制矩形，尺寸为 4×1，如图 6-44 所示。

step 17　阵列草图

①绘制草图矩形阵列，设置数量为 5。

②在绘图区中，选择要阵列的草图。

③单击【矩形阵列】对话框中的【确定】按钮，如图 6-45 所示。

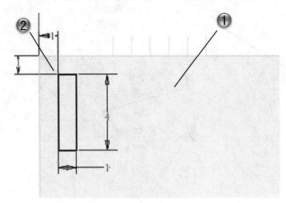

图 6-44　绘制矩形草图

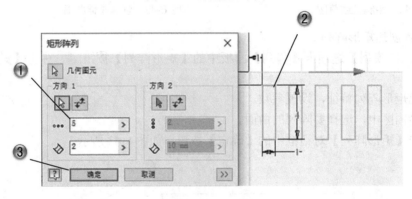

图 6-45　阵列草图

step 18　修剪曲面

①选择修剪工具。

②在绘图区中，选择删除的面部分。

③单击【修剪曲面】对话框中的【确定】按钮，如图 6-46 所示。

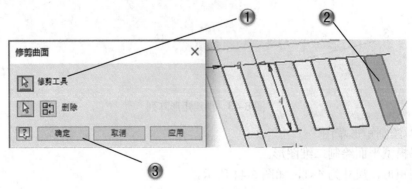

图 6-46　修剪曲面

step 19　绘制矩形草图

①选择模型平面绘制二维图形。

②绘制矩形，尺寸为 6×4，如图 6-47 所示。

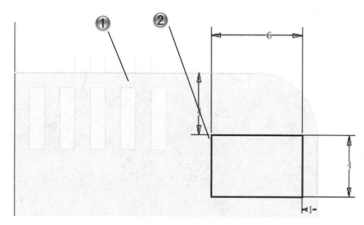

图 6-47　绘制矩形草图

step 20　绘制圆角

单击【草图】选项卡【创建】面板上的【圆角】按钮，弹出【二维圆角】对话框。

①设置圆角半径参数为 2。

②在绘图区依次选择圆角的边，如图 6-48 所示。

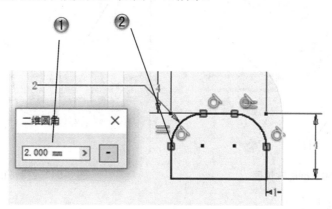

图 6-48　绘制圆角

step 21　修剪曲面

①选择修剪工具。

②在绘图区中，选择删除的面部分。

③单击【修剪曲面】对话框中的【确定】按钮，如图 6-49 所示。

step 22　创建定位面

单击【三维模型】选项卡【定位特征】面板中的【平面】按钮。

①选择参考平面。

②在绘图区中，设置偏移参数。

③单击【确定】按钮，完成定位面，如图 6-50 所示。

step 23　绘制曲线草图

① 选择定位平面绘制二维图形。

② 绘制样条曲线，如图 6-51 所示。

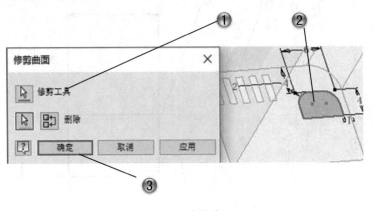

图 6-49　修剪曲面

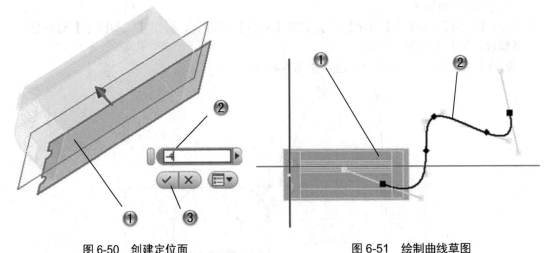

图 6-50　创建定位面　　　　　　　　图 6-51　绘制曲线草图

step 24　绘制圆形草图

① 选择模型平面绘制二维图形。

② 绘制直径为 2 的圆形，如图 6-52 所示。

step 25　创建扫掠曲面

单击【三维模型】选项卡【创建】面板上的【扫掠】按钮。

① 创建扫掠特征，设置参数。

② 在绘图区中，选择轮廓和路径。

③ 单击【特性】面板中的【确定】按钮，完成扫掠曲面，如图 6-53 所示。至此完成电器外壳模型的设计，如图 6-54 所示。

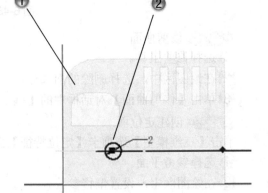

图 6-52　绘制圆形草图

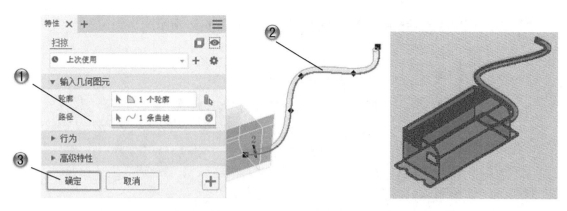

图 6-53 创建扫掠曲面

图 6-54 电器外壳模型

6.8.2 皂盒模型范例

> **本范例完成文件:** /6/6-2.ipt

范例分析

本节的范例是创建一个皂盒的曲面模型。曲面模型是自由造型曲面,先创建自由造型长方体,然后对自由造型进行编辑,删除和修改曲面参数,最后使用一般曲面命令进行修剪。

范例操作

step 01 创建长方体

单击【三维模型】选项卡【创建自由造型】面板上的【长方体】按钮,弹出【长方体】对话框。

①设置长方体自由曲面参数。

②在绘图区中,选择长方体的位置,如图 6-55 所示。

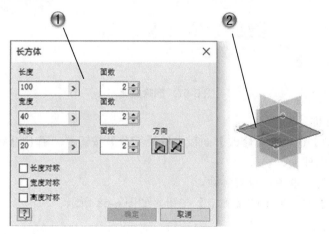

图 6-55 创建长方体

step 02 设置长方体参数

①在【长方体】对话框中,设置其余参数。

② 在【长方体】对话框中，单击【确定】按钮，如图6-56所示。

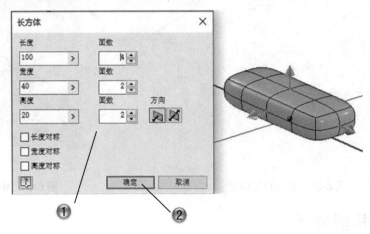

图 6-56　设置长方体参数

step 03　删除曲面

单击【三维模型】选项卡【修改】面板上的【删除面】按钮，弹出【删除】对话框。

① 选择删除曲面。

② 在【删除】对话框中，单击【确定】按钮，如图6-57所示。

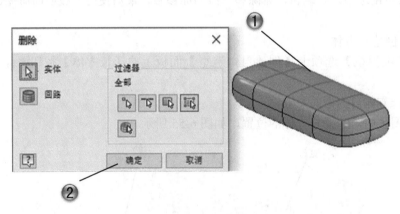

图 6-57　删除曲面

step 04　细分曲面

单击【自由造型】选项卡【修改】面板上的【细分】按钮，弹出【细分】对话框。

① 选择要细分的曲面。

② 在【细分】对话框中，设置参数。

③ 单击【细分】对话框中的【确定】按钮，如图6-58所示。

step 05　删除曲面

单击【三维模型】选项卡【修改】面板上的【删除面】按钮，弹出【删除】对话框。

① 选择删除曲面。

② 在【删除】对话框中，单击【确定】按钮，如图6-59所示。

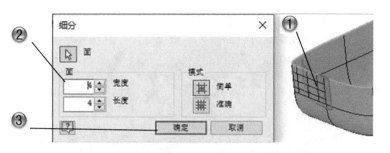

图 6-58　细分曲面

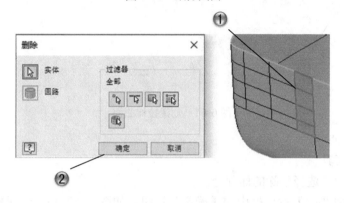

图 6-59　删除曲面

step 06　绘制圆形草图

① 选择 YZ 平面绘制二维图形。

② 绘制直径为 18 的圆形，如图 6-60 所示。

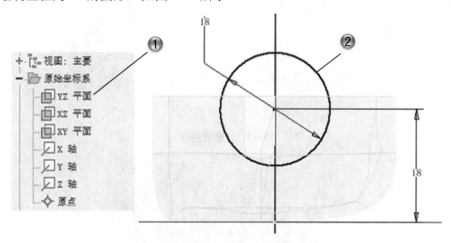

图 6-60　绘制圆形草图

step 07　创建拉伸曲面

① 创建拉伸曲面，设置【距离】为 60。

② 单击【特性】面板中的【确定】按钮，如图 6-61 所示。

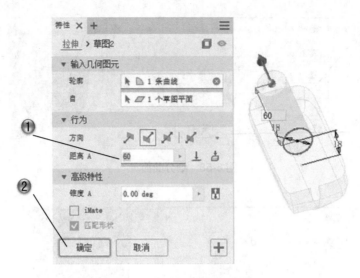

图 6-61　创建拉伸曲面

step 08　修剪曲面

①选择修剪工具。

②在绘图区中，选择删除的面部分。

③单击【修剪曲面】对话框中的【确定】按钮，如图 6-62 所示。至此完成皂盒曲面模型的设计，如图 6-63 所示。

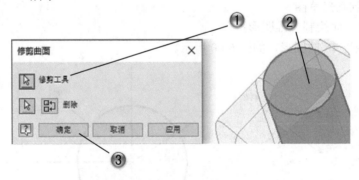

图 6-62　修剪曲面

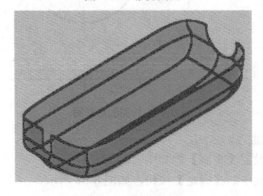

图 6-63　皂盒曲面模型

6.9　本章小结和练习

6.9.1　本章小结

本章主要介绍了曲面造型的命令以及使用方法。曲面造型部分分为一般曲面和自由造型曲面，读者需要结合实际操作进行学习。

6.9.2　练习

使用本章学习的曲面造型命令，创建把手曲面模型，如图 6-64 所示。

(1)　运用旋转命令创建把手曲面模型的基体部分。

(2)　使用扫掠命令创建金属部分。

(3)　对创建的曲面进行编辑。

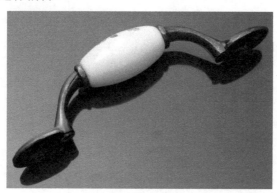

图 6-64　把手模型

第 7 章

钣 金 设 计

钣金零件通常用来作为零部件的外壳或者骨架，它一般是冲压制造形成的，在产品设计中的地位比较重要。本章主要介绍如何运用 Autodesk Inventor 2020 中的钣金命令创建钣金零件及其特征。

7.1 设置钣金环境

钣金零件的特点之一就是同一种零件都具有相同的厚度，所以它的加工方式和普通的零件不同。在三维 CAD 软件中，通常将钣金零件和普通零件分开，并且提供不同的设计方法。

 Inventor 将零件造型和钣金作为零件文件的子类型。用户在任何时候通过单击【转换】菜单，然后选择子菜单中的【零件】命令或者【钣金】命令，即可在零件造型子类型和钣金子类型之间转换，钣金编辑完成后返回零件环境，钣金参数将保留。

7.1.1 创建钣金件的方法

启动新的钣金件的方法如下。

(1) 单击快速访问工具栏中的【新建】按钮，打开【新建文件】对话框，在该对话框中选择 SheetMetal.ipt 模板。

(2) 单击【创建】按钮，进入钣金环境，如图 7-1 所示。

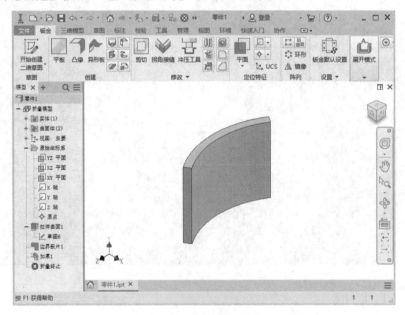

图 7-1 钣金环境

将零件转换为钣金件的方法如下。

(1) 打开要转换的零件。

(2) 单击【三维模型】选项卡【转换】面板中的【转换为钣金件】按钮，选择基础平面。

(3) 打开【钣金默认设置】对话框，如图 7-2 所示，设置钣金参数，单击【确定】按钮，进入钣金环境。

图 7-2　【钣金默认设置】对话框

7.1.2　钣金默认设置

　　钣金零件具有描述其特性和制造方式的样式参数，可在已命名的钣金规则中获取这些参数，创建新钣金零件时，默认应用这些参数。

　　【钣金默认设置】对话框中的选项说明如下。

　　(1)　【钣金规则】：在该下拉列表框中显示所有钣金规则。单击【编辑钣金规则】按钮
，打开【样式和标准编辑器】对话框，对钣金规则进行修改，如图 7-3 所示。

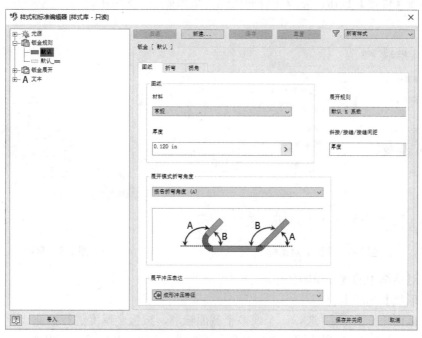

图 7-3　【样式和标准编辑器】对话框

　　(2)　【使用规则中的厚度】复选框：取消选中此复选框，在【厚度】文本框中输入厚度。

　　(3)　【材料】：在该下拉列表框中选择钣金材料。如果所需的材料位于其他库中，浏览

该库然后选择材料。

(4) 【展开规则】：在该下拉列表框中选择钣金展开规则，单击【编辑钣金规则】按钮 ✍，打开【样式和标准编辑器】对话框，编辑线性展开方式和折弯表驱动的折弯及 K 系数值和折弯表公差选项。

7.2 创建简单钣金特征

钣金模块是 Inventor 众多模块中的一个，提供了基于参数、特征方式的钣金零件建模功能。

7.2.1 平板

通过为草图截面轮廓添加深度来创建钣金平板，平板通常是钣金零件的基础特征。

创建平板的操作步骤如下。

(1) 单击【钣金】选项卡【创建】面板上的【平板】按钮 ▨，打开【面】对话框，如图 7-4 所示。

(2) 在视图中选择用于钣金平板的截面轮廓。

(3) 单击【偏移方向】选项组中的按钮，可以更改平板厚度的方向。

(4) 单击【确定】按钮，完成平板的创建，结果如图 7-5 所示。

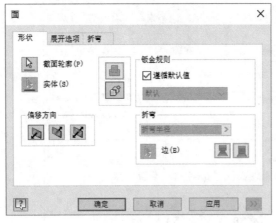

图 7-4 【面】对话框

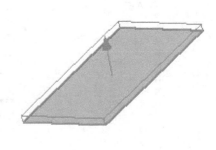

图 7-5 平板

【面】对话框中的选项说明如下。

1) 【形状】选项卡

● 【截面轮廓】▨：选择一个或多个截面轮廓，按钣金厚度进行拉伸。

● 【实体】▨：如果该零件文件中存在两个或两个以上的实体，可以选择参与的实体。

● 【偏移方向】：单击此选项组中的方向按钮，可以更改拉伸的方向。

【折弯】选项组：

● 【折弯半径】选项：显示默认的折弯半径，包括【测量】、【显示尺寸】和【列出参数】选项。

- 【边】选项：选择要包含在折弯中的其他钣金平板边。

2) 【展开选项】选项卡

【展开规则】：允许选择先前定义的任意展开规则，其下拉列表如图 7-6 所示。

3) 【折弯】选项卡

(1) 【释压形状】下拉列表，如图 7-7 所示。

- 【线性过渡】：由方形拐角定义的折弯释压形状。
- 【水滴形】：由材料故障引起的可接受的折弯释压。
- 【圆角】：由使用半圆形终止的、切割定义的折弯释压形状。

(2) 【折弯过渡】选项组。

- 【无】：根据几何图元，在选定折弯处相交的两个面的边之间会产生一条样条曲线。
- 【交点】：从与折弯特征的边相交的折弯区域的边上产生一条直线。
- 【直线】：从折弯区域的一条边到另一条边产生一条直线。
- 【圆弧】：根据输入的圆弧半径值，产生一条相应尺寸的圆弧，该圆弧与折弯特征的边相切且具有线性过渡。

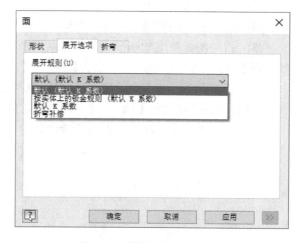

图 7-6 【展开选项】选项卡

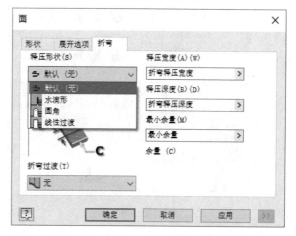

图 7-7 【折弯】选项卡

- 【修剪到折弯】：折叠模型中显示此类过渡，用垂直于折弯的特征对折弯区域进行切割。

(3) 【释压宽度】：定义折弯释压的宽度。

(4) 【释压深度】：定义折弯释压的深度。

(5) 【最小余量】：定义了沿折弯释压切割允许保留的最小尺寸的备料。

7.2.2 凸缘

凸缘特征包含一个平板，以及沿直边连接至现有平板的折弯，它是通过选择一条或多条边，并指定可增加材料的位置和大小来添加钣金特征的。

创建凸缘的操作步骤如下。

(1) 单击【钣金】选项卡【创建】面板上的【凸缘】按钮，打开【凸缘】对话框，如

图 7-8 所示。

    (2) 在钣金零件上选择一条边、多条边或回路来创建凸缘。

    (3) 指定凸缘的角度，默认为 90°。

    (4) 使用默认的折弯半径或直接输入半径值。

    (5) 指定测量高度的基准，包括【从两个外侧面的交线折弯】 、【从两个内侧面的交线折弯】 、【平行于凸缘终止面】 、【对齐与平行】 选项。

    (6) 指定相当于选定边的折弯位置，包括【折弯面范围之内】 、【从相邻面折弯】 、【折弯面范围之外】 、【与侧面相切的折弯】 选项。

    (7) 单击【确定】按钮，完成凸缘的创建，如图 7-9 所示。

图 7-8　【凸缘】对话框

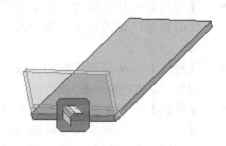

图 7-9　凸缘

【凸缘】对话框中的选项说明如下。

1)　边

选择用于凸缘的一条或多条边，还可以选择由选定面周围的边回路定义的所有边。

【边选择模式】 ：选择应用于凸缘的一条或多条独立边。

【回路选择模式】 ：选择一个边回路，然后将凸缘应用于选定回路的所有边。

2)　凸缘角度

定义相对于选定边上的面的凸缘角度。

3)　折弯半径

定义凸缘和包含选定边的面之间的折弯半径。

4)　高度范围

确定凸缘高度。单击【反向】按钮 ，使凸缘反向。

5) 高度基准

- 【从两个外侧面的交线折弯】：从外侧面的交线测量凸缘高度。
- 【从两个内侧面的交线折弯】：从内侧面的交线测量凸缘高度。
- 【平行于凸缘终止面】：测量平行于凸缘面且折弯相切的凸缘高度。
- 【对齐与平行】：可以确定高度测量是与凸缘面对齐还是与基础面正交。

6) 折弯位置

- 【折弯面范围之内】：定位凸缘的外表面使其保持在选定面范围之内。
- 【从相邻面折弯】：将折弯定位在从选定面的边开始的位置。
- 【折弯面范围之外】：定位凸缘的内表面使其保持在选定面范围之外。
- 【与侧面相切的折弯】：将折弯定位在与选定边相切的位置。

7) 宽度范围

- 【边】：以选定平板边的全长创建凸缘。
- 【宽度】：以单个顶点、工作点、工作平面或平面的指定偏移量来创建指定宽度的凸缘，还可以指定凸缘为居中选定边的中点的特定宽度。
- 【偏移量】：以两个选定顶点、工作点、工作平面或平面的指定偏移量创建凸缘。
- 【从表面到表面】：创建通过选择现有零件几何图元，定义其宽度的凸缘，该几何图元定义了凸缘的范围。

7.2.3　卷边

　　沿钣金边创建折叠的卷边可以加强零件刚度或去除尖锐边。

　　创建卷边的操作步骤如下。

　　(1)　单击【钣金】选项卡【创建】面板上的【卷边】按钮，打开【卷边】对话框，如图 7-10 所示。

　　(2)　选择卷边类型。

　　(3)　在视图中选择平板边。

　　(4)　根据所选类型设置参数，如卷边的间隙、长度或半径等值。

　　(5)　单击【确定】按钮，完成卷边的创建。

　　【卷边】对话框中的选项说明如下。

1) 类型

- 【单层】：创建单层卷边，如图 7-11 所示。
- 【水滴形】：创建水滴形卷边，如图 7-12 所示。
- 【滚边形】：创建滚边形卷边，如图 7-13 所示。
- 【双层】：创建双层卷边，如图 7-14 所示。

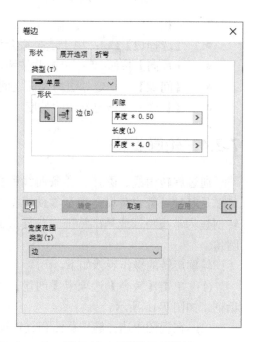

图 7-10　【卷边】对话框

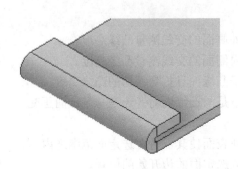

图 7-11 单层卷边

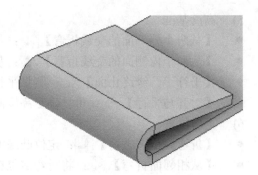

图 7-12 水滴形卷边

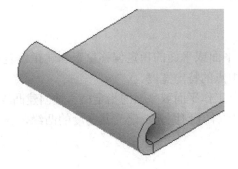

图 7-13 滚边形卷边

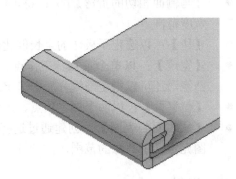

图 7-14 双层卷边

2) 形状

- 【选择边】⬛：用于选择钣金边以创建卷边。
- 【反向】按钮⬛：单击此按钮，反转卷边的方向。
- 【间隙】：指定卷边内表面之间的距离。
- 【长度】：指定卷边的长度。

7.2.4 轮廓旋转

通过旋转由线、圆弧、样条曲线和椭圆弧组成的轮廓创建轮廓旋转特征。轮廓旋转特征可以是基础特征也可以是钣金零件模型中的后续特征。利用【轮廓旋转】命令可以将轮廓旋转创建为常规特征或基础特征。与异形板一样，轮廓旋转将尖锐的草图拐角变换成零件中的圆角。

轮廓旋转的操作步骤如下。

(1) 单击【钣金】选项卡【创建】面板上的【轮廓旋转】按钮⬛，打开【轮廓旋转】对话框，如图 7-15 所示。

(2) 在视图中选择旋转截面和旋转轴。

(3) 在对话框中设置参数，单击【确定】按钮，完成轮廓旋转的创建，如图 7-16 所示。

图 7-15　【轮廓旋转】对话框

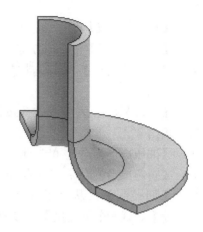

图 7-16　轮廓旋转钣金

7.2.5　钣金放样

钣金放样特征允许使用两个截面轮廓草图定义形状。草图几何图元可以表示钣金材料的内侧面或外侧面，还可以表示材料中间平面。

创建钣金放样的操作步骤如下。

(1)　单击【钣金】选项卡【创建】面板上的【钣金放样】按钮，打开【钣金放样】对话框，如图 7-17 所示。

(2)　在视图中选择已经创建好的截面轮廓 1 和截面轮廓 2。

(3)　在对话框中设置【偏移方向】、【折弯半径】和【输出】形式。

(4)　在对话框中单击【确定】按钮，创建钣金放样，如图 7-18 所示。

图 7-17　【钣金放样】对话框

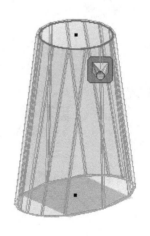

图 7-18　钣金放样

【钣金放样】对话框中的选项说明如下。

1) 形状

- 【截面轮廓 1】：选择第一个用于定义钣金放样的截面轮廓草图。
- 【截面轮廓 2】：选择第二个用于定义钣金放样的截面轮廓草图。
- 【反转到对侧】按钮：单击这两个按钮，将材料厚度偏移到选定截面轮廓的对侧。
- 【对称】按钮：单击此按钮，将材料厚度等量偏移到选定截面轮廓的两侧。

2) 输出

- 【冲压成形】：单击此按钮，生成平滑的钣金放样。
- 【折弯成形】：单击此按钮，生成镶嵌的折弯钣金放样。
- 【面控制】：从该下拉列表框中选择方法来控制所得面的大小，包括【弓高允差】、【相邻面角度】和【面宽度】三种方法。

7.2.6 异形板

通过使用截面轮廓草图和现有平板上的直边来定义异形板。截面轮廓草图由线、圆弧、样条曲线和椭圆弧组成。截面轮廓中的连续几何图元会在零件中产生符合钣金样式的折弯半径值的折弯，可以通过使用【特定距离】、【由现有特征定义的自/至位置】和【从选定边的任一端或两端偏移】选项创建异形板。

创建异形板的操作步骤如下。

(1) 单击【钣金】选项卡【创建】面板上的【异形板】按钮，打开【异形板】对话框，如图 7-19 所示。

(2) 在视图中选择已经绘制好的截面轮廓。

(3) 在视图中选择边或回路。

(4) 在对话框中设置参数，并单击【确定】按钮，完成异形板创建，如图 7-20 所示。

图 7-19 【异形板】对话框

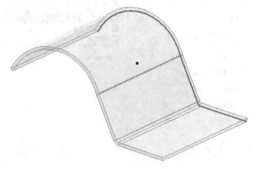

图 7-20 异形板钣金

【异形板】对话框中的选项说明如下。

1) 形状

- 【截面轮廓】：选择一个包括定义了异形板形状的、开放截面轮廓的、未使用的草图。
- 【边选择模式】：选择一条或多条独立边，边必须垂直于截面轮廓草图平面。当截面轮廓草图的起点或终点与选定的第一条边定义的直线不重合，或者选定的截面轮廓包含了非直线或圆弧段的几何图元时，不能选择多边。
- 【回路选择模式】：选择一个边回路，然后将凸缘应用于选定回路的所有边。截面轮廓草图必须和回路的任一边重合和垂直。

2) 折弯范围

确定折弯参与平板的边之间的延伸材料。包括【与侧面对齐的延伸折弯】和【与侧面垂直的延伸折弯】选项。

- 【与侧面对齐的延伸折弯】：沿折弯连接的侧边延伸材料，而不是垂直于折弯轴。在平板侧边不垂直的时候有用。
- 【与侧面垂直的延伸折弯】：与侧面垂直地延伸材料。

7.3 创建高级钣金特征

在 Inventor 中可以生成复杂的钣金零件，并可以对其进行参数化编辑，能够定义和仿真钣金零件的制造过程，可以对钣金模型进行展开和重叠的模拟操作。

7.3.1 折弯

钣金折弯特征通常用于连接为满足特定设计条件，而在某个特殊位置创建的钣金平板。通过选择现有钣金特征上的边，使用由钣金样式定义的折弯半径和材料厚度将材料添加到模型。

折弯的操作步骤如下。

(1) 单击【钣金】选项卡【创建】面板上的【折弯】按钮，打开【折弯】对话框，如图 7-21 所示。

(2) 在视图中选择平板上的模型边。

(3) 在对话框中选择折弯类型，设置折弯参数。如果平板平行，但是不共面，则可在【双向折弯】选项组中选择折弯方式。

(4) 在对话框中单击【确定】按钮，完成折弯特征，结果如图 7-22 所示。

图 7-21 【折弯】对话框

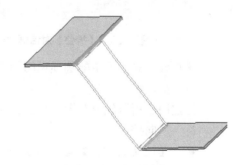

图 7-22 折弯钣金

【折弯】对话框中的选项说明如下。

1) 折弯

- 【边】⬚：在每个平板上选择模型边，根据需要修剪或延伸平板创建折弯。
- 【折弯半径】：显示默认的折弯半径。

2) 双向折弯

- 【固定边】单选按钮：添加等长折弯到现有的钣金边。
- 【45 度】单选按钮：平板根据需要进行修剪或延伸，并插入 45°折弯。
- 【全半径】单选按钮：平板根据需要进行修剪或延伸，并插入半圆折弯。
- 【90 度】单选按钮：平板根据需要进行修剪或延伸，并插入 90°折弯。
- 【固定边反向】按钮⬚：反转钣金方向。

7.3.2 折叠

在现有平板上沿折弯草图线折弯钣金平板。

折叠的操作步骤如下。

(1) 单击【钣金】选项卡【创建】面板上的【折叠】按钮⬚，打开【折叠】对话框，如图 7-23 所示。

(2) 在视图中选择用于折叠的折弯线，折弯线必须放置在要折叠的平板上，并终止于平板的边。

(3) 在对话框中设置折叠参数，或接受当前钣金样式中默认的折弯半径和角度。

(4) 设置折叠的折叠侧和方向，单击【确定】按钮，结果如图 7-24 所示。

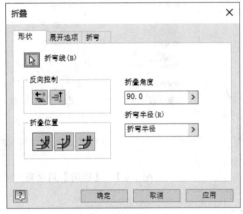

图 7-23 【折叠】对话框

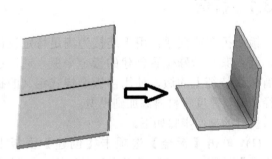

图 7-24 折叠钣金

【折叠】对话框中的选项说明如下。

1) 折弯线

指定用于折叠线的草图。草图直线端点必须位于边上，否则该线不能选作折弯线。

2) 反向控制

- 【反转到对侧】⬚：将折弯线的折叠侧改为向上或向下。
- 【反向】⬚：更改折叠的上下方向。

3) 折叠位置

- 【折弯中心线】：将草图线用作折弯的中心线。
- 【折弯起始线】：将草图线用作折弯的起始线。
- 【折弯终止线】：将草图线用作折弯的终止线。

4) 折叠角度

指定用于折叠的角度。

7.3.3 剪切

剪切就是从钣金平板中删除材料，与拉伸去除材料的效果相似。在钣金平板上绘制截面轮廓，然后贯穿一个或多个平板进行切割。

剪切钣金特征的操作步骤如下。

(1) 单击【钣金】选项卡【修改】面板上的【剪切】按钮，打开【剪切】对话框，如图 7-25 所示。

(2) 如果草图中只有一个截面轮廓，系统将自动选择，如果有多个截面轮廓，单击【截面轮廓】按钮，选择其他要切割的截面轮廓。

(3) 在【范围】下拉列表框中选择终止方式，调整剪切方向。

(4) 单击【确定】按钮，完成剪切，如图 7-26 所示为圆形草图剪切钣金。

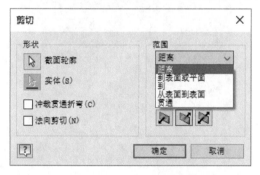

图 7-25 【剪切】对话框

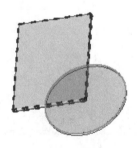

图 7-26 剪切钣金

【剪切】对话框中的选项说明如下。

1) 形状

- 【截面轮廓】：选择一个或多个截面作为要删除材料的截面轮廓。
- 【冲裁贯通折弯】复选框：选中此复选框，通过环绕截面轮廓贯通平板以及一个或多个钣金折弯的截面轮廓来删除材料。
- 【法向剪切】复选框：将选定的截面轮廓投影到曲面，然后按垂直于投影相交的面进行剪切。

2) 范围

- 【距离】：设置剪切深度，默认为平板厚度。
- 【到表面或平面】：剪切终止于下一个表面或平面。
- 【到】：选择终止剪切的表面或平面。可以在所选面或其延伸面上终止剪切。

- 【从表面到表面】：选择终止拉伸的起始和终止面或平面。
- 【贯通】：在指定方向上贯通所有特征和草图拉伸截面轮廓。

7.3.4 拐角接缝

在钣金平板中添加拐角接缝，可以在相交或共面的两个平板之间创建接缝。

拐角接缝的操作步骤如下。

(1) 单击【钣金】选项卡【修改】面板上的【拐角接缝】按钮 ，打开【拐角接缝】对话框，如图 7-27 所示。

(2) 在相邻的两个钣金平板上均选择模型边。

(3) 在【拐角接缝】对话框中接受默认接缝类型或选择其他接缝模型。

(4) 单击【确定】按钮，完成拐角接缝操作，结果如图 7-28 所示。

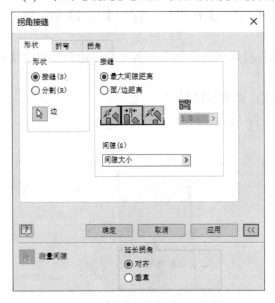

图 7-27　【拐角接缝】对话框

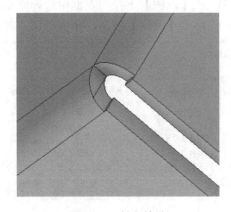

图 7-28　拐角接缝

【拐角接缝】对话框中的选项说明如下。

1) 形状

选择模型的边并指定是否接缝拐角。

- 【接缝】：指定现有的共面或相交钣金平板之间的新拐角几何图元。
- 【分割】：此选项打开方形拐角，以创建钣金拐角接缝。
- 【边】 ：在每个面上选择模型边。

2) 接缝

- 【最大间隙距离】单选按钮：使用该单选按钮创建拐角接缝间隙，可以使用与物理检测标尺方式一致的方式对其进行测量。
- 【面/边距离】单选按钮：使用该单选按钮创建拐角接缝间隙，可以测量从与选定的第一条边相邻的面到选定的第二条边的距离。

提示　创建和测量拐角接缝的方法。

①　面/边方法：基于从第一个选定边相邻的面，到第二个选定边的尺寸来测量接缝间隙的方法。

②　最大间隙距离方法：通过滑动物理检测标尺，测量接缝间隙的方法。

7.3.5　冲压工具

冲压工具必须具有一个定义了中心标记的草图，即钣金平板必须具有一个草图，该草图带有一个或多个未使用的中心标记。

冲压工具的操作步骤如下。

(1)　单击【钣金】选项卡【修改】面板上的【冲压工具】按钮，打开【冲压工具目录】对话框，如图 7-29 所示。

图 7-29　【冲压工具目录】对话框

(2)　在【冲压工具目录】对话框中浏览包含冲压形状的文件夹，选择冲压形状进行预览，选择好冲压工具后，单击【打开】按钮，打开【冲压工具】对话框，如图 7-30 所示。

(3)　如果草图中存在多个中心点，按 Ctrl 键并单击选择任何不需要的位置，以防止在这些位置放置冲压。

(4)　在【几何图元】选项卡中指定角度以使冲压相对于平面进行旋转。

(5)　在【规格】选项卡上双击参数值进行修改，单击【完成】按钮完成冲压操作，如图 7-31 所示。

【冲压工具】对话框中的选项说明如下。

1)　【预览】选项卡

● 【位置】：允许选择包含钣金冲压 iFeature 的文件夹。

● 【冲压】：在该列表框左侧的图形窗格中预览选定的 iFeature。

2) 【几何图元】选项卡(见图 7-32)

- 【中心】 ：自动选择用于定位 iFeature 的孔中心。如果钣金平板上有多个孔中心，则每个孔中心上都会放置。
- 【角度】：指定用于定位 iFeature 的平面角度。
- 【刷新】按钮：重新绘制满足几何图元要求的 iFeature。

3) 【规格】选项卡(见图 7-33)

修改冲压形状的参数以更改其大小。列表框中列出了控制每个形状的参数的名称和值，双击可以修改。

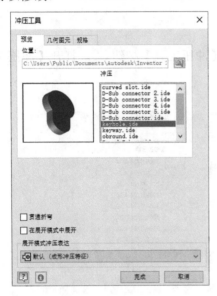

图 7-30　【预览】选项卡

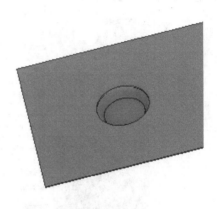

图 7-31　钣金冲压

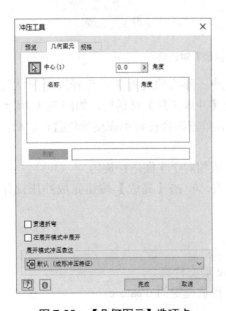

图 7-32　【几何图元】选项卡

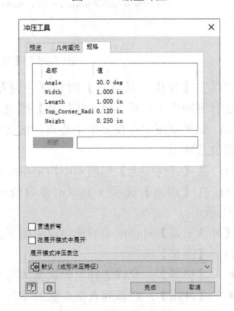

图 7-33　【规格】选项卡

7.3.6　接缝

【接缝】命令可以使用封闭的截面轮廓草图，在允许展平的钣金零件上创建间隙。

接缝的操作步骤如下。

(1)　单击【钣金】选项卡【修改】面板上的【接缝】按钮，打开【接缝】对话框，如图 7-34 所示。

(2)　在视图中选择要进行接缝的钣金模型的面。

(3)　在视图中选择定义接缝起始位置的点和结束位置的点。

(4)　在【接缝】对话框中设置接缝间隙位于选定点，或者向右或向左偏移，单击【确定】按钮，完成接缝，结果如图 7-35 所示。

图 7-34　【接缝】对话框　　　　　　　　　图 7-35　钣金接缝

【接缝】对话框中的选项说明如下。

1)　接缝类型

● 【单点】：允许通过选择要创建接缝的面和该面某条边上的一个点，来定义接缝特征。

● 【点到点】：允许通过选择要创建接缝的面和该面边上的两个点，来定义接缝特征。选择的点可以是工作点、边的中点、面顶点上的端点或先前所创建的草图点。

● 【面范围】：允许通过选择要删除的模型面，来定义接缝特征。

2)　形状

● 【接缝所在面】：选择将应用接缝特征的模型面。

● 【接缝点】：选择定义接缝位置的点。

7.4　展开和折叠特征

本节主要介绍展开和重新折叠钣金特征。重新折叠特征必须在展开状态下，并且至少包含一个展开特征时才能使用。

7.4.1　展开

展开特征是指展开一个或多个钣金折弯，或展开相对参考面的卷曲。【展开】命令会向钣金零件浏览器中添加展开特征，并允许向模型的展平部分添加其他特征。用户可以展开不包含任何平面的折叠钣金模型。【展开】命令要求零件文件中包含单个实体。

【展开】特征的操作步骤如下。

(1)　单击【钣金】选项卡【修改】面板上的【展开】按钮，打开【展开】对话框，如图 7-36 所示。

(2)　在视图中选择用作展开参考的面或平面。

(3)　在视图中选择要展开的各个折弯或卷曲，也可以单击【添加所有折弯】按钮来选择所有亮显的几何图元。

(4)　预览展平的状态，并添加或删除折弯或卷边，以获得需要的平面。

(5)　在【展开】对话框中单击【确定】按钮，完成展开操作，结果如图 7-37 所示。

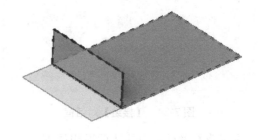

图 7-36　【展开】对话框　　　　　　　　图 7-37　将展开的钣金

【展开】对话框中的选项说明如下。

1)　基础参考

选择用于定义展开，或重新折叠折弯，或旋转所参考的面或参考平面。

2)　展开几何图元

● 【折弯】：选择要展开或重新折叠的各个折弯或旋转特征。

● 【添加所有折弯】：选择要展开或重新折叠的所有折弯或旋转特征。

3)　复制草图

选择要展开或重新折叠的未使用的草图。

① 展开特征通常沿整条边进行拉伸，不适用于阵列。

② 钣金剪切类似于拉伸剪切。使用【完全相同】终止方式获得的结果会与使用【根据模型调整】终止方式获得的结果不同。

③ 冲裁贯通折弯特征阵列结果因折弯几何图元和终止方式的不同而不同。

④ 不支持多边凸缘阵列。

⑤ 【完全相同】终止方式仅适用于面特征、凸缘、异形板和卷边特征。

7.4.2　重新折叠

用户可以重新折叠在展开状态下至少包含一个展开特征的钣金；也可以重新折叠不包含平面，且至少包含一个处于展开状态的卷曲特征的钣金。

【重新折叠】特征的操作步骤如下。

(1) 单击【钣金】选项卡【修改】面板上的【重新折叠】按钮，打开【重新折叠】对话框，如图 7-38 所示。

(2) 在视图中选择用作重新折叠参考的面或平面。

(3) 在视图中选择要重新折叠的各个折弯或卷曲。

(4) 预览重新折叠的状态，并添加或删除折弯或卷曲，以获得需要的折叠模型状态。

(5) 在【重新折叠】对话框中单击【确定】按钮，完成重新折叠操作，结果如图 7-39 所示。

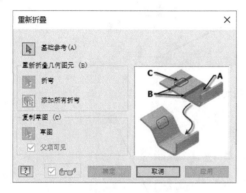

图 7-38　【重新折叠】对话框

图 7-39　将重新折叠的钣金

7.5　设计实战范例

本范例完成文件：/7/7-1.ipt

范例分析

本节的范例是创建一个料盒的钣金模型。首先绘制草图创建平板特征，之后创建冲压的柱脚并阵列，继续创建剪切特征，形成孔洞，最后依次创建料盒的四壁。

范例操作

step 01　创建钣金零件

① 打开【新建文件】对话框，选择 SheetMetal.ipt 模板。

② 单击【创建】按钮，如图 7-40 所示。

step 02　绘制矩形草图

单击【钣金】选项卡【草图】面板中的【开始创建二维草图】按钮。

① 选择 XZ 平面绘制二维图形。

② 绘制矩形，尺寸为 120×80，如图 7-41 所示。

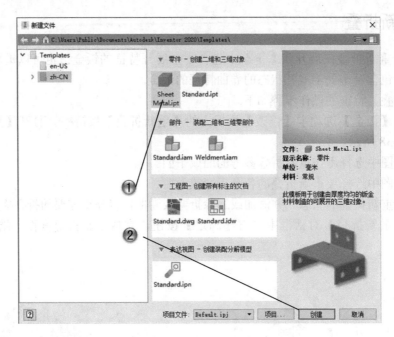

图 7-40　创建钣金零件

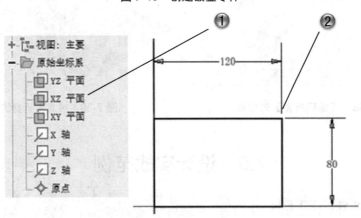

图 7-41　绘制矩形草图

step 03　创建平板

单击【钣金】选项卡【创建】面板上的【平板】按钮。

①打开【面】对话框，设置平板参数。

②单击【确定】按钮，如图 7-42 所示。

step 04　绘制圆形草图

单击【钣金】选项卡【草图】面板中的【开始创建二维草图】按钮。

①选择模型平面绘制二维图形。

②绘制直径为 8 的圆形，如图 7-43 所示。

step 05　选择冲压目录

单击【钣金】选项卡【修改】面板上的【冲压工具】按钮。

① 打开【冲压工具目录】对话框，选择工具。
② 单击【打开】按钮，如图7-44所示。

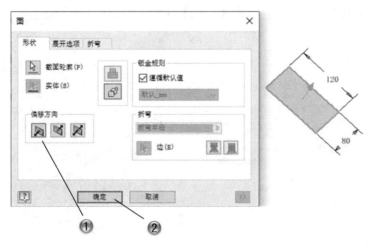

图 7-42 创建平板

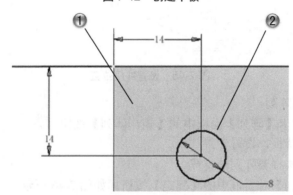

图 7-43 绘制圆形草图

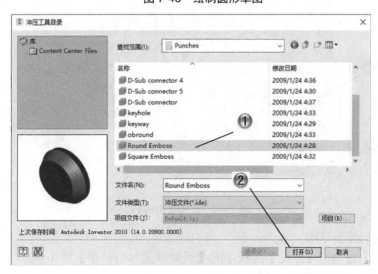

图 7-44 选择冲压目录

step 06 设置冲压位置

① 在绘图区中，单击选择冲压的位置。

② 在【冲压工具】对话框中，单击【完成】按钮，如图 7-45 所示。

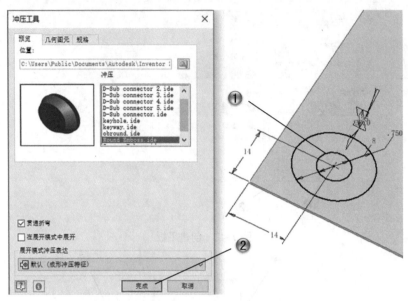

图 7-45　设置冲压位置

step 07 创建矩形阵列

单击【钣金】选项卡【阵列】面板中的【矩形阵列】按钮。

① 创建矩形阵列特征，设置参数。

② 在绘图区中，选择要阵列的特征。

③ 单击【矩形阵列】对话框中的【确定】按钮，如图 7-46 所示。

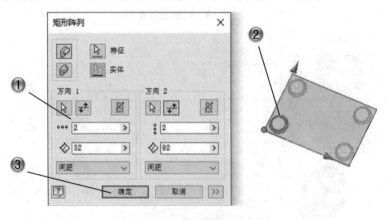

图 7-46　创建矩形阵列

step 08 绘制圆形草图

单击【钣金】选项卡【草图】面板中的【开始创建二维草图】按钮。

① 选择模型平面绘制二维图形。

② 绘制直径为 20 的圆形，如图 7-47 所示。

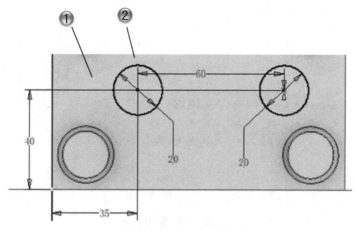

图 7-47　绘制圆形草图

step 09 剪切钣金

单击【钣金】选项卡【修改】面板上的【剪切】按钮 □。

① 选择截面轮廓。

② 单击【剪切】对话框中的【确定】按钮，如图 7-48 所示。

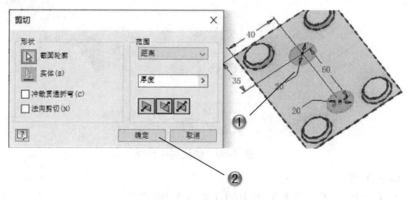

图 7-48　剪切钣金

step 10 创建凸缘

单击【钣金】选项卡【创建】面板上的【凸缘】按钮 。

① 创建凸缘，设置参数。

② 在绘图区中，选择凸缘的边。

③ 单击【凸缘】对话框中的【确定】按钮，如图 7-49 所示。

step 11 创建对称凸缘

单击【钣金】选项卡【创建】面板上的【凸缘】按钮 。

① 创建凸缘，设置参数。

② 在绘图区中，选择凸缘的边。

③ 单击【凸缘】对话框中的【确定】按钮，如图 7-50 所示。

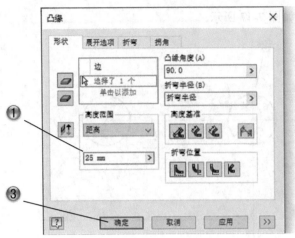

图 7-49　创建凸缘

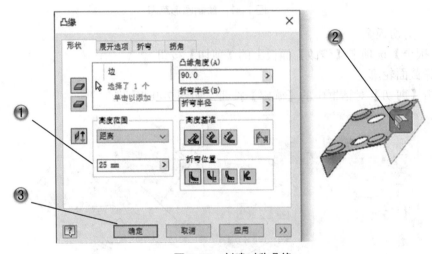

图 7-50　创建对称凸缘

step 12　创建折弯

单击【钣金】选项卡【创建】面板上的【折弯】按钮。

① 创建折弯，设置参数。

② 在绘图区中，选择相对的两条边。

③ 单击【折弯】对话框中的【确定】按钮，如图 7-51 所示。

step 13　创建凸缘

单击【钣金】选项卡【创建】面板上的【凸缘】按钮。

① 创建凸缘，设置参数。

② 在绘图区中，选择凸缘的边。

③ 单击【凸缘】对话框中的【确定】按钮，如图 7-52 所示。

step 14　创建卷边

单击【钣金】选项卡【创建】面板上的【卷边】按钮。

① 创建卷边，设置参数。

② 在绘图区中，选择模型边线。

③ 单击【卷边】对话框中的【确定】按钮，如图 7-53 所示。

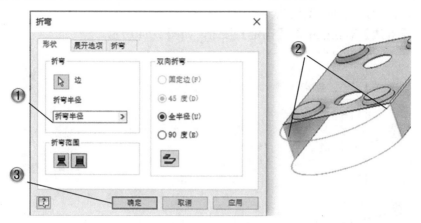

图 7-51　创建折弯

图 7-52　创建凸缘

图 7-53　创建卷边

step 15 创建卷边

① 再次创建卷边，设置参数。

② 在绘图区中，选择模型边线。

③ 单击【卷边】对话框中的【确定】按钮，如图 7-54 所示。

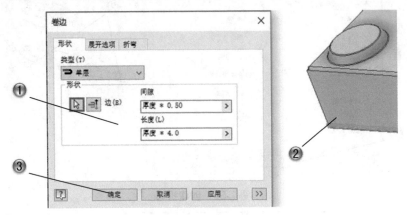

图 7-54　创建卷边

step 16 创建对称卷边

① 再次创建卷边，设置参数。

② 在绘图区中，选择模型边线。

③ 单击【卷边】对话框中的【确定】按钮，如图 7-55 所示。

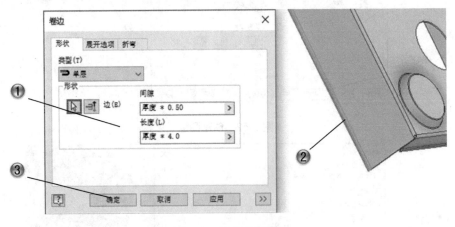

图 7-55　创建对称卷边

step 17 创建拐角接缝

单击【钣金】选项卡【修改】面板上的【拐角接缝】按钮 。

① 创建拐角接缝，设置参数。

② 在绘图区中，选择两条模型边线。

③ 单击【拐角接缝】对话框中的【确定】按钮，如图 7-56 所示。

step 18 创建对称拐角接缝

① 创建拐角接缝，设置参数。

② 在绘图区中，选择两条模型边线。

③ 单击【拐角接缝】对话框中的【确定】按钮，如图 7-57 所示。至此完成的料盒钣金零件模型如图 7-58 所示。

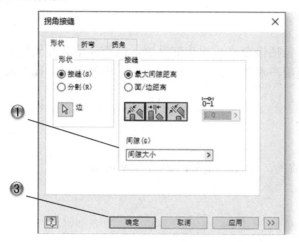

图 7-56　创建拐角接缝

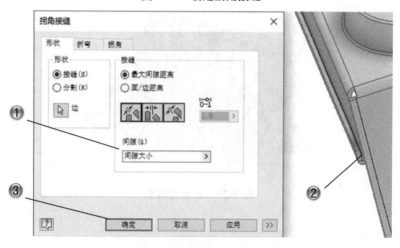

图 7-57　创建对称拐角接缝

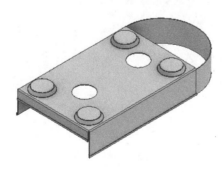

图 7-58　料盒钣金模型

7.6　本章小结和练习

7.6.1　本章小结

本章介绍钣金特征设计，包括钣金设计的基础设置，以及简单和高级钣金特征，最后介绍钣金的折叠和展开特征，使用户对软件钣金设计有了进一步的了解。读者可以通过范例实践，学习钣金命令。

7.6.2　练习

使用本章学习的钣金设计命令，创建钣金盒，如图 7-59 所示。

(1)　创建钣金平板。

(2)　创建凸缘。

(3)　创建卷边。

(4)　创建孔特征。

图 7-59　钣金盒模型

第 8 章

装 配 设 计

在 Inventor 中，可以将现有的零件或者部件按照一定的装配约束条件，装配成一个完整的部件，同时这个部件也可以作为子部件装配到其他的部件中，最后零件和子部件构成一个符合设计构想的整体部件。Inventor 提供了单独的零件或者子部件装配为部件的功能。本章主要讲述部件装配的方法和步骤。

8.1 Inventor 装配介绍

按照通常的设计思路,设计者和工程师首先创建布局,然后设计零件,最后把所有零件组装成为部件,这种方法称为自下而上的设计方法。

8.1.1 装配简介

使用 Inventor 创建部件时可以即时创建零件或者放置现有零件,从而使设计过程更加简单有效,称为自上而下的设计方法。这种自上而下的设计方法的优点如下。

(1) 这种以部件为中心的设计方法支持自上而下、自下而上和混合的设计策略。Inventor 可以在设计过程中的任何环节创建部件,而不是在最后才创建部件。

(2) 如果用户正在做一个全新的设计方案,可以从一个空的部件开始,然后在具体设计时创建零件。

(3) 如果要修改部件,可以在位创建新零件,以使它们与现有的零件配合。对外部零部件所做的更改将自动反映到部件模型和用于说明它们的工程图中。

在 Inventor 中,可以自由地使用自下而上的设计方法、自上而下的设计方法以及二者同时使用的混合设计方法。下面分别简要介绍。

8.1.2 自下而上的设计方法

对于从零件到部件的设计方法,也就是自下而上的部件设计方法,在进行设计时,需要向部件文件中放置现有的零件和子部件,并通过应用装配约束(如配合和表面齐平约束)将其定位。如果可能,应按照制造过程中的装配顺序放置零部件,除非零部件在它们的零件文件中是以自适应特征创建的,否则它们就有可能无法满足部件设计的要求。

在 Inventor 中,可以在部件中放置零件,然后在部件环境中使用零件自适应功能。当零件的特征被约束到其他的零部件时,在当前设计中零件将自动调整本身大小,以适应装配尺寸。如果希望所有欠约束的特征在装配约束定位时能自适应,可以将子部件指定为自适应。如果子部件中的零件被约束到固定几何图元,它的特征将根据需要调整大小。

8.1.3 自上而下的设计方法

对于从部件到零件的设计方法,也就是自上而下的部件设计方法,用户在进行设计时,会遵循一定的设计标准并创建满足这些标准的零部件。设计者列出已知的参数,并且会创建一个工程布局(贯穿并推进整个设计过程的二维设计)。布局可能包含一些关联项目,例如,部件靠立的墙和底板、从部件设计中传入或接受输出的机械以及其他固定数据。布局中也可以包含其他标准,如机械特征。可以在零件文件中绘制布局,然后将它放置到部件文件中。在设计进程中,草图将不断地生成特征。最终的部件是专门设计用来解决当前设计问题的相关零件的集合体。

8.1.4 混合设计方法

混合设计方法结合了自下而上和自上而下设计策略的优点。在这种设计思路下，可以知道某些需求，也可以使用一些标准零部件，但还是应当产生满足特定目的的新设计。设计零件时，通常首先分析设计意图，接着插入或创建固定零部件。设计部件时，可以添加现有的零部件，或根据需要即时创建新的零部件。这样部件的设计过程就会十分灵活，可以根据具体情况，选择自下而上或自上而下的设计方法。

8.2 装配工作区环境

在进行部件装配前首先要进入装配环境，并对装配环境进行配置。

8.2.1 进入装配环境

单击快速访问工具栏中的【新建】按钮 🗋，打开【新建文件】对话框，在对话框中选择【部件】下的 Standard.iam 模板。

单击【创建】按钮，进入装配环境，如图 8-1 所示。

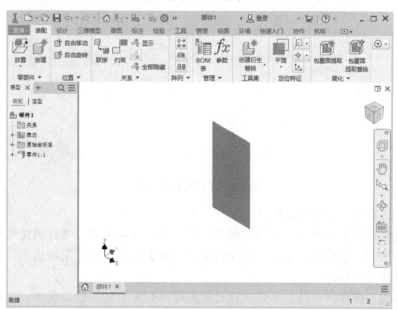

图 8-1 装配环境

8.2.2 配置装配环境

单击【工具】选项卡【选项】面板中的【应用程序选项】按钮 🖳，打开【应用程序选项】对话框，切换到【部件】选项卡，如图 8-2 所示。

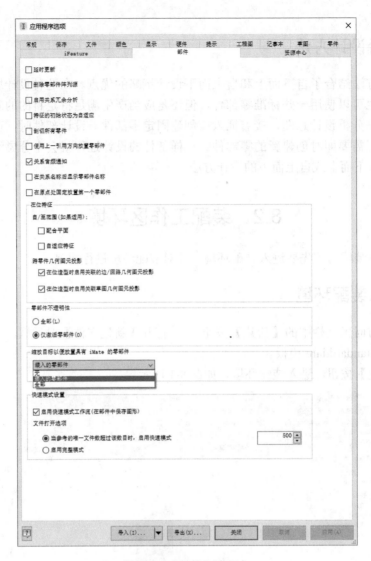

图 8-2 【部件】选项卡

【部件】选项卡中的选项说明如下。

(1) 【延时更新】：利用该选项在编辑零部件时，设置更新零部件的优先级。选中该复选框延迟部件更新，直到单击了该部件文件的【更新】按钮为止，取消选中该复选框则在编辑零部件后自动更新部件。

(2) 【删除零部件阵列源】：该选项设置删除阵列元素时的默认状态。选中该复选框则在删除阵列时删除源零部件，取消选中该复选框则在删除阵列时保留源零部件引用。

(3) 【启用关系冗余分析】：该选项用于指定 Inventor 是否检查所有装配零部件，以进行自适应调整，默认设置为取消选中该复选框。如果该复选框未被选中，则 Inventor 将跳过辅助检查。辅助检查通常会检查是否有冗余约束，并检查所有零部件的自由度，系统仅在显示自由度符号时才会更新自由度检查。选中该复选框后，软件将执行辅助检查，并在发现冗余约束时通知用户。即使没有显示自由度，系统也将对其进行更新。

(4)　【特征的初始状态为自适应】：控制新创建的零件特征是否可以自动设为自适应。

(5)　【剖切所有零件】：控制是否剖切部件中的零件。子零件的剖视图方式与父零件相同。

(6)　【使用上一引用方向放置零部件】：控制放置在部件中的零部件，是否继承与上一个引用浏览器中的零部件相同的方向。

(7)　【关系音频通知】：选中此复选框以在创建约束时播放提示音，取消选中该复选框则关闭声音。

(8)　【在关系名称后显示零部件名称】：是否在浏览器中的约束后面附加零部件实例名称。

(9)　【在原点处固定放置第一个零部件】：指定是否将在部件中装入的第一个零部件固定在原点处。

(10)　【在位特征】选项组：当在部件中创建在位零件时，可以在该选项组中通过设置选项来控制在位特征。

- 　【配合平面】：选中此复选框，可设置构造特征得到所需的大小，并使之与平面配合，但不允许它调整。

- 　【自适应特征】：选中此复选框，则当其构造的基础平面改变时，自动调整在位特征的大小或位置。

- 　【在位造型时启用关联的边/回路几何图元投影】：选中此复选框，则当在部件中新建零件的特征时，可将所选的几何图元从一个零件投影到另一个零件的草图来创建参考草图。投影的几何图元是关联的，并且会在父零件改变时更新。投影的几何图元可以用来创建草图特征。

- 　【在位造型时启用关联草图几何图元投影】：在部件中创建或编辑零件时，可以将其他零件的草图几何图元投影到激活的零件。选中此复选框，投影的几何图元与原始几何图元是关联的，并且前者会随后者更新，包含草图的零件将自动设置为自适应。

(11)　【零部件不透明性】选项组：当显示部件截面时，该选项组用来设置零部件以不透明的样式显示。

- 　【全部】：选中此单选按钮，则所有的零部件都以不透明样式显示(当显示模式为着色或带显示边着色时)。

- 　【仅激活零部件】：选中此单选按钮则以不透明样式显示激活的零件，强调激活的零件，暗显示未激活的零件。

(12)　【缩放目标以便放置具有 iMate 的零部件】下拉列表框：当使用 iMate 放置零部件时，该下拉列表框可设置图形窗口的默认缩放方式。

- 　【无】：选择此选项，视图保持原样，不执行任何缩放。

- 　【装入的零部件】：选择此选项将放大放置的零件，使其填充图形窗口。

- 　【全部】：选择此选项可缩放部件，使模型中的所有元素适合图形窗口。

8.3　装配基础操作

本节讲述如何在部件环境中添加、替换、旋转、移动零部件等基本的操作技巧，这些是在部件环境中进行设计的必要技能。

8.3.1　添加零部件

将已有的零部件装入部件装配环境，是利用已有零部件创建装配体的第一步，体现了"自下而上"的设计步骤。

(1)　单击【装配】选项卡【零部件】面板上的【放置】按钮，打开【装入零部件】对话框。

(2)　在【装入零部件】对话框中选择要装配的零件，然后单击【打开】按钮，在绘图区中单击，将零件放置到视图中，如图 8-3 所示。

(3)　继续放置零件，单击鼠标右键，在弹出的快捷菜单中选择【确定】命令，如图 8-3所示，完成零件的放置。

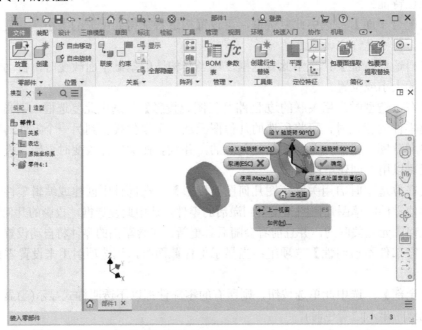

图 8-3　添加零部件

　如果在右键快捷菜单中选择【在原点处固定放置】命令，它的原点及坐标轴与部件的原点及坐标轴完全重合。要恢复零部件的自由度，可以在图形窗口或浏览器中的零部件上单击鼠标右键，在弹出的快捷菜单中取消选中【固定】命令。

8.3.2　创建零部件

在位创建零件就是在部件文件环境中创建零件，新建的零件是一个独立的零件。在位创建零件时需要制定创建零件的文件名和位置，以及使用的模板等。

创建在位零件与插入先前创建的零件文件结果相同，而且可以在零部件面(或部件工作平面)上绘制草图和在特征草图中包含其他零部件的几何图元。当创建的零件约束到部件中的固定几何图元时，可以关联包含于其他零件的几何图元，并把零件指定为自适应以允许新零件改变大小。用户还可以在其他零件的面上开始和终止拉伸特征。默认情况下，这种方法创建的特征是自适应的。另外，还可以在部件中创建草图和特征，但它们不是零件。

创建在位零部件的步骤如下。

(1) 单击【装配】选项卡【零部件】面板上的【创建】按钮，打开【创建在位零部件】对话框，如图 8-4 所示。

图 8-4　【创建在位零部件】对话框

(2) 设置新零部件的名称及位置，单击【确定】按钮。

(3) 在视图或浏览器中选择草图平面创建基础特征。

(4) 进入造型环境，创建特征完成零件，单击鼠标右键，在弹出的快捷菜单中选择【完成编辑】命令，再次返回到装配环境中。

　当在位创建零部件时，可以执行以下操作步骤。

① 在某一部件基准平面上绘制草图。

② 在空白空间中单击，以将草图平面设定为当前照相机平面。

③ 将草图约束到现有零部件的面上。

④ 当一个零部件处于激活状态时，部件的其他部分将在浏览器和图形窗口中暗显示，一次只能激活一个零部件。

如果在位零部件的草图截面轮廓使用部件中其他零部件的投影回路，它将与投影零部件关联约束。

8.3.3　替换零部件

替换零部件的操作步骤如下。

(1) 单击【装配】选项卡【零部件】面板上的【替换】按钮，选择要进行替换的零部件。

(2) 打开【装入零部件】对话框，选择替换零部件，单击【打开】按钮，即可完成零部件的替换。

8.3.4　移动零部件

约束零部件时，可能需要暂时移动或旋转约束的零部件，以便更好地查看其他零部件或定位某个零部件以放置约束。

移动零部件的步骤如下。

(1) 单击【装配】选项卡【位置】面板上的【自由移动】按钮 。

(2) 在视图中选择零部件，并将其拖动到新位置，释放鼠标放置零部件。

(3) 确认放置位置后，单击鼠标右键，在弹出的快捷菜单中选择【确定】命令，如图 8-5 所示，完成零部件的移动。

图 8-5　移动零部件

以下准则适用于所移动的零部件。

① 没有关系的零部件仍保留在新位置，直到将其约束或连接到另一个零部件。

② 打开自由度的零部件将调整位置以满足关系。

③ 当更新部件时，零部件将被捕捉返回由其与其他零部件之间的关系所定义的位置。

8.3.5　旋转零部件

旋转零部件的方法如下。

单击【装配】选项卡【位置】面板上的【自由旋转】按钮 ，在视图中选择要旋转的零部件。

显示三维旋转符号，如图 8-6 所示。

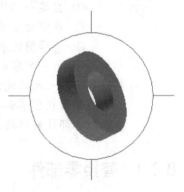

(1) 要进行自由旋转，可在三维旋转符号内单击鼠标，并拖动到要查看的方向。

(2) 要围绕水平轴旋转，可以单击三维旋转符号的顶部或底部控制点并竖直拖动。

图 8-6　旋转零部件

(3) 要围绕竖直轴旋转，可以单击三维旋转符号的左边或右边控制点并水平拖动。

(4) 要平行于屏幕旋转，可以在三维旋转符号的边缘上移动，直到符号变为圆，然后单击边框并沿环形方向拖动。

(5) 要改变旋转中心，可以在边缘内部或外部单击鼠标以设置新的旋转中心。

最后拖动零部件到适当位置，释放鼠标，在旋转位置放置零部件。

8.4 约束零部件

本节主要学习如何正确地使用装配约束来装配零部件。除了添加装配约束以组合零部件以外，Inventor 还可以添加运动约束以驱动部件的转动部分转动，方便进行部件运动的动态观察，甚至可以录制部件运动的动画视频文件；还可以添加过渡约束，使得零部件之间的某些曲面始终保持一定的关系。

在部件文件中装入或创建零部件后，可以使用装配约束建立部件中的零部件的运动方向并模拟零部件之间的机械关系。例如，可以使两个平面配合，将两个零件上的圆柱特征指定为保持同心关系，或约束一个零部件上的球面，使其与另一个零部件上的平面保持相切关系。装配约束决定了部件中的零部件如何配合在一起。应用了约束，就删除了自由度，限制了零部件移动的方式。

装配约束不仅是将零部件组合在一起，正确应用装配约束还可以为 Inventor 提供执行干涉检查、冲突和接触动态分析以及质量特性计算所需的信息。当正确应用约束时，可以驱动基本约束的值并查看部件中零部件的移动。

8.4.1 部件约束

部件约束包括配合约束、角度约束、相切约束、插入约束和对称约束。

1. 配合约束

配合约束将零部件面对面放置或使这些零部件表面齐平相邻，该约束将删除平面之间的一个线性平移自由度和两个角度旋转自由度。

通过配合约束装配零部件的方法如下。

- 单击【装配】选项卡【关系】面板上的【约束】按钮 ，打开【放置约束】对话框，单击【配合】按钮 ，如图 8-7 所示。
- 在视图中选择要配合的两个平面、轴线或者曲面等。
- 在【放置约束】对话框中选择求解方法，并设置偏移量，单击【确定】按钮，完成配合约束，结果如图 8-8 所示。

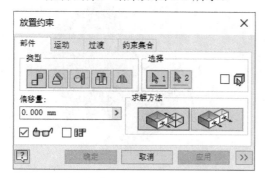

图 8-7 【放置约束】对话框

图 8-8 配合约束

配合约束能产生的约束结果如下。

- 对于两个平面：选定两个零件上的平面(特征上的平面、工作平面、坐标面)，两面朝向可以相反或相同，相同时也称为"齐平"；可以零间距，也可以有间隙。
- 对于平面和线：选定一个零件上的平面和另一个零件上的直线(棱边、未退化的草图直线、工作轴、坐标轴)，将线约束为面的平行线，也可以有距离。
- 对于平面和点：选定一个零件上的平面和另一个零件上的点(工作点)，将点约束在面上，也可以有距离。
- 对于线和线：选定两个零件上的线(棱边、未退化的草图直线、工作轴、坐标轴)，将两线约束为平行，也可以有距离。
- 对于点和点：选定两个零件上的点(工作点)后，可约束为重合或具有一定距离。

【放置约束】对话框中的一些选项说明如下。

- 【配合】：选定面彼此垂直放置且面发生重合。
- 【表面齐平】：用来对齐相邻的零部件，可以通过选中的面、线或点来对齐零部件，使其表面法线指向相同方向。
- 【先单击零件】复选框：选中此复选框，将可选几何图元限制为单一零部件。这个功能适合在零部件处于非常接近或部分相互遮挡时使用。
- 【偏移量】：用来指定零部件相互之间偏移的距离。
- 【显示预览】复选框：选中此复选框，预览装配后的图形。
- 【预计偏移量和方向】：装配时由系统自动预测合适的装配偏移量和偏移方向。

2. 角度约束

对准角度约束可以使零部件上平面或者边线按照一定的角度放置，该约束删除平面之间的一个旋转自由度或两个角度旋转自由度。

通过角度约束装配零部件的步骤如下。

- 单击【装配】选项卡【关系】面板上的【约束】按钮，打开【放置约束】对话框，单击【角度】按钮，如图 8-9 所示。
- 在【放置约束】对话框中选择求解方法，并在视图中选择两个平面。
- 输入角度值，单击【确定】按钮，完成角度约束，如图 8-10 所示。

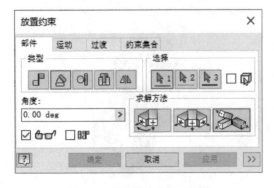

图 8-9 【放置约束】对话框

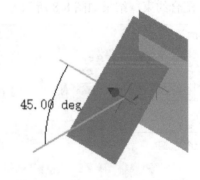

图 8-10 角度约束

角度约束能产生的约束结果如下。

- 对于两个平面：选定两个零件上的平面(特征上的平面、工作平面、坐标面)，将两面约束为一定角度。当夹角为 0° 时，成为平行面。
- 对于平面和线：选定一个零件上的平面和另一个零件上的直线(棱边、未退化的草图直线、工作轴、坐标轴)，使平面法线与直线产生夹角，将线约束为与面形成特定角度，当夹角为 0° 时，成为垂直线。
- 对于线和线：选定两个零件上的线(棱边、未退化的草图直线、工作轴、坐标轴)，将两线约束形成特定角度，当夹角为 0° 时，成为平行线。

【放置约束】对话框中的一些选项说明如下。

- 【定向角度】 ：它始终应用右手规则，也就是说右手除拇指外的四指指向旋转的方向，拇指指向为旋转轴的正向。当设定了一个对准角度之后，需要对准角度的零件总是沿一个方向旋转，即旋转轴的正向。
- 【非定向角度】 ：默认的方式，在该方式下可以选择任意一种旋转方式。如果求解出的位置近似于上次计算出的位置，则自动应用左手定则。
- 【明显参考矢量】 ：通过向选择过程添加第三次选择，来显示定义 Z 轴矢量(叉积)的方向。约束驱动或拖动时，减小角度约束的角度以切换至替换方式。
- 【角度】：应用约束的线、面之间角度的大小。

3. 相切约束

相切约束定位面、平面、圆柱面、球面、圆锥面和规则的样条曲线在相切点处相切。相切约束将删除线性平移的一个自由度；或在圆柱和平面之间，删除一个线性自由度和一个旋转自由度。

通过相切约束装配零部件的步骤如下。

- 单击【装配】选项卡【关系】面板上的【约束】按钮 ，打开【放置约束】对话框，单击【相切】按钮 ，如图 8-11 所示。
- 在【放置约束】对话框中选择求解方法，在视图中选择两个面。
- 设置偏移量，单击【确定】按钮，完成相切约束，结果如图 8-12 所示。

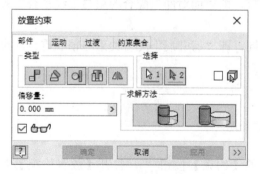

图 8-11 【放置约束】对话框

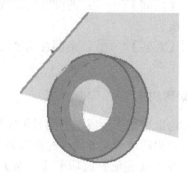

图 8-12 相切约束

相切约束能产生的约束结果如下。

选定两个零件上的面，其中一个可以是平面(特征上的平面、工作平面、坐标面)，而另一个是曲面(柱面、球面和锥面)或者都是曲面(柱面、球面和锥面)。将两面约束为相切,可以输入偏移量,以便让二者在法向上有距离,相当于在两者之间增加一层有厚度的虚拟实体。

【放置约束】对话框中的一些选项说明如下。

- 【内部】 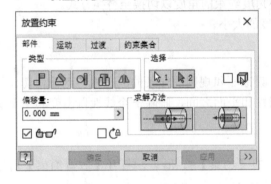:在第二个选中零件内部的切点处,放置第一个选中零件。
- 【外部】 :在第二个选中零件外部的切点处,放置第一个选中零件。默认方式为外部。

4. 插入约束

插入约束是平面之间的面对面配合约束,或者两个零部件的轴之间配合约束的组合,它将配合约束放置于所选面之间,同时将圆柱体沿轴向同轴放置。插入约束保留了旋转自由度,平动自由度将被删除。

通过插入约束装配零部件的步骤如下。

- 单击【装配】选项卡【关系】面板上的【约束】按钮 ,打开【放置约束】对话框,单击【插入】按钮 ,如图 8-13 所示。
- 在【放置约束】对话框中选择求解方法,在视图中选择圆形边线。
- 设置偏移量,单击【确定】按钮,完成插入约束,结果如图 8-14 所示。

图 8-13　【放置约束】对话框

图 8-14　插入约束

【放置约束】对话框中的一些选项说明如下。

- 【反向】 :两圆柱的轴线方向相反,即"面对面"配合约束与轴线重合约束的组合。
- 【对齐】 :两圆柱的轴线方向相同,即"肩并肩"配合约束与轴线重合约束的组合。

5. 对称约束

对称约束根据平面或平整面对称地放置两个对象。

通过对称约束装配零部件的步骤如下。

- 单击【装配】选项卡【关系】面板上的【约束】按钮 ,打开【放置约束】对话框,单击【对称】按钮 ,如图 8-15 所示。
- 在视图中选择零件 1 和零件 2 的两个面。
- 在绘图区或者浏览器模型树中,选择两个面的中心面。

● 单击【确定】按钮完成对称约束的创建，如图 8-16 所示。

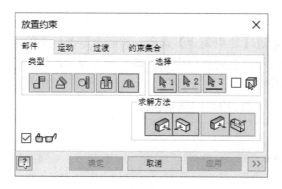

图 8-15 【放置约束】对话框

图 8-16 对称约束

8.4.2 运动约束

运动约束主要用来表达两个对象之间的相对运动关系，因此不要求两者有具体的几何表达，如接触等。【运动】选项卡如图 8-17 所示，用常用的相对运动来表达设计意图非常方便。

【运动】选项卡中的选项说明如下。

(1) 【转动】 ：表达两者相对转动的运动关系，如常见的齿轮副。

(2) 【转动-平动】 ：相对运动的一方是转动，另一方是平动，如常见的齿轮齿条的运动关系。

(3) 【求解方法】：两者相对转动的方向可以相同，如一副带轮；也可相反，如典型的齿轮副。

(4) 【传动比】：用于模拟两个对象之间不同转速的情况。

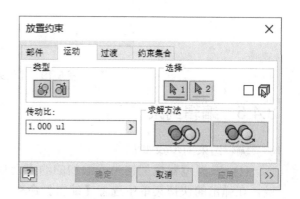

图 8-17 【运动】选项卡

8.4.3 过渡约束

过渡约束用来表达诸如凸轮和从动件这种类型的装配关系，是一种面贴合的配合，即在行程内，两个约束的面始终保持贴合。【过渡】选项卡如图 8-18 所示。

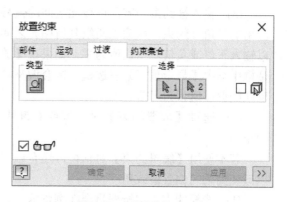

图 8-18 【过渡】选项卡

过渡约束指定了圆柱形零件面和另一个零件的一系列邻近面之间的预定关系。例如，插槽中的凸轮。当零部件沿着开放的插槽滑动时，过渡约束会保持面与面之间的接触。

8.4.4　约束集合

因为 Inventor 支持用户坐标系(UCS)，可通过【约束集合】选项卡将两个零部件上的用户坐标系完全重合来实现快速定位，如图 8-19 所示。因为两个坐标系是完全重合的，所以一旦添加此约束，两个部件就已实现完全的相对定位。

另外，约束集合仅支持两个 UCS 的重合，不支持约束的偏移(量)。

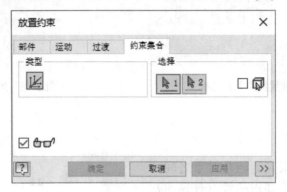

图 8-19　【约束集合】选项卡

8.4.5　编辑约束

编辑约束的步骤如下。

(1)　在浏览器模型树中已添加的约束上单击鼠标右键，在弹出的快捷菜单中选择【编辑】命令，如图 8-20 所示。

(2)　打开【编辑约束】对话框，在该对话框中指定新的约束类型(配合、角度、相切或插入)。

(3)　输入被约束的零部件彼此之间的偏移距离。如果应用的是角度约束，可输入两组几何图元之间的角度。可以输入正值或负值，默认值为零。如果在【放置约束】对话框中选中【显示预览】复选框，则会调整零部件的位置以匹配偏移值或角度值。

(4)　通过【放置约束】对话框或右键快捷菜单应用约束。

若不使用【编辑约束】对话框，还有以下两种方法可以改变约束的偏置值或角度。

(1)　选择约束，编辑框将会在浏览器下方出现。输入新的偏置值或者角度，然后按 Enter 键。

(2)　在浏览器中双击约束，在弹出的【编辑尺寸】对话框中输入新的偏移量值或者角度。

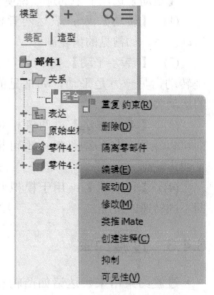

图 8-20　选择【编辑】命令

8.5　复制零部件

在特征环境下可以阵列和镜像特征，在部件环境下也可以阵列和镜像零部件。通过阵列、镜像和复制零部件，可以减少不必要的重复设计的工作量，提高工作效率。

8.5.1　复制

复制零部件的步骤如下。

（1）单击【装配】选项卡【阵列】面板中的【复制零部件】按钮，打开【复制零部件：状态】对话框，如图 8-21 所示。

（2）在视图中选择要复制的零部件，所选择的零部件将在【复制零部件：状态】对话框的浏览器中列出。

（3）在【复制零部件：状态】对话框的顶端选择状态按钮，更改选定零部件的状态，单击【下一步】按钮。

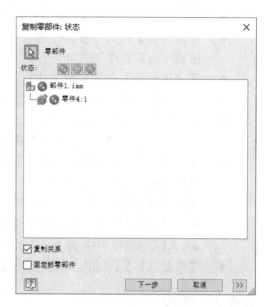

图 8-21　【复制零部件：状态】对话框

（4）打开【复制零部件：文件名】对话框，如图 8-22 所示。检查复制的文件并根据需要进行修改，如修改名称和文件位置，单击【确定】按钮，完成零部件的复制。

图 8-22　【复制零部件：文件名】对话框

图 8-21 和图 8-22 所示对话框中的选项说明如下。

1）【复制零部件：状态】对话框

【零部件】：选择零部件，复制所有子零部件。如果父零部件的复制状态更改，所有子零部件也将自动重新设置为相同状态。

【状态】选项包含以下几项。

● 【复制选定的对象】：创建零部件的副本。复制的每个零部件都保存在一个与源文件不关联的新文件中。

- 【重用选定的对象】⊕：创建零部件的引用。
- 【排除选定的对象】◎：从复制操作中排除零部件。

2) 【复制零部件：文件名】对话框

- 【名称】：列出通过复制操作创建的所有零部件，重复的零部件只显示一次。
- 【新名称】：列出新文件的名称。单击名称可以进行编辑，如果名称已经存在，将按顺序为新文件名添加一个数字，直到定义一个唯一的名称。
- 【文件位置】：指定新文件的保存位置。默认的保存位置是源路径，意味着新文件与原始零部件保存在相同的位置。
- 【状态】：表明新文件名是否有效。自动创建的名称显示白色背景，手动重命名的文件显示黄色背景，冲突的名称显示红色背景。
- 【命名方案】：使用指定的前缀或后缀重命名列表中选定零部件的名称。复制零部件默认的后缀为"_CPY"。
- 【零部件目标】：指定复制的零部件的目标。
  - ◆ 【插入到部件中】：默认选项，将所有新部件作为同级对象放到顶级部件中。
  - ◆ 【在新窗口中打开】：在新窗口中打开包含所有复制的零部件的新部件。
- 【重新选择】：返回到【复制零部件：状态】对话框中重新选择零部件。

8.5.2　镜像

镜像零部件可以帮助设计人员提高对称零部件的设计与装配效率。

镜像零部件的步骤如下。

(1) 单击【装配】选项卡【阵列】面板中的【镜像】按钮，打开【镜像零部件：状态】对话框，如图 8-23 所示。

(2) 在视图中选择要镜像的零部件，选择的零部件在【镜像零部件：状态】对话框的浏览器中列出。

(3) 在【镜像零部件：状态】对话框中更改选定零部件的状态，然后选择镜像平面，单击【下一步】按钮。

(4) 打开【镜像零部件：文件名】对话框，如图 8-24 所示。检查镜像的文件并根据需要进行修改，如修改名称和文件位置，单击【确定】按钮，完成零部件的镜像。

【镜像零部件：状态】对话框中的选项说明如下。

- 【镜像选定的对象】⊕：表示在

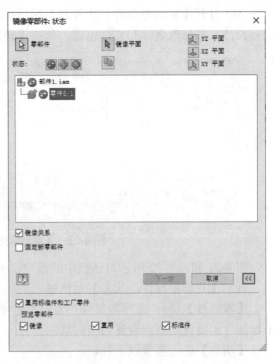

图 8-23　【镜像零部件：状态】对话框

新部件文件中创建镜像的引用，和原始零部件关于镜像平面对称。

- 【重用选定的对象】：表示在当前或新部件文件中，创建重复使用的新引用，引用将围绕最靠近镜像平面的轴旋转，并相对于镜像平面放置在相对的位置。

- 【排除选定的对象】：表示子部件或零件不包含在镜像操作中。

图 8-24　【镜像零部件：文件名】对话框

对零部件进行镜像复制需要注意以下事项。

(1) 镜像产生的零部件与原始零部件间保持关联关系，若对源零部件进行编辑，由原始零部件镜像产生的零部件也会随之发生变化。

(2) 装配特征(包含工作平面)不会从原始部件复制到镜像的部件中。

(3) 焊接不会从原始部件复制到镜像的部件中。

(4) 零部件阵列中包含的特征将作为单个元素(而不是作为阵列)被复制。

(5) 镜像的部件使用与原始部件相同的设计视图。

(6) 仅当镜像或重复使用约束关系中的两个引用时，才会保留约束关系，如果仅镜像其中一个引用，则不会保留约束关系。

(7) 镜像部件维持零件或子部件中工作平面间的约束：如果有必要，则必须重新创建零件和子部件间的工作平面以及部件的基准工作平面。

8.5.3　阵列

Inventor 可以在部件中将零部件进行矩形或环形阵列。使用零部件阵列工具可以提高生产效率，并且可以更有效地实现用户的设计意图。例如，用户可能需要放置多个螺栓以便将一个零部件固定到另一个零部件上，或者将多个零件或子部件装入一个复杂的部件中。

1) 关联阵列

关联阵列是以零部件上已有的阵列特征作为参照进行的阵列操作。关联阵列零部件的步骤如下。

(1) 单击【装配】选项卡【阵列】面板中的【阵列】按钮，打开【阵列零部件】对话框，切换到【关联】选项卡，如图 8-25 所示。

(2) 在视图中选择要阵列的零部件，选择阵列方向。

(3) 在【阵列零部件】对话框中单击【确定】按钮。

- 【零部件】：选择需要被阵列的零部件，可选择一个或多个零部件进行阵列。

● 【特征阵列选择】：选择零部件上已有的特征作为阵列的参照。

2）矩形阵列

矩形阵列零部件的步骤如下。

（1）单击【装配】选项卡【阵列】面板中的【阵列】按钮，打开【阵列零部件】对话框，切换到【矩形】选项卡，如图 8-26 所示。

图 8-25 【关联】选项卡

图 8-26 【矩形】选项卡

（2）在视图中选择要阵列的零部件，选择阵列方向。

（3）在【阵列零部件】对话框中设置行和列的个数和间距，单击【确定】按钮。

3）环形阵列

环形阵列零部件的步骤如下。

（1）单击【装配】选项卡【阵列】面板中的【阵列】按钮，打开【阵列零部件】对话框，切换到【环形】选项卡，如图 8-27 所示。

（2）在视图中选择要阵列的零部件，选择轴和旋转方向。

（3）在【阵列零部件】对话框中设置阵列的个数和角度间距，单击【确定】按钮。

图 8-27 【环形】选项卡

提示   阵列后生成的零部件与源零部件相互关联，并继承了源零部件的装配约束关系，也就是说对阵列零部件当中的任意一个进行修改，其结果都会影响到其他零部件。

8.6 装配分析检查

在 Inventor 中，可以利用其提供的工具方便地观察和分析零部件，例如，创建各个方向的剖视图以观察部件的装配是否合理；可以分析零件的装配干涉以修正错误的装配关系；可以更加直观地观察部件的装配是否达到预定的要求等。本节分别讲述如何实现上述功能。

8.6.1 部件剖视图

部件剖视图可以帮助用户更加清楚地了解部件的装配关系，因为在剖切视图中，腔体内部或被其他零部件遮挡的部件部分完全可见。在剖切部件时，仍然可以使用零件和部件工具在部件环境中创建或修改零件。

1. 半剖视图

创建半剖视图的步骤如下。

(1) 单击【视图】选项卡【可见性】面板上的【半剖视图】按钮。

(2) 在视图或浏览器中选择作为剖切的平面。

(3) 在小工具栏中输入偏移距离，单击【确定】按钮，完成半剖视图的创建，如图 8-28 所示。

2. 1/4 或 3/4 剖视图

创建 1/4 或 3/4 剖视图的步骤如下。

(1) 单击【视图】选项卡【可见性】面板上的【1/4 剖视图】按钮或者【3/4 剖视图】按钮。

(2) 在视图或浏览器中选择作为第一个剖切平面，并输入偏移距离，如图 8-29 所示。

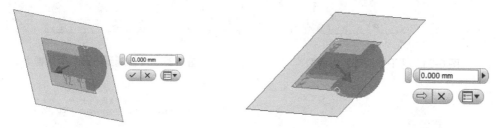

图 8-28　半剖视图　　　　　　　　　　图 8-29　第一次剖切

(3) 单击【继续】按钮，在视图或浏览器中选择第二个剖切平面，并输入偏移距离。

(4) 单击【确定】按钮，完成剖视图的创建，如图 8-30 所示。

图 8-30　第二次剖切

8.6.2 干涉分析

在部件中，如果两个零件同时占据了相同的空间，则称部件发生了干涉。Inventor 的装配功能本身不提供智能检测干涉的功能，也就是说如果装配关系使得某个零部件发生了干涉，那么也会按照约束照常装配，不会提示用户或者自动更改。所以，Inventor 在装配之外提供了干涉检查的工具，利用这个工具可以很方便地检查到两组零部件之间以及一组零部件内部的干涉部分，并且将干涉部分暂时显示为红色实体，以方便用户观察。同时还会给出干涉报告，列出干涉的零件或者子部件，显示干涉信息，如干涉部分的质心坐标或干涉的体积等。

干涉检查的步骤如下。

(1) 单击【检验】选项卡【干涉】面板上的【干涉检查】按钮■，打开【干涉检查】对话框，如图 8-31 所示。

(2) 在视图中选择定义为选择集 1 的零部件，单击【定义选择集 2】按钮，在视图中选择定义为选择集 2 的零部件。

(3) 单击【确定】按钮，若零部件之间有干涉，将打开如图 8-32 所示的【检测到干涉】对话框，零部件中的干涉部分会高亮显示，如图 8-33 所示。

(4) 调整视图中零部件的位置，重复步骤(1)～(3)，直到打开的提示对话框显示"没有检测到干涉"信息，如图 8-34 所示。

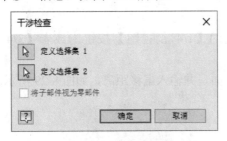

图 8-31　【干涉检查】对话框

图 8-32　【检测到干涉】对话框

图 8-33　装配件干涉

图 8-34　提示对话框

8.7　设计实战范例

本范例完成文件：/8/8-1.ipt、8-2.ipt、8-3.ipt、8-4.iam

案例分析

本节的范例是创建一个密封罐装配模型。依次创建密封罐装配的 3 个零件，之后创建装配模型，放置零件并进行约束，约束使用的是插入约束，最后进行零件的镜像，复制零件。

案例操作

step 01 创建草图

单击【三维模型】选项卡【草图】面板中的【开始创建二维草图】按钮。

① 选择 XZ 平面绘制二维图形。

② 绘制直径为 50 的圆形，如图 8-35 所示。

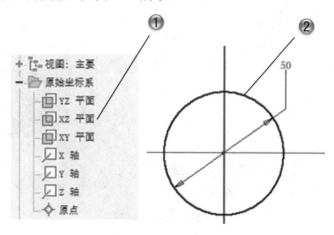

图 8-35　绘制圆形草图

step 02 创建拉伸特征

单击【三维模型】选项卡【创建】面板中的【拉伸】按钮。

① 创建拉伸特征，设置【距离】为 20。

② 单击【特性】面板中的【确定】按钮，如图 8-36 所示。

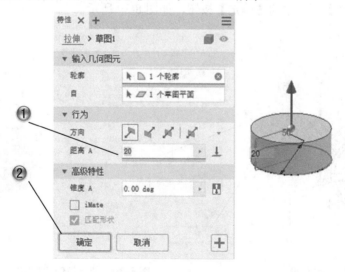

图 8-36　创建拉伸特征

step 03 创建圆角特征

单击【三维模型】选项卡【修改】面板中的【圆角】按钮。

① 创建圆角特征，设置【半径】为 2。

② 在绘图区中，选择圆角边。

③ 单击【圆角】对话框中的【确定】按钮，如图 8-37 所示。

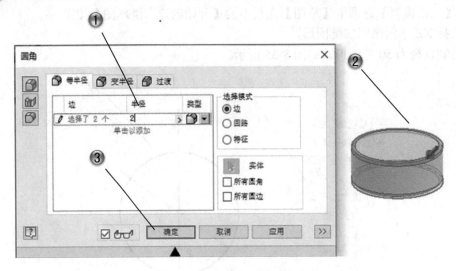

图 8-37　创建圆角特征

step 04　绘制同心圆

① 选择模型平面绘制二维图形。

② 绘制直径为 32 和 36 的同心圆形，如图 8-38 所示。

step 05　创建拉伸切除特征

① 创建拉伸切除特征，设置【距离】为2。

② 单击【特性】面板中的【确定】按钮，如图 8-39 所示。

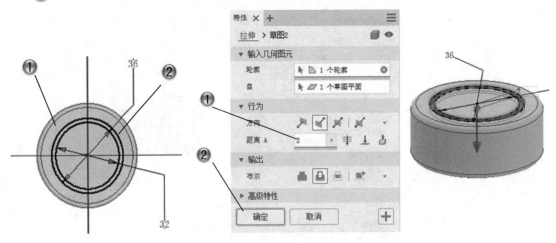

图 8-38　绘制同心圆　　　　　　　　　　　图 8-39　创建拉伸切除特征

step 06　绘制圆形草图

① 选择模型平面绘制二维图形。

② 绘制直径为 5 的圆形，如图 8-40 所示。

step 07　创建拉伸切除特征

① 创建拉伸切除特征，设置【距离】为 10。

② 单击【特性】面板中的【确定】按钮，如图 8-41 所示。

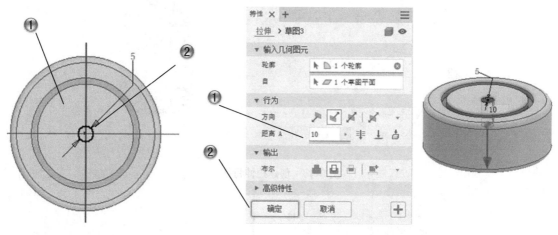

图 8-40　绘制圆形草图　　　　　　　　　　图 8-41　创建拉伸切除特征

step 08　绘制圆形草图

① 选择 XZ 平面绘制二维图形。

② 绘制直径为 32 和 36 的同心圆形，如图 8-42 所示。

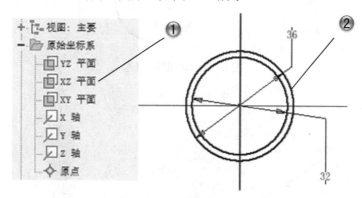

图 8-42　绘制圆形草图

step 09　创建拉伸特征

① 创建拉伸特征，设置【距离】为 50。

② 单击【特性】面板中的【确定】按钮，如图 8-43 所示。

step 10　绘制圆形草图

① 选择 XZ 平面绘制二维图形。

② 绘制直径为 5 的圆形，如图 8-44 所示。

step 11　创建拉伸特征

① 创建拉伸特征，设置【距离】为 20。

② 单击【特性】面板中的【确定】按钮，如图 8-45 所示。

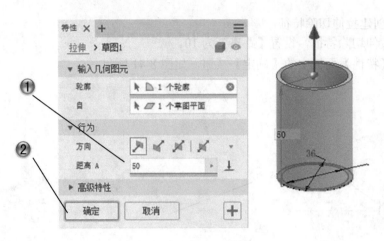

图 8-43　创建拉伸特征

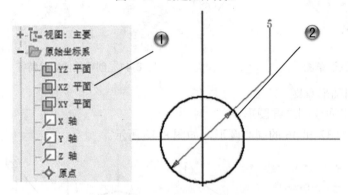

图 8-44　绘制圆形草图

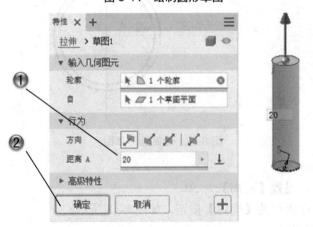

图 8-45　创建拉伸特征

step 12　绘制圆形草图

① 选择模型平面绘制二维图形。

② 绘制直径为 32 的圆形，如图 8-46 所示。

step 13　创建拉伸特征

①创建拉伸特征，设置【距离】为 5。

②单击【特性】面板中的【确定】按钮，如图 8-47 所示。

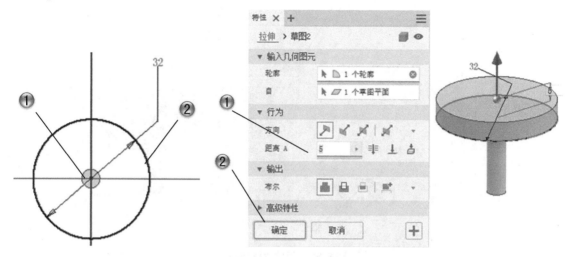

图 8-46　绘制圆形草图　　　　　　　　　　图 8-47　创建拉伸特征

step 14　绘制圆形草图

①选择模型平面绘制二维图形。

②绘制直径为 26 的圆形，如图 8-48 所示。

step 15　创建拉伸特征

①创建拉伸特征，设置【距离】为 14。

②单击【特性】面板中的【确定】按钮，如图 8-49 所示。

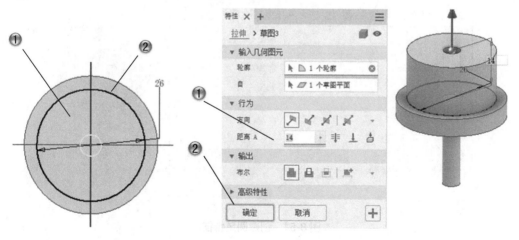

图 8-48　绘制圆形草图　　　　　　　　　　图 8-49　创建拉伸特征

step 16　创建拔模特征

单击【三维模型】选项卡【修改】面板中的【拔模】按钮 。

①创建拔模特征，设置【拔模斜度】为 20°。

② 在绘图区中，选择拔模面和固定面。

③ 单击【面拔模】对话框中的【确定】按钮，如图 8-50 所示。

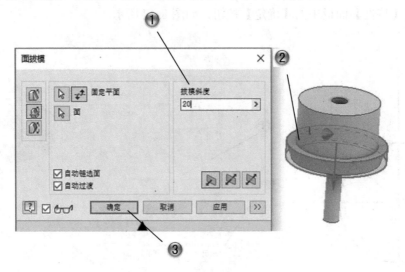

图 8-50　创建拔模特征

step 17　创建圆角特征

① 创建圆角特征，设置【半径】为 2。

② 在绘图区中，选择圆角边。

③ 单击【圆角】对话框中的【确定】按钮，如图 8-51 所示。

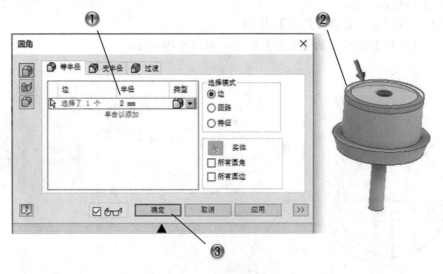

图 8-51　创建圆角特征

step 18　插入零部件 1

① 单击【装配】选项卡【零部件】面板上的【放置】按钮📂，弹出【装入零部件】对话框。

② 选择插入的零部件。

③单击【打开】按钮，如图 8-52 所示。

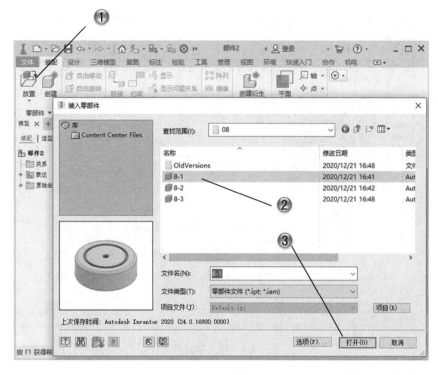

图 8-52 插入零部件 1

step 19 放置零部件 1

在绘图区中，单击放置零部件，并按 Esc 键退出，如图 8-53 所示。

图 8-53 放置零部件 1

step 20 插入零部件 3

①单击【装配】选项卡【零部件】面板上的【放置】按钮![图标]，弹出【装入零部件】对话框。

②选择插入的零部件。

③单击【打开】按钮，如图 8-54 所示。

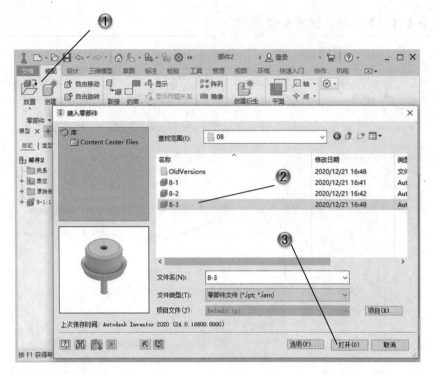

图 8-54　插入零部件 3

step 21 放置零部件 3

在绘图区中，单击放置零部件，并按 Esc 键退出，如图 8-55 所示。

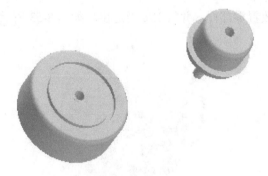

图 8-55　放置零部件 3

step 22 添加插入约束

①打开【放置约束】对话框，单击【插入】按钮 ⤵。

②在绘图区中，选择零部件对应的边线。

③单击【放置约束】对话框中的【确定】按钮，如图 8-56 所示。

step 23 插入零部件 2

①单击【装配】选项卡【零部件】面板上的【放置】按钮 ⤵，弹出【装入零部件】对话框。

②选择插入的零部件。

③ 单击【打开】按钮，如图 8-57 所示。

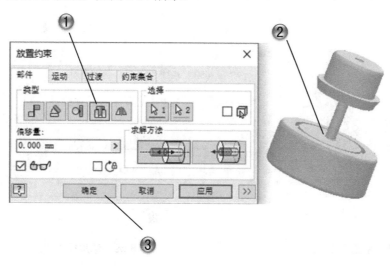

图 8-56 添加插入约束

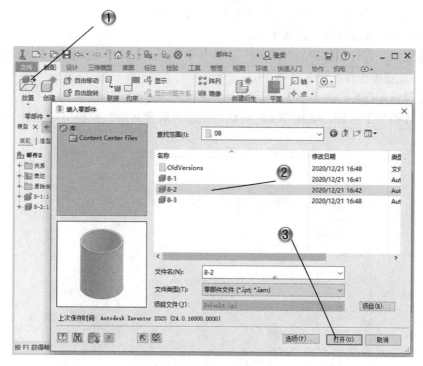

图 8-57 插入零部件 2

step 24 放置零部件 2

在绘图区中，单击放置零部件，并按 Esc 键退出，如图 8-58 所示。

step 25 添加插入约束

①打开【放置约束】对话框，单击【插入】按钮 🔟 。

②在绘图区中，选择零部件对应的边线。

③单击【放置约束】对话框中的【确定】按钮，如图 8-59 所示。

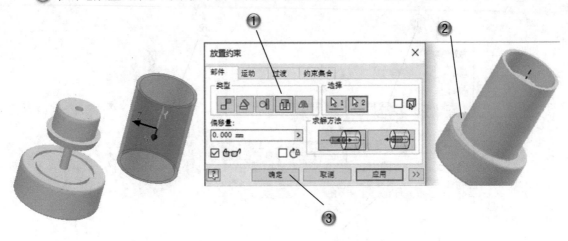

图 8-58　放置零部件 2　　　　　　　　　　　图 8-59　添加插入约束

step 26　镜像零部件

单击【装配】选项卡【阵列】面板中的【镜像】按钮。

①在绘图区选择零部件和镜像平面。

②在【镜像零部件：状态】对话框中，单击【下一步】按钮，如图 8-60 所示。

step 27　设置零部件文件名

①在【镜像零部件：文件名】对话框中，设置镜像零件的名称。

②单击【确定】按钮，如图 8-61 所示。至此完成密封罐装配模型的设计，最终结果如图 8-62 所示。

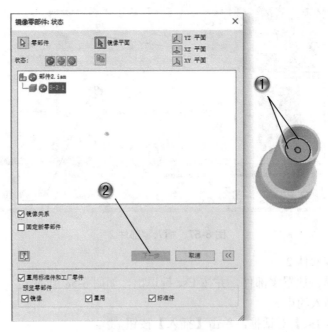

图 8-60　镜像零部件

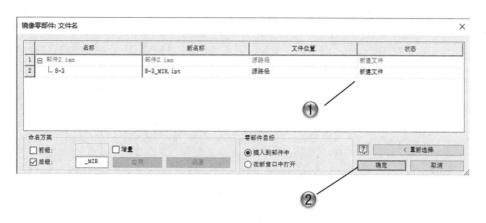

图 8-61　设置零部件文件名

图 8-62　密封罐装配模型

8.8　本章小结和练习

8.8.1　本章小结

　　本章主要介绍了 Inventor 的装配功能和操作命令，包括装配基础操作、装配约束和复制分析部件等。其中装配方法最常用的有从下向上装配设计和自上向下装配设计。同时本章内容结合装配范例进行介绍，希望大家能够认真学习掌握。

8.8.2　练习

　　使用本章学习的装配设计命令，创建扳手装配模型，如图 8-63 所示。

　　(1)　创建手柄零件。

　　(2)　创建滚轮部分。

　　(3)　创建滑动部分。

　　(4)　添加装配部件并约束。

图 8-63　扳手装配模型

第 9 章

设计加速器

设计加速器是在装配模式中运行的，可以用来对零部件进行设计和计算。它是 Inventor 功能设计中的一个重要组件，可以进行工程计算、设计使用标准零部件或创建基于标准的几何图元。有了这个功能工程师可以节省大量设计和计算的时间，这也是被称为设计加速器的原因。设计加速器包括紧固件生成器、动力传动生成器和机械计算器等。

9.1 紧固件生成器

紧固件包括螺栓联接和各种销联接，可以通过输入简单或详细的机械属性，来自动创建符合机械原理的零部件。例如，使用螺栓联接生成器插入一个螺栓联接，通过选择零件插入螺栓联接，即可将零部件装配在一起。

9.1.1 螺栓联接

使用螺栓联接零部件生成器，可以设计和检查承受轴向力、切向力载荷的预应力螺栓联接。在指定要求的工作载荷后选择适当的螺栓联接，进行强度计算完成螺栓联接校核(例如，连接紧固和操作过程中，螺纹的压力和螺栓应力)。

插入螺栓联接的操作步骤如下。

(1) 单击【设计】选项卡【紧固】面板中的【螺栓联接】按钮，打开【螺栓联接零部件生成器】对话框，如图 9-1 所示。

图 9-1　【螺栓联接零部件生成器】对话框

　　　　若要使用螺栓联接生成器插入螺栓联接，部件必须至少包含一个零部件，这是放置螺栓联接必需的条件。

(2) 在【类型】选项组中，选择螺栓联接的类型(如果部件仅包含一个零部件，则选择"贯通"联接类型)。

(3) 从【放置】下拉列表框中选择放置类型。

- 【线性】：通过选择两条线性边来指定放置。
- 【同心】：通过选择环形边来指定放置。
- 【参考点】：通过选择一个点来指定放置。
- 【随孔】：通过选择孔来指定放置。

(4) 指定螺栓联接的位置。根据选择的放置类型，系统会提示指定起始平面、边、点、孔和终止平面。显示的选项取决于所选的放置类型。

(5) 指定螺栓联接的放置方式，以选择用于螺栓联接的紧固件。螺栓联接生成器根据在【设计】选项卡左侧指定的放置方式，过滤紧固件选择。当未确定放置方式时，【设计】选项卡右侧的紧固件选项不会启用。

(6) 将螺栓联接插入包含两个或多个零部件的部件中，在【螺纹】选项组的【螺纹】下拉列表框中指定螺纹类型，然后选择直径尺寸。

(7) 选择【单击以添加紧固件】选项以联接到可从中选择零部件的资源中心，选择紧固件。单击【确定】按钮后生成螺栓联接。

9.1.2 带孔销

【带孔销】命令可以计算、设计和校核带孔销强度、最小直径和零件材料的带孔销联接。带孔销用于机器零件的可分离、旋转联接。通常这些联接仅传递垂直作用于带孔销轴上的横向力。带孔销通常为间隙配合以构成耦合联接。H11/h11、H10/h8、H8/h8、D11/h11、D9/h8 是最常用的配合方式。带孔销的联接应通过开口销、软制安全环、螺母、调整环等来确保无轴向运动。标准化的带孔销可以加工头也可以不加工头，无论哪种情况，都应为开口销提供孔。

插入整个带孔销联接的操作步骤如下。

(1) 单击【设计】选项卡【紧固】面板中的【带孔销】按钮，打开【带孔销零部件生成器】对话框，如图 9-2 所示。

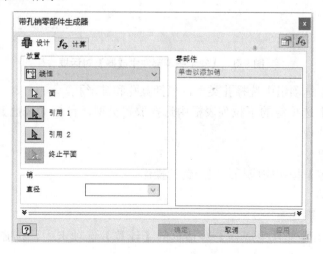

图 9-2　【带孔销零部件生成器】对话框

(2) 从【放置】选项组的下拉列表框中选择放置类型，放置方式与螺栓联接方式相同。

● 指定销直径。

● 用生成器设计孔，或者添加孔，或删除所有内容。

(3) 选择【单击以添加销】选项以联接到可从中选择零部件的资源中心，选择带孔销类型。

(4) 单击【确定】按钮完成插入带孔销的操作。

 必须联接到资源中心服务器。并且必须在计算机上对资源中心进行配置，才能选择带孔销。

9.1.3 安全销

安全销用于使两个机械零件之间形成牢靠且可拆开的联接，确保零件的位置正确，消除横向滑动力。

1) 插入安全销联接

插入安全销联接的操作步骤如下。

(1) 单击【设计】选项卡【紧固】面板中的【安全销】按钮，打开【安全销零部件生成器】对话框，如图9-3所示。

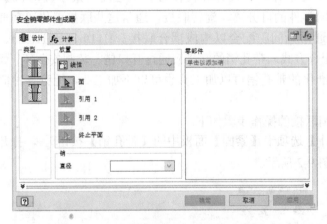

图9-3　【安全销零部件生成器】对话框

(2) 从【类型】选项组中选择孔类型，包括直孔和锥形孔。

(3) 从【放置】选项组的下拉列表框中选择放置类型，包括【线性】、【同心】、【参考点】和【随孔】选项。

(4) 输入销的直径。

(5) 单击【确定】按钮完成插入安全销的操作。

2) 计算安全销

计算安全销的步骤如下。

(1) 在【安全销零部件生成器】对话框的【计算】选项卡中，选择强度计算类型，如图9-4所示。

(2) 输入计算值。可以在对话框中直接更改值和单位。

(3) 单击【计算】按钮以执行计算。计算结果会显示在【结果】区域中。导致计算失败的输入将以红色显示(它们的值与插入的其他值或计算标准不符)。计算报告会显示在消息摘要区域中。

(4) 如果计算结果与设计相符，则单击【确定】按钮完成计算。

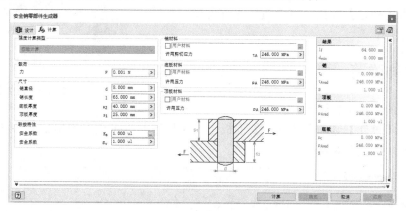

图 9-4　【计算】选项卡

9.2　弹 簧 设 计

本节讲解压缩弹簧、拉伸弹簧、碟形弹簧和扭簧的创建。

9.2.1　压缩弹簧

压缩弹簧零部件生成器用于计算具有弯曲修正的水平压缩。

(1) 单击【设计】选项卡【弹簧】面板上的【压缩】按钮，弹出如图 9-5 所示的【压缩弹簧零部件生成器】对话框。

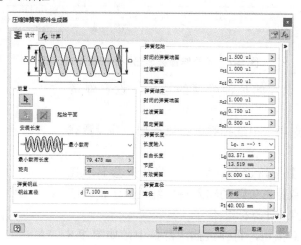

图 9-5　【压缩弹簧零部件生成器】对话框

(2) 选择轴和起始平面放置弹簧。

(3) 设置弹簧参数。

(4) 单击【计算】按钮进行计算，计算结果会显示在【结果】区域里，导致计算失败的输入将以红色显示，即它们的值与插入的其他值或计算标准不符。

(5) 单击【确定】按钮，将弹簧插入部件中，如图 9-6 所示。

图 9-6 压缩弹簧

9.2.2 拉伸弹簧

拉伸弹簧的创建步骤如下。

(1) 单击【设计】选项卡【弹簧】面板上的【拉伸】按钮，弹出如图 9-7 所示的【拉伸弹簧零部件生成器】对话框。

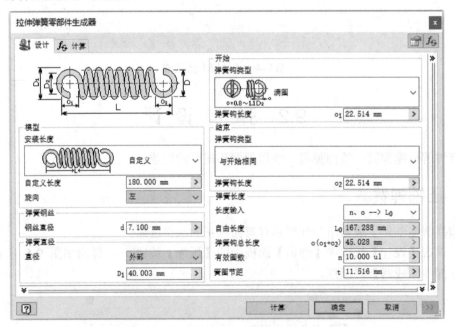

图 9-7 【拉伸弹簧零部件生成器】对话框

(2) 选择用于所设计的拉伸弹簧的选项，设置弹簧参数。

(3) 在【计算】选项卡中选择强度计算类型，并设置载荷与弹簧材料。

(4) 单击【计算】按钮进行计算，计算结果会显示在【结果】区域里，导致计算失败的输入将以红色显示，即它们的值与插入的其他值或计算标准不符。

(5) 单击【确定】按钮，将弹簧插入部件中，如图 9-8 所示。

图 9-8 拉伸弹簧

9.2.3 碟形弹簧

碟形弹簧可承载较大的载荷而只产生较小的变形。它们可以单独使用，也可以成组使用。组合弹簧具有以下装配方式：叠合组合(依次装配弹簧)、对合组合(反向装配弹簧)和复合组合(反向部件依次装配的组合弹簧)。

1. 插入独立弹簧

插入独立弹簧的操作步骤如下。

(1) 单击【设计】选项卡【弹簧】面板上的【碟形】按钮 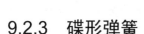，弹出如图 9-9 所示的【碟形弹簧生成器】对话框。

图 9-9 【碟形弹簧生成器】对话框

(2) 从【弹簧类型】下拉列表框中选择适当的标准弹簧类型。

(3) 从【单片弹簧尺寸】下拉列表框中选择弹簧尺寸。

(4) 选择轴和起始平面放置弹簧。

(5) 单击【确定】按钮，将弹簧插入部件中，如图 9-10 所示。

2. 插入组合弹簧

插入组合弹簧的操作步骤如下。

(1) 单击【设计】选项卡【弹簧】面板上的【碟形】按钮 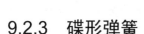，弹出如图 9-9 所示的【碟形弹簧生成器】对话框。

(2) 从【弹簧类型】下拉列表框中选择适当的标准弹簧类型。

(3) 从【单片弹簧尺寸】下拉列表框中选择弹簧尺寸。

(4) 选择轴和起始平面放置弹簧。

图 9-10 碟形弹簧

(5) 选中【组合弹簧】复选框，选择组合弹簧类型，然后输入对合弹簧数和叠合弹簧数。

(6) 单击【确定】按钮，将弹簧插入部件中。

9.2.4 扭簧

扭簧零部件生成器可用于计算、设计和校核由冷成型线材或由环形剖面的钢条制成的螺旋扭簧。

扭簧有以下四种基本弹簧状态。

- 自由：弹簧末加载(指数 0)。
- 预载：弹簧指数应用最小的工作扭矩(指数 1)。
- 完全加载：弹簧应用最大的工作扭矩(指数 8)。
- 限制：弹簧变形到实体长度(指数 9)。

扭簧的创建步骤如下。

(1) 单击【设计】选项卡【弹簧】面板上的【扭簧】按钮，弹出如图 9-11 所示的【扭簧零部件生成器】对话框。

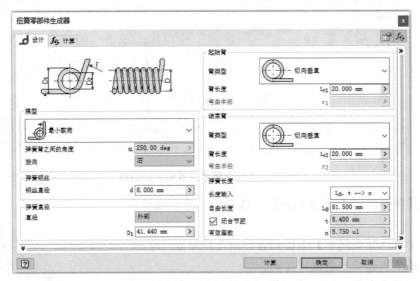

图 9-11 【扭簧零部件生成器】对话框

(2) 在【设计】选项卡中设置弹簧的钢丝直径、臂类型等参数。

(3) 在【计算】选项卡中设置载荷、弹簧材料等用于扭簧计算的参数。

(4) 单击【计算】按钮进行计算，计算结果会显示在【结果】区域里，导致计算失败的输入将以红色显示，即它们的值与插入的其他值或计算标准不符。

(5) 单击【确定】按钮，将弹簧插入部件中，如图 9-12 所示。

图 9-12 扭簧

9.3　动力传动生成器

利用动力传动生成器可以直接生成轴、圆柱齿轮、蜗轮、轴承、V 形带和凸轮等动力传动部件。本节主要介绍【动力传动】面板中的命令。

9.3.1　轴生成器

使用轴生成器可以直接设计轴的形状、进行计算校核以及在软件中生成轴的模型。创建轴需要由不同的特征(倒角、圆角、颈缩等)、截面类型和大小(圆柱、圆锥和多边形)装配而成。

使用轴生成器可执行以下操作。

- 设计和插入带有无限多个截面(圆柱、圆锥、多边形)和特征(圆角、倒角、螺纹等)的轴。
- 设计空心形状的轴。
- 将特征(倒角、圆角、螺纹)插入内孔。
- 分割轴圆柱并保留轴截面的长度。
- 将轴保存到模板库。
- 向轴设计添加无限多个载荷和支承。

1. 轴的创建

轴的创建步骤如下。

(1) 单击【设计】选项卡【动力传动】面板上的【轴】按钮，弹出【轴生成器】对话框，如图 9-13 所示。

图 9-13　【轴生成器】对话框

257

(2) 在【放置】选项组中，可以根据需要指定轴在部件中的放置方式。使用轴生成器设计轴时不需要放置。

(3) 在【截面】选项组中，使用下拉列表框设计轴的形状。根据选择，在【截面】选项组工具栏中将显示相应的命令，选择命令(【圆锥体】、【圆柱体】、【多边形】等)，可以插入轴截面。选定的截面将显示在下方。

(4) 可以从【截面】选项组工具栏中单击【选项】按钮，以设定三维图形预览和二维预览的选项。

(5) 单击【确定】按钮，将轴插入部件中，如图 9-14 所示。

2. 空心轴的创建

空心轴的创建步骤如下。

(1) 单击【设计】选项卡【动力传动】面板上的【轴】按钮，弹出【轴生成器】对话框。

(2) 在【放置】选项组中，指定轴在部件中的放置方式。使用轴生成器设计轴时不需要放置。

(3) 在【截面】选项组的下拉列表中选择【右侧的内孔】或者【左侧的内孔】。【截面】选项组工具栏上将显示【插入圆柱内孔】和【插入圆锥内孔】。单击可以插入适当形状的空心轴。

(4) 在树控件中选择内孔，然后单击【更多】按钮编辑尺寸，或在树控件中选择内孔，然后单击【删除】按钮删除内孔。

(5) 单击【确定】按钮，将空心轴插入部件中，如图 9-15 所示。

图 9-14　轴部件　　　　　　　　　　　　图 9-15　空心轴

9.3.2　正齿轮

利用正齿轮零部件生成器，可以计算外部和内部齿轮传动装置(带有直齿和螺旋齿)的尺寸并校核其强度。它包含的几何计算可设计不同类型的变位系数分布，包括滑动补偿变位系数。正齿轮零部件生成器可以计算、检查尺寸和载荷力，并可以进行强度校核。

1. 插入一个正齿轮

插入一个正齿轮的创建步骤如下。

(1) 单击【设计】选项卡【动力传动】面板上的【正齿轮】按钮，弹出【正齿轮零部件生成器】对话框，如图9-16所示。

图9-16 【正齿轮零部件生成器】对话框

(2) 设置【常用】选项组中的参数。

(3) 在【齿轮1】选项组中，从下拉列表框中选择【零部件】选项，输入齿轮参数。

(4) 在【齿轮2】选项组中，从下拉列表框中选择【无模型】选项。

(5) 单击【确定】按钮完成插入一个正齿轮的操作，如图9-17所示。

2. 插入两个正齿轮

使用正齿轮零部件生成器，一次最多可以插入两个齿轮，操作步骤如下。

(1) 单击【设计】选项卡【动力传动】面板上的【正齿轮】按钮，弹出【正齿轮零部件生成器】对话框。

(2) 设置【常用】选项组中的参数。

(3) 在【齿轮1】选项组中，从下拉列表框中选择【零部件】选项，输入齿轮参数。

(4) 在【齿轮2】选项组中，从下拉列表框中选择【零部件】选项，输入齿轮参数。

(5) 单击【确定】按钮完成插入两个正齿轮的操作，如图9-18所示。

图9-17 正齿轮

图9-18 两个齿轮

3. 计算正齿轮

计算正齿轮的步骤如下。

(1) 单击【设计】选项卡【动力传动】面板上的【正齿轮】按钮，弹出【正齿轮零部件生成器】对话框。

(2) 在【设计】选项卡中，选择要插入的齿轮类型(零部件或特征)。

(3) 从下拉列表框中选择相应的设计向导，然后输入值。可以在对话框中直接更改值和单位。

(4) 在【计算】选项卡中，从下拉列表中选择强度计算方法，并输入值以进行强度校核，如图 9-19 所示。

(5) 单击【系数】按钮将弹出一个对话框，可以在其中更改选定的强度计算方法的系数。

(6) 单击【精度】按钮将弹出一个对话框，可以在其中更改精度设置。

(7) 单击【计算】按钮进行计算，计算结果会显示在【结果】区域中。导致计算失败的输入将以红色显示(它们的值与插入的其他值或计算标准不符)。计算报告会显示在【消息摘要】区域中。

(8) 单击【确定】按钮完成计算齿轮的操作。

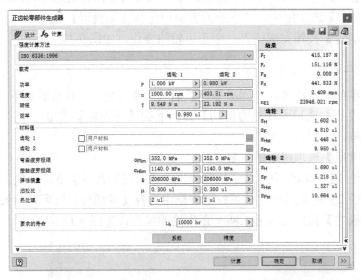

图 9-19 【计算】选项卡

4. 根据已知的参数设计齿轮组

使用正齿轮零部件生成器可以将齿轮模型插入部件中。当已知所有参数，并且希望仅插入模型而不执行任何计算或重新计算值时，可以使用以下方法插入一个或两个齿轮。

(1) 单击【设计】选项卡【动力传动】面板上的【正齿轮】按钮，弹出【正齿轮零部件生成器】对话框。

(2) 在【常用】选项组中，从【设计向导】下拉列表框中选择【中心距】或【总变位系数】选项。根据从下拉列表框中选择的选项，【设计】选项卡中对应的选项将处于启用状态。这两个选项可以启用大多数逻辑选项以便插入齿轮模型。

(3) 设定需要的值，例如，齿形角、螺旋角或模数。

(4) 在【齿轮 1】和【齿轮 2】选项组中，从下拉列表框中选择【零部件】、【特征】或【无模型】选项。

(5) 单击右下角的【更多选项】按钮 >> ，以插入更多计算值和标准。

(6) 单击【确定】按钮将齿轮组插入部件中。

9.3.3　蜗轮

利用蜗轮零部件生成器，可以计算蜗轮传动装置(普通齿或螺旋齿)的尺寸、力的比例和载荷。它包含对中心距的几何计算或基于中心距的计算，以及蜗轮传动比的计算，以此来进行蜗轮变位系数设计。

蜗轮零部件生成器可以计算主要产品并校核尺寸、载荷力的大小、蜗轮与蜗杆材料的最小要求，并基于 CSN 与 ANSI 标准进行强度校核。

插入一套蜗轮蜗杆的步骤如下。

(1) 单击【设计】选项卡【动力传动】面板上的【蜗轮】按钮 ，弹出【蜗轮零部件生成器】对话框，如图 9-20 所示。

图 9-20　【蜗轮零部件生成器】对话框

(2) 在【常用】选项组中输入值。

(3) 在【蜗轮】选项组中，从下拉列表框中选择【零部件】选项，输入齿轮参数。

(4) 在【蜗杆】选项组中，从下拉列表框中选择【零部件】选项。

(5) 单击【确定】按钮完成插入一套蜗轮蜗杆的操作，如图 9-21 所示。

9.3.4　锥齿轮

锥齿轮零部件生成器用于计算锥齿轮传动装置(带有直齿和螺旋齿)的尺寸，并可以进行强度校核。它不仅包含几何计算还可设计不同类型的变位系数分布，包

图 9-21　蜗轮蜗杆

括滑动补偿变位系数。

该生成器将根据国内外各种标准计算所有主要产品、校核尺寸以及载荷力大小，并进行强度校核。

1. 插入一套锥齿轮

插入一套锥齿轮的步骤如下。

（1）单击【设计】选项卡【动力传动】面板上的【锥齿轮】按钮 ，弹出【锥齿轮零部件生成器】对话框，如图 9-22 所示。

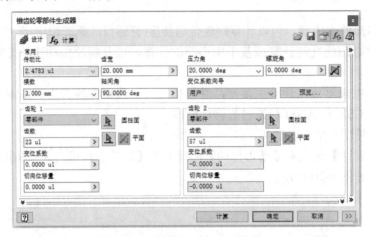

图 9-22　【锥齿轮零部件生成器】对话框

（2）在【常用】选项组中设置参数。

（3）在【齿轮 1】选项组中选择【零部件】选项，设置齿轮参数。

（4）在【齿轮 2】选项组中选择【零部件】选项。

（5）单击【确定】按钮，完成插入一套锥齿轮的操作，如图 9-23 所示。

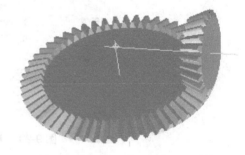

图 9-23　锥齿轮

2. 计算锥齿轮

计算锥齿轮的步骤如下。

（1）单击【设计】选项卡【动力传动】面板上的【锥齿轮】按钮 ，弹出【锥齿轮零部件生成器】对话框。

（2）在【设计】选项卡中，选择要插入的齿轮类型(零部件、无模型)并指定齿数。

（3）在【计算】选项卡中，输入值以进行强度校核，如图 9-24 所示。

（4）单击【系数】按钮将弹出一个对话框，可以在其中更改选定的强度计算方法的系数。

（5）单击【精度】按钮将弹出一个对话框，可以在其中更改精度设置。

（6）单击【计算】按钮开始计算，计算结果会显示在【结果】区域中。

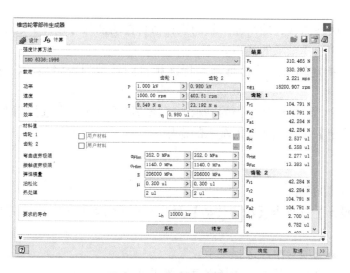

图 9-24　【计算】选项卡

(7)　单击【确定】按钮完成计算锥齿轮的操作。

9.3.5　轴承

　　轴承零部件生成器用于计算滚子轴承和球轴承，其中包含完整的轴承参数设计和计算。计算参数及其表达都保存在工程图中，可以随时重新开始计算。使用滚动轴承零部件生成器可以在【设计】选项卡中，根据输入条件(轴承类型、外径、轴直径、轴承宽度)选择轴承。也可以在【计算】选项卡中，设置计算轴承的参数。选择符合计算标准和要求的轴承。

1. 插入轴承

　　插入轴承的步骤如下。

　　(1)　单击【设计】选项卡【动力传动】面板上的【轴承】按钮，弹出如图 9-25 所示的【轴承生成器】对话框。

图 9-25　【轴承生成器】对话框

(2) 选择轴的圆柱面和起始平面。轴的直径值将自动插入【设计】选项卡中。

(3) 从资源中心选择轴承的类型。

(4) 根据选择指定轴承过滤器值，与标准相符的轴承列表将显示在【设计】选项卡的下半部分。

(5) 在列表框中，单击选择适当的轴承，选择的结果将显示在选择列表上方的字段中。

(6) 单击【确定】按钮完成插入轴承的操作。

2. 计算轴承

计算轴承的步骤如下。

(1) 单击【设计】选项卡【动力传动】面板上的【轴承】按钮，弹出【轴承生成器】对话框。

(2) 在【设计】选项卡中，选择轴承。

(3) 切换到【计算】选项卡，选择强度计算类型。

(4) 输入计算值，可以在相应文本框中直接更改值和单位。

(5) 单击【计算】按钮进行计算，计算结果会显示在【结果】区域中。

(6) 单击【确定】按钮完成计算轴承的操作。

9.3.6 V 型皮带

使用 V 型皮带零部件生成器，可设计和分析在工业生产中使用的机械动力传动。V 型皮带零部件生成器用于设计两端连接的 V 型皮带。这种传动只能是所有带轮毂都平行的平面传动，不考虑任何不对齐的带轮。

动力传动理论上可由无限多个带轮组成。带轮可以是带槽的，也可以是平面的。相对于右侧坐标系，带可以沿顺时针方向或逆时针方向旋转。带凹槽带轮必须位于带回路内部。张紧轮可以位于带回路内部或外部。

第一个带轮被视为驱动带轮，其余带轮为从动轮或空转轮。可以使用每个带轮的功率比系数在多个从动带轮之间分配输入功率，并相应地计算力和转矩。

创建皮带传动的步骤如下。

(1) 单击【设计】选项卡【动力传动】面板上的【V 型皮带】按钮，弹出【V 型皮带零部件生成器】对话框，如图 9-26 所示。

(2) 选择带轨迹的基础中间平面。

(3) 在【皮带】下拉列表框中选择皮带类型。

(4) 添加两个带轮。第一个带轮始终为驱动轮。

(5) 通过拖动带轮中心处的夹点，来指定每个带轮的位置。

(6) 通过拖动夹点，指定带轮直径。

(7) 单击【确定】按钮以生成带传动，如图 9-27 所示。

图 9-26 【V 型皮带零部件生成器】对话框

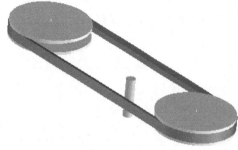

图 9-27 带轮传动

9.3.7 凸轮

凸轮零件生成器可以设计和计算平动臂或摆动臂类型从动件的盘式凸轮、线性凸轮和圆柱凸轮。可以完整地计算和设计凸轮参数，并可使用运动参数的图形结果。

凸轮零件生成器可根据最大行程、加速度、速度或压力角等凸轮特性来设计凸轮。

1. 插入盘式凸轮

插入盘式凸轮的步骤如下。

(1) 单击【设计】选项卡【动力传动】面板上的【盘式凸轮】按钮◉，弹出【盘式凸轮零部件生成器】对话框，如图 9-28 所示。

(2) 在【凸轮】选项组的下拉列表框中选择【零部件】选项。

(3) 在部件中，选择圆柱面和起始平面。

(4) 输入基本半径和凸轮宽度的值。

(5) 在【从动件】选项组中，输入从动轮的值。

(6) 在【实际行程段】选项组中选择实际行程段，或通过在图形区域单击选择"1"，然后输入图形值。

(7) 从【运动功能】下拉列表框中选择运动类型。单击【添加新用户运动】按钮➕可以添加自己的运动，并在【添加运动】对话框中指定运动名称和值，新运动即会添加到运动列表中。若要从列表中删除任何运动，单击【删除】按钮➖。

(8) 单击【盘式凸轮零部件生成器】对话框上方的【保存到文件】按钮🖫，将图形数据保存到文本文件。

(9) 单击【确定】按钮，完成插入盘式凸轮的操作，如图 9-29 所示。

图 9-28 【盘式凸轮零部件生成器】对话框　　　　图 9-29 凸轮

2. 计算盘式凸轮

计算盘式凸轮的步骤如下。

(1) 单击【设计】选项卡【动力传动】面板上的【盘式凸轮】按钮，弹出【盘式凸轮零部件生成器】对话框。

(2) 在【凸轮】选项组中，选择要插入的凸轮类型。

(3) 插入凸轮和从动轮的值以及凸轮行程段。

(4) 切换到【计算】选项卡，输入计算值，如图 9-30 所示。

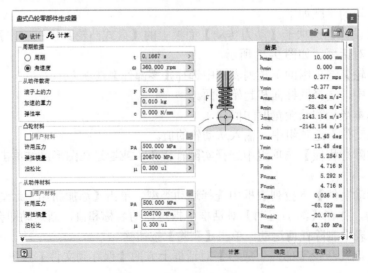

图 9-30 【计算】选项卡

(5) 单击【计算】按钮进行计算，计算结果会显示在【结果】区域中。

(6) 如果计算结果与设计相符，单击【确定】按钮完成计算盘式凸轮的操作。

9.3.8 矩形花键

矩形花键联接生成器用于矩形花键的计算和设计，可以设计花键轴，以及提供强度校核。使用花键联接计算，可以根据指定的传递转矩，确定有效的轮毂长度。所需的轮毂长度由不能超过轴承区域的许用压力这一条件来决定。

矩形花键适用于传递大的循环冲击转矩。这种类型的花键可以用于带轮毂圆柱轴的固定联接器和滑动联接器。定心方式是根据工艺、操作及精度要求进行选择的。可以根据内径或齿侧面进行定心。直径定心适用于需要较高精度轴承的场合。以侧面定心的联接器具有大的载荷能力，适用于承受可变力矩和冲击。

1. 设计矩形花键

设计矩形花键的步骤如下。

(1) 单击【设计】选项卡【动力传动】面板上的【矩形花键】按钮 ，弹出如图 9-31 所示的【矩形花键联接生成器】对话框。

(2) 在【花键类型】下拉列表框中选择花键。

(3) 输入花键尺寸。

(4) 指定轴槽的位置。既可以创建新的轴槽，也可以选择现有的槽。根据选择，将启用【轴槽】选项组中的放置选项。

(5) 指定轮毂槽的位置。

(6) 在【选择要生成的对象】选项组中，选择要插入的对象。默认情况下会启用这两个选项。

(7) 单击【确定】按钮，生成矩形花键。

图 9-31 【矩形花键联接生成器】对话框

267

2. 计算矩形花键

计算矩形花键的步骤如下。

(1) 单击【设计】选项卡【动力传动】面板上的【矩形花键】按钮█，弹出【矩形花键联接生成器】对话框。

(2) 在【设计】选项卡中，单击【花键类型】下拉按钮，在下拉列表中选择花键并输入花键尺寸。

(3) 切换到【计算】选项卡，选择强度计算类型，输入计算值，如图 9-32 所示。

(4) 单击【计算】按钮进行计算，计算结果会显示在【结果】区域中。

(5) 单击【确定】按钮完成计算矩形花键的操作。

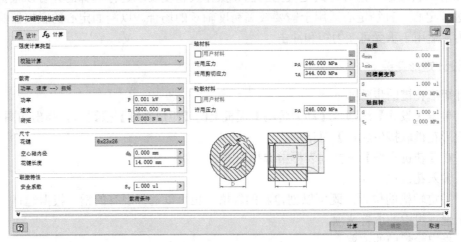

图 9-32 【计算】选项卡

9.3.9 O 形密封圈

O 形密封圈零部件生成器可在圆柱和平面(轴向密封)上创建密封和凹槽。如果在柱面上插入密封，则要求杆和内孔具有精确直径。必须创建圆柱曲面才能使用 O 形密封圈生成器。

O 形密封圈在多种材料和横截面上可用。Inventor 仅支持圆形横截面的 O 形密封圈。不能将材料添加到资源中心现有的 O 形密封圈上。

插入 O 形密封圈的步骤如下。

(1) 单击【设计】选项卡【动力传动】面板上的【O 形密封圈】按钮█ O，弹出【O 形密封圈零部件生成器】对话框，如图 9-33 所示。

(2) 选择圆柱面作为放置参考面。

(3) 选择要放置凹槽的平面或工作平面。单击【反向】按钮█可以更改方向。

(4) 输入从参考边到凹槽的距离。

(5) 在【O 形密封圈】选项组的【单击此处从资源中心选择零件】文本处单击，以选择 O 形密封圈。

(6) 单击【确定】按钮，即可以向部件中插入 O 形密封圈。

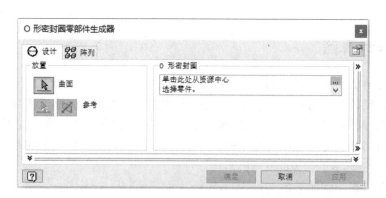

图 9-33 【O 形密封圈零部件生成器】对话框

9.4 机械计算器

设计加速器里面包含了一组工具用于机械工程的计算。可以使用计算器来设计、检查和验证常见的工程问题。

9.4.1 分离轮毂计算器

使用夹紧接头计算器命令可以计算和设计夹紧连接，并可以设置计算夹紧连接的参数。可用的夹紧接头有三种，分别是分离轮毂联接、开槽轮毂联接和圆锥联接。

计算分离联接的操作步骤如下。

(1) 单击【设计】选项卡【动力传动】面板中的【分离轮毂计算器】按钮，打开【分离轮毂联接计算器】对话框，如图 9-34 所示。

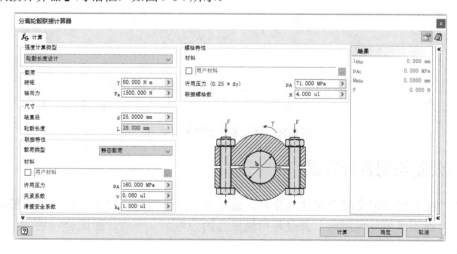

图 9-34 【分离轮毂联接计算器】对话框

(2) 在【计算】选项卡中输入计算参数。

(3) 单击【计算】按钮以执行计算，结果将显示在【结果】区域中。

(4) 如果计算结果符合要求，单击【确定】按钮，将分离轮毂联接计算插入部件。

9.4.2 公差计算器

公差机械零件计算器可以计算各个零件或部件中闭合的线性尺寸链。尺寸链包含各个元素，如各零件之间的尺寸与间距(齿隙)。所有链元素都可以增加、减小或闭合。闭合元素是指在装配给定零件(部件结果元素，如齿隙)时或是在其生成过程(产品结果元素)中形成的参数。公差机械零件计算器命令可在两种基本模式中进行操作，分别是计算最终尺寸(包括公差校核计算)和计算闭合链元素的公差(设计计算)。

计算公差的操作步骤如下。

(1) 单击【设计】选项卡【动力传动】面板中的【公差计算器】按钮<img_1>，打开【公差计算器】对话框，如图 9-35 所示。

(2) 在【尺寸列表】选项组中，单击【单击以添加尺寸】文本添加尺寸。

(3) 单击 ... 按钮，打开【公差】对话框，指定公差。

(4) 单击 ... 按钮设定尺寸链中的元素类型，包括增环、减环和封闭环。

(5) 单击【计算】按钮，计算公差。

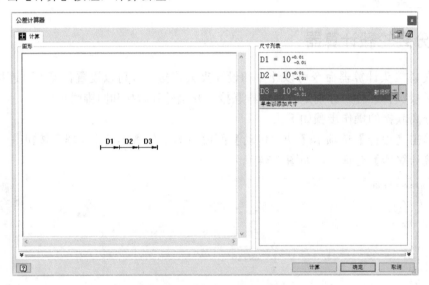

图 9-35　【公差计算器】对话框

9.4.3 公差与配合计算器

公差与配合用于定义配合零件的公差。公差最常用于圆柱孔和轴，也可用于任何彼此配合的零件，而不考虑几何图形。公差是指轴或孔的公差上、下限，而配合包括一对公差，有三种类别：间隙、过渡和过盈。

计算公差与配合的操作步骤如下。

(1) 单击【设计】选项卡【动力传动】面板中的【公差/配合计算器】按钮，打开【公差与配合机械零件计算器】对话框，如图 9-36 所示。

(2) 在【要求】选项组中，选择基本配合类型并输入计算条件。

(3)　在【公差带】选项组中，从【配合类型】下拉列表框中选择配合类型(如【过盈】配合)。

(4)　可以从计算结果不同颜色的公差带中进行选择。如果这样的公差带不存在，则表示输入的条件找不到任何合适的配合。

(5)　单击【确定】按钮，完成公差计算。

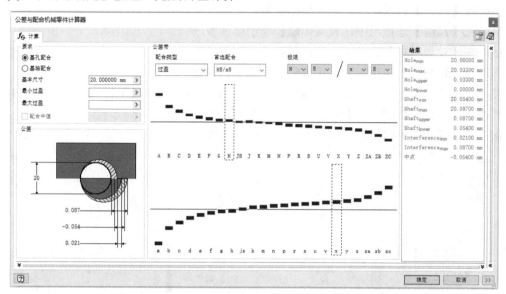

图 9-36　【公差与配合机械零件计算器】对话框

9.4.4　过盈配合计算器

过盈配合计算器可计算热态或冷态下，实心轴或空心轴的弹性圆柱同轴压力联接。该程序可以计算联接、最小配合、标准或实际配合以及压制零件材料选择的几何参数。

该计算只对联接后不会发生永久变形的过盈配合有效。变形不包括在表面材质上摆正尖头和隆起。该计算只对非外部压力所加载的联接，或由未限制长度的管状零件制成的联接有效。零件必须由符合胡克定律的材料制成。

该计算不考虑离心力、加强筋或其他加固零件的影响，或温度分布不均的零件的影响。

未限定长度的过盈配合联接是长度等于或大于直径的一种联接。如果长度小于直径，则实际接触压力将大于计算的结果。

1. 过盈配合的条件

在确保过盈配合的最小要求载荷能力以及其他系数时，确定最小干涉。

根据 HMH 弹性条件(Huber-Misses-Hencky)和其他系数，在不存在弹性变形的情况下确定最大干涉。

进行过盈配合时，压紧速度必须较低(大约 3mm/s)。较高的速度将降低配合的载荷重力。

计算的温度必须认为是最低的，因为计算过程不考虑在压紧过程中的温度平衡，也不考虑将轮毂从熔炉中取出后轮毂的冷却时间。

2. 过盈配合操作步骤

(1) 单击【设计】选项卡【动力传动】面板中的【过盈配合计算器】按钮 ▦，打开【过盈配合计算器】对话框，如图 9-37 所示。

(2) 在【要求的载荷】下拉列表框中选择【要求的力】或者【要求的转矩】选项。

(3) 在【尺寸】选项组中，设置插槽参数。

(4) 在【高级】选项组中，设置间隙和平滑度参数。

(5) 在【轮毂材料】选项组中，设置轮毂的材料参数。

(6) 在【轴材料】选项组中，设置轮廓轴的材料参数。

(7) 单击【计算】按钮计算过盈配合，计算结果显示在【结果】区域中。在轴没有冷却的条件下，设计的最优配合为 H8/u8，且计算的环境温度为 20℃。

(8) 单击【确定】按钮，将过盈配合计算插入部件。

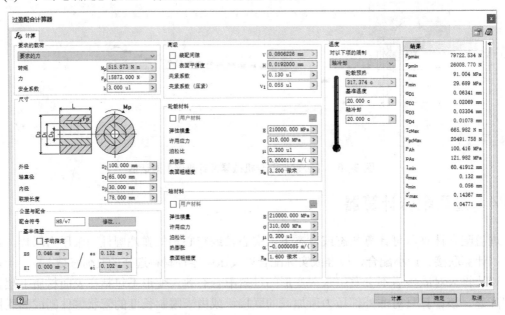

图 9-37 【过盈配合计算器】对话框

9.4.5 螺杆传动计算器

螺杆传动计算器使用与螺纹设计中要求的载荷，以及许用压力相匹配的螺杆直径，来计算螺杆传动，然后校核螺杆传动强度。

计算螺杆传动的操作步骤如下。

(1) 单击【设计】选项卡【动力传动】面板中的【螺杆传动计算器】按钮 ▦，打开【螺杆传动计算器】对话框，如图 9-38 所示。

(2) 在【螺杆传动计算器】对话框中设置相应的参数。

(3) 单击【计算】按钮计算螺杆传动，结果值将显示在选项卡右边的【结果】区域中。

(4) 单击【确定】按钮，将螺杆传动计算插入部件中。

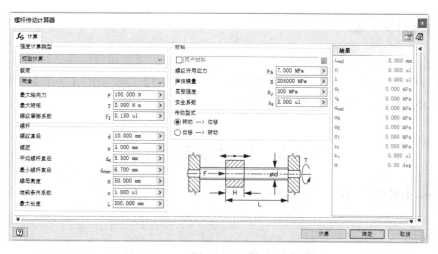

图 9-38 【螺杆传动计算器】对话框

9.4.6 制动机械零件计算器

使用制动机械零件计算器可以设计和计算锥形闸、盘式闸、鼓式闸和带闸，可用于计算制动转矩、力、压力、基本尺寸以及停止所需的时间和转数。计算中只考虑恒定的制动转矩。下面以计算鼓式闸为例说明计算制动机械零件的步骤。

计算鼓式闸的操作步骤如下。

(1) 单击【设计】选项卡【动力传动】面板上的【鼓式闸计算器】按钮 ，弹出【鼓式闸瓦计算器】对话框，如图 9-39 所示。

(2) 在【计算】选项卡中，设置相应的参数。

(3) 单击【计算】按钮计算鼓式闸。结果值将显示在选项卡右边的【结果】区域中。

(4) 单击【确定】按钮，将鼓式闸计算插入部件中。

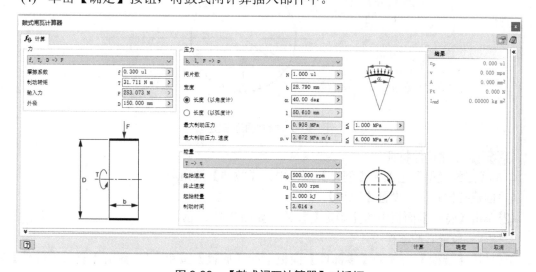

图 9-39 【鼓式闸瓦计算器】对话框

9.4.7 工程师手册

设计加速器中的工程师手册提供了丰富的工程理论、公式和算法参考资料，以及一个随时可访问的设计知识库。单击【设计】选项卡【动力传动】面板中的【手册】按钮，可以打开 Inventor 工程师手册网页文件进行查看。

9.5 设计实战范例

本范例完成文件：/9/9-1.ipt、9-2.iam

案例分析

本节的范例是创建一个齿轮弹簧组件的装配模型。首先创建圆柱零件和装配文件，直接添加正齿轮并约束，之后添加弹簧文件，并进行公差计算。

案例操作

step 01 绘制圆形草图

单击【三维模型】选项卡【草图】面板中的【开始创建二维草图】按钮。

① 选择 XY 平面绘制二维图形。

② 单击【草图】选项卡【创建】面板中的【圆(圆心)】按钮，绘制直径为 20 的圆形，如图 9-40 所示。

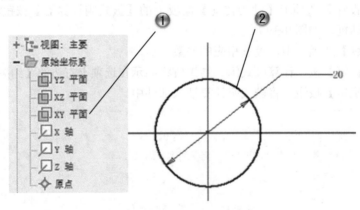

图 9-40 绘制圆形草图

step 02 创建拉伸特征

单击【三维模型】选项卡【创建】面板中的【拉伸】按钮。

① 创建拉伸特征，设置【距离】为 10。

② 单击【特性】面板中的【确定】按钮，如图 9-41 所示。

step 03 放置装配零件

① 单击【装配】选项卡【零部件】面板上的【放置】按钮，弹出【装入零部件】对话框。

② 在【装入零部件】对话框中，选择插入的零部件。

③ 单击【打开】按钮，如图 9-42 所示。

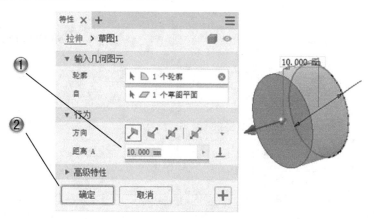

图 9-41　创建拉伸特征

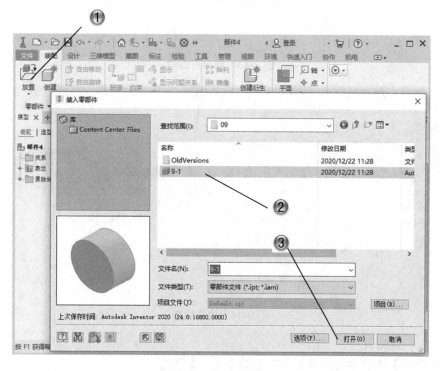

图 9-42　放置装配零件

step 04　创建正齿轮

单击【设计】选项卡【动力传动】面板上的【正齿轮】按钮。

① 在弹出的【正齿轮零部件生成器】对话框中设置齿轮参数。

② 单击【确定】按钮，如图 9-43 所示。

step 05　放置约束

① 打开【放置约束】对话框，单击【插入】按钮。

② 在绘图区中，选择零部件对应的边线。

③ 单击【放置约束】对话框中的【确定】按钮，如图 9-44 所示。

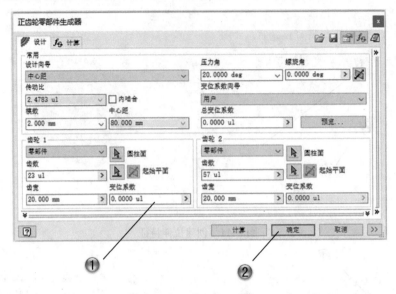

图 9-43　创建正齿轮

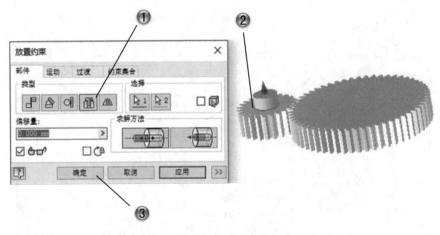

图 9-44　放置约束

step 06　创建弹簧

单击【设计】选项卡【弹簧】面板上的【压缩】按钮。

① 在弹出的【压缩弹簧零部件生成器】对话框中设置弹簧参数。

② 在绘图区中，选择放置轴和平面。

③ 单击【压缩弹簧零部件生成器】对话框中的【确定】按钮，如图 9-45 所示。

step 07　计算公差

单击【设计】选项卡【动力传动】面板中的【公差计算器】按钮。

① 在打开的【公差计算器】对话框中设置公差参数。

② 单击【确定】按钮，如图 9-46 所示。至此完成齿轮弹簧装配模型的设计，结果如

图 9-47 所示。

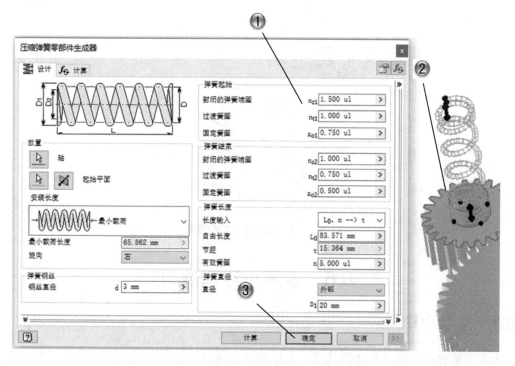

图 9-45　创建弹簧

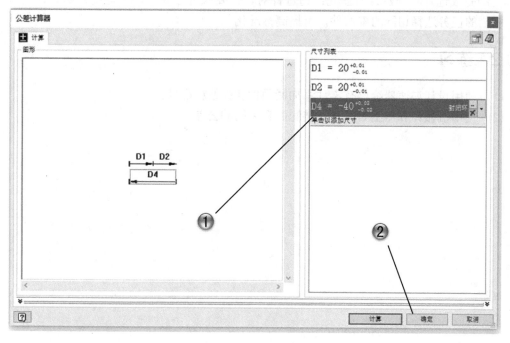

图 9-46　计算公差

图 9-47 齿轮弹簧装配模型

9.6 本章小结和练习

9.6.1 本章小结

本章主要介绍了设计加速器功能。采用设计加速器命令可以完成以下操作：简化设计过程；自动完成选择和创建几何图元；通过针对设计要求进行验证，可提高初始设计质量；通过为相同的任务选择相同的零部件，可提高标准化。

9.6.2 练习

(1) 使用设计加速器给已有零件添加紧固件和弹簧标准件。

(2) 使用机械计算器工具，计算装配配合之间的公差。

第 10 章

工程图设计

工程图是由一张或多张图纸构成，每张图样包含一个或多个二维工程视图及标注。在实际生产中，二维工程图依然是表达零件和部件信息的一种重要方式。本章主要讲述 Inventor 软件二维工程图的创建和编辑等内容。

10.1　工程图环境和模板

在 Inventor 中完成了三维零部件的设计造型后，接下来的工作就是要生成零部件的二维工程图了。Inventor 与 AutoCAD 同出于 Autodesk 公司，Inventor 不仅继承了 AutoCAD 的众多优点，并且具有更多强大和人性化的功能。

(1) Inventor 自动生成二维视图，用户可自由选择视图的格式，如标准三视图(主视图、俯视图、左视图)、局部视图、打断视图、剖面图、轴测图等。Inventor 还支持生成零件的当前视图，也就是说可以从任何方向生成零件的二维视图。

(2) 用三维图生成的图纸是参数化的，同时二维、三维可双向关联，也就是说当改变了三维实体尺寸的时候，对应的工程图的尺寸会自动更新；当改变了工程图的某个尺寸的时候，对应的三维实体的尺寸也随之改变，这就大大提高了设计效率。

10.1.1　进入工程图环境

单击快速访问工具栏中的【新建】按钮，打开【新建文件】对话框，选择【工程图】中的 Standard.idw 模板。Standard.idw 是基于 GB 标准的，其中大多数设置可以使用。

单击【创建】按钮，进入工程图环境，如图 10-1 所示。

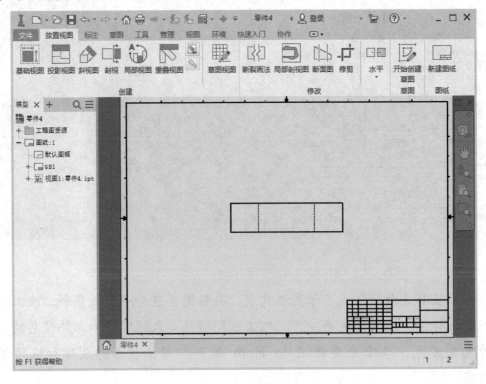

图 10-1　工程图环境

10.1.2 工程图模板

新工程图都要通过模板创建。通常使用默认模板创建工程图，也可以使用自己创建的模板，任何工程图文件都可以做成模板。当把工程图文件保存到软件目录下的 Templates 文件夹中时，该文件即转换为模板文件。

创建工程图模板的步骤如下。

(1) 新建文件。运行 Inventor，进入工程图环境，并新建一个工程图文件。

(2) 文本、尺寸样式。以添加线宽为例介绍。单击【管理】选项卡【样式和标准】面板中的【样式编辑器】按钮 ，打开【样式和标准编辑器】对话框。单击【标准】项目中的【默认标准(GB)】选项，在右侧切换到【常规】选项卡，在【预设值】下拉列表框中选择【线宽】选项，如图 10-2 所示。单击【新建】按钮，打开如图 10-3 所示的【添加新线宽】对话框，设置线宽为 0.2mm，单击【确定】按钮，返回到【样式和标准编辑器】对话框，单击【保存并关闭】按钮，保存新线宽。

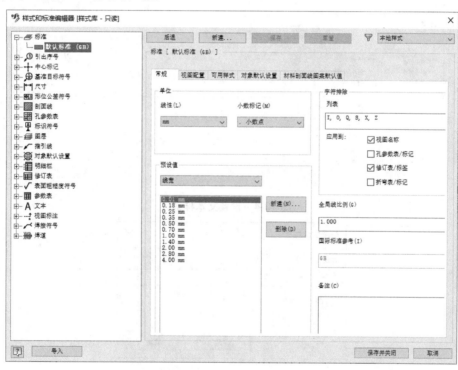

图 10-2 【样式和标准编辑器】对话框

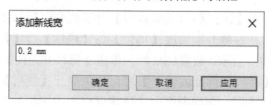

图 10-3 【添加新线宽】对话框

（3）新建文本样式。在【样式和标准编辑器】对话框左侧的树形图中，右击【注释文本(ISO)】选项，在弹出的快捷菜单中选择【新建样式】命令，如图 10-4 所示。打开如图 10-5 所示的【新建本地样式】对话框，输入新名称，单击【确定】按钮，返回到【样式和标准编辑器】对话框。继续设置字符格式、文本高度、段落间距和颜色等，最后单击【保存并关闭】按钮，保存新样式。

图 10-4　设置文本样式

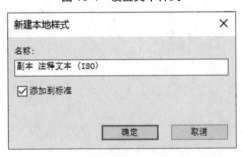

图 10-5　【新建本地样式】对话框

（4）设置尺寸样式。在【样式和标准编辑器】对话框左侧树形图中，单击【尺寸】项目中的【默认(GB)】选项，在右侧分别修改【单位】、【线性】、【显示】、【角度】等选项组中的各个参数，如图 10-6 所示。设置完成后，单击【保存并关闭】按钮保存设置。

（5）图层设置。在【样式和标准编辑器】对话框中展开【图层】选项，单击任一图层名称，激活【图层样式】列表框。在列表框中选择需要修改的图层外观颜色，打开【颜色】对话框，如图 10-7 所示。设置颜色后，单击【确定】按钮，返回到【样式和标准编辑器】对话框。设置线宽，单击【保存并关闭】按钮，完成图层设置。

图 10-6　设置尺寸样式

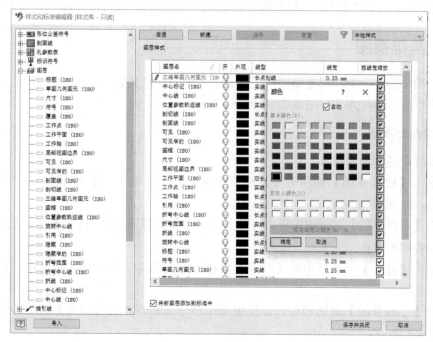

图 10-7　图层设置

(6) 编辑标题栏。展开模型浏览器设计树中的【标题栏】选项，右击 GB2 选项，在弹出的快捷菜单中选择【编辑】命令，标题栏将进入草图环境。可以利用草图工具对标题栏的图线、文字和特性字段等进行修改，如图 10-8 所示。修改完成后在界面上右击，在弹出的快捷菜单中选择【保存标题栏】命令。

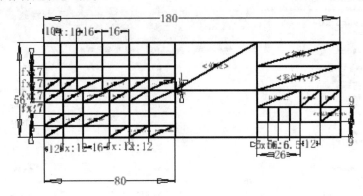

图 10-8　编辑标题栏

(7)　保存模板。单击快速访问工具栏中的【保存】按钮 💾，打开【另存为】对话框，将自定义的模板保存到安装目录下的 Templates 文件夹中。

10.2　创　建　视　图

在 Inventor 工程图模块中，可以创建基础视图、投影视图、斜视图、剖视图和局部视图等。

10.2.1　基础视图

新工程图中的第一个视图是基础视图，基础视图是创建其他视图(如剖视图、局部视图)的基础。用户也可以随时为工程图添加多个基础视图。

1. 创建基础视图

创建基础视图的步骤如下。

(1)　单击【放置视图】选项卡【创建】面板上的【基础视图】按钮 🔲，打开【工程视图】对话框，如图 10-9 所示。

(2)　在【工程视图】对话框中单击【打开现有文件】按钮 🔍，打开【打开】对话框，选择需要创建视图的零件。

(3)　单击【打开】对话框中的【打开】按钮，返回到【工程视图】对话框，系统默认视图方向为前视图。

(4)　在【工程视图】对话框中，设置缩放比例等参数，单击【确定】按钮即可完成基础视图的创建。

2. 【零部件】选项卡

【文件】：用来指定要用于工程视图的零件、部件或表达视图文件。

【样式】：用来定义工程图视图的显示样式，可以选择三种显示样式：【显示隐藏线】

、【不显示隐藏线】 和【着色】 。

图 10-9 【工程视图】对话框

【比例】：设置生成的工程视图相对于零件或部件的比例。另外在编辑从属视图时，该选项可以用来设置视图相对于父视图的比例，可以在下拉列表框中输入所需的比例，或者单击下拉按钮从常用比例列表中选择。

【标签】：输入视图的名称。默认的视图名称由激活的绘图标准所决定。

3. 【模型状态】选项卡

【模型状态】选项卡指定要在工程视图中使用的焊接件状态和成员，如图 10-10 所示。指定参考数据，例如，线样式和隐藏线计算配置。

【焊接件】：仅在选定文件包含焊接件时可用，可单击要在视图中表达的焊接件状态。【焊接件】选项组列出了所有处于准备状态的零部件。

【成员】：对于 iAssembly 工厂，选择要在视图中表达的成员。

【参考数据】：设置视图中参考数据的显示。

- 【线样式】：为所选的参考数据设置线样式。单击下拉按钮，在下拉列表框中可以选择样式，可选样式有【按参考零件】、【按零件】和【关】。

- 【边界】：设置【边界】文本框的值来查看更多参考数据。设置边界值可以使得边界在所有边上以指定值扩展。

- 【隐藏线计算】：指定是计算"所有实体"的隐藏线，还是计算"分别参考数据"的隐藏线。

4. 【显示选项】选项卡

【显示选项】选项卡设置工程视图的元素是否显示，注意只有适用于指定模型和视图类型的选项才可用，如图 10-11 所示。可以选中或者清除一个选项，来决定该选项对应的元素是否可见。

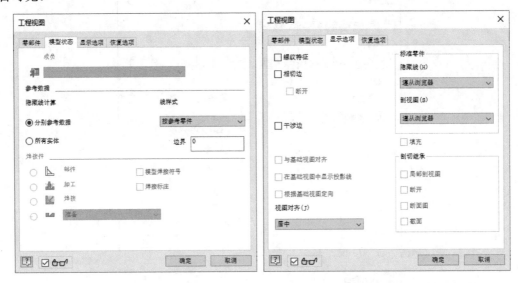

图 10-10　【模型状态】选项卡　　　　图 10-11　【显示选项】选项卡

把鼠标移动到创建的基础视图上面，则视图周围出现红色虚线形式的边框。当把鼠标移动到边框的附近时，指针旁边出现移动符号。此时按住鼠标左键就可以拖动视图，以改变视图在图纸中的位置。

5. 【恢复选项】选项卡

【恢复选项】选项卡用于定义在工程图中对曲面和网格实体，以及模型尺寸和定位特征的访问，如图 10-12 所示。

图 10-12　【恢复选项】选项卡

【混合实体类型的模型】选项组包含以下两个选项。

- 【包含曲面体】：可以控制工程视图中曲面体的显示。该复选框默认情况下处于选中状态，用于包含工程视图中的曲面体。

- 【包含网格体】：可以控制工程视图中网格实体的显示。该复选框默认情况下处于选中状态，用于包含工程视图中的网格实体。

用户定位特征：从模型中恢复定位特征，并在基础视图中将其显示为参考线。选中该复选框则包含定位特征。此设置仅用于最初放置基础视图。若要在现有视图中包含或排除定位特征，可在模型浏览器模型树中展开视图节点，然后在模型上单击鼠标右键，在弹出的快捷菜单中选择【包含定位特征】命令，然后在打开的【包含定位特征】对话框中指定相应的定位特征。或者在定位特征上单击鼠标右键，在弹出的快捷菜单中选择【包含】命令。若要从工程图中排除定位特征，在单个定位特征上单击鼠标右键，然后取消【包含】命令的选择状态。

10.2.2　投影视图

用投影视图工具可以创建以现有视图为基础的其他从属视图，如正交视图或等轴测视图等。正交投影视图的特点是默认与父视图对齐，并且继承父视图的比例和显示方式；若移动父视图，从属的正交投影视图仍保持与它的正交对齐关系；若改变父视图的比例，正交投影视图的比例也随之改变。

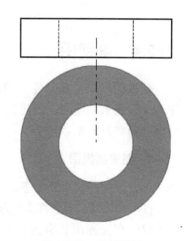

图 10-13　投影视图

创建投影视图的步骤如下。

(1) 单击【放置视图】选项卡【创建】面板上的【投影视图】按钮，在视图中选择要投影的视图，并将视图拖动到投影位置，如图 10-13 所示。

(2) 单击放置视图，再单击鼠标右键，在弹出的快捷菜单中选择【创建】命令，完成投影视图的创建。

由于投影视图是基于基础视图创建的，因此经常称基础视图为父视图，称投影视图以及其他视图为子视图。在默认情况下，子视图的很多特性继承自父视图。

10.2.3　斜视图

通过从父视图中的一条边或直线投影来放置斜视图，得到的视图将与父视图在投射方向上对齐。光标相对于父视图的位置决定了斜视图的方向，斜视图继承父视图的比例和显示设置。斜视图可以看作是机械设计中的向视图。

创建斜视图的步骤如下。

(1) 单击【放置视图】选项卡【创建】面板上的【斜视图】按钮，选择要投影的视图。

(2) 打开【斜视图】对话框，如图 10-14 所示，在该对话框中设置视图参数。

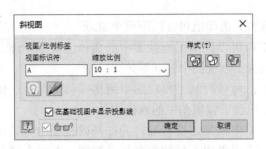

图 10-14 【斜视图】对话框

(3) 在视图中选择线性模型边定义视图方向。

(4) 沿着投射方向拖动视图到适当位置，单击放置视图，如图 10-15 所示。

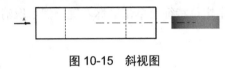

图 10-15 斜视图

10.2.4 剖视图

剖视图是表达零部件上被遮挡的特征，以及部件装配关系的有效方式。它是将已有视图作为父视图来创建的。创建的剖视图默认与其父视图对齐，若在放置剖视图时按 Ctrl 键，则可以取消对齐关系。

1. 创建剖视图

创建剖视图的步骤如下。

(1) 单击【放置视图】选项卡【创建】面板上的【剖视】按钮，在视图中选择父视图。

(2) 在父视图上绘制剖切线，剖切线绘制完成后单击鼠标右键，在弹出的快捷菜单中选择【继续】命令。

(3) 打开【剖视图】对话框，如图 10-16 所示，在该对话框中设置剖视图参数。

(4) 拖动视图到适当位置，单击放置视图，如图 10-17 所示。

图 10-16 【剖视图】对话框

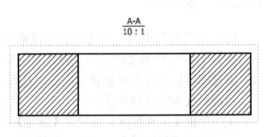

图 10-17 剖视图

2. 【剖视图】对话框中的选项说明

(1) 【视图/比例标签】选项组。

● 【视图标识符】：编辑视图标识符字符串。

● 【比例】：设置相对于零件或部件的视图比例。在该下拉列表框中输入比例，或者单击下拉按钮从常用比例列表中选择。

(2) 【剖切深度】选项组。

● 【全部】：零部件被完全剖切。

● 【距离】：按照指定的深度进行剖切。

(3) 【切片】选项组

● 【包括切片】复选框：如果选中此复选框，则会根据浏览器属性，创建包含一些切割零部件和剖切零部件的剖视图。

● 【剖切整个零件】复选框：如果选中此复选框，则会取代浏览器属性，并会根据剖切线几何图元切割视图中的所有零部件。

(4) 【方式】选项组。

● 【投影视图】单选按钮：从草图线创建的投影视图。

● 【对齐】单选按钮：选中此单选按钮，生成的剖视图将垂直于投射线。

① 一般来说，剖切面由绘制的剖切线决定，剖切面经过剖切线且垂直于屏幕方向。对于同一个剖切面，不同的投射方向生成的剖视图也不相同。因此在创建剖视图时，一定要选择合适的剖切面和投射方向，在具有内部凹槽的零件中，要表达零件内壁的凹槽，必须使用剖视图。为了表现方形和圆形的凹槽特征，必须创建不同的剖切平面。

② 需要注意的是，剖切的范围完全由剖切线的范围决定，剖切线在其长度方向上延展的范围决定了所能够剖切的范围。

③ 剖视图中投射的方向就是观察剖切面的方向，它也决定了所生成的剖视图的外观。可以选择任意的投射方向生成剖视图，投射方向既可以与剖切面垂直，也可以不垂直。

10.2.5　局部视图

对已有视图区域创建局部视图，可以使该区域在局部视图上得到放大显示，因此局部视图也称局部放大图。局部视图并不与父视图对齐，默认情况下也不与父视图同比例。

图 10-18　【局部视图】对话框

1. 创建局部视图

创建局部视图的步骤如下。

(1) 单击【放置视图】选项卡【创建】面板上的【局部视图】按钮，选择父视图。

(2) 打开【局部视图】对话框，如图 10-18 所示，在该对话框中设置【视图标识符】、【缩放比例】、【轮廓形状】和【镂空形状】等参数。

(3) 在视图中要创建局部视图的位置绘制边界。

(4) 拖动视图到适当位置，单击鼠标放置，如图 10-19 所示。

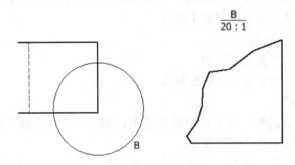

图 10-19　局部视图

2. 【局部视图】对话框中的选项说明

- 【轮廓形状】：为局部视图指定【圆形】◯或【矩形】▢轮廓形状。父视图和局部视图的轮廓形状相同。

- 【镂空形状】：可以将切割线型指定为【锯齿状】▧或【平滑】◣。

- 【显示完整局部边界】复选框：在产生的局部视图周围显示全边界(环形或矩形)。

- 【显示连接线】复选框：显示局部视图中轮廓和全边界之间的连接线。

 　　如果要调整父视图中创建局部视图的区域，可以在父视图中将鼠标指针移动到创建局部视图时拖出的圆形或者矩形上，则圆形或者矩形的中心和边缘上出现绿色小圆点，在中心的小圆点上按住鼠标，移动鼠标则可以拖动局部视图区域的位置；在边缘的小圆点上按住鼠标左键拖动，则可以改变局部视图区域的大小。当改变了区域的大小或者位置以后，局部视图会自动随之更新。

10.3　修改视图

本节主要介绍打断视图、局部剖视图、断面图的创建方法，以及对视图进行修剪。

10.3.1　打断视图

通过对视图进行删除或打断不相关部分，可以减少模型的尺寸。如果零部件视图超出工程图长度，或者包含大范围的非明确几何图元，则可以在视图中创建打断视图。

1. 创建打断视图

创建打断视图的步骤如下。

(1) 单击【放置视图】选项卡【修改】面板上的【断裂画法】按钮 ⟨⟩，选择要打断的视图。

(2) 打开【断开】对话框，如图 10-20 所示，在该对话框中设置打断样式、打断方向以及间隙等参数。

(3) 在视图中放置一条打断线，拖动第二条打断线到适当位置。

(4) 单击鼠标放置打断线，完成打断视图的创建，如图 10-21 所示。

2. 编辑打断视图

在打断视图的打断符号上单击鼠标右键，在弹出的快捷菜单中选择【编辑打断】命令，则重新打开【断开】对话框，可以重新对打断视图的参数进行定义。

如果要删除打断视图，选择右键菜单中的【删除】命令即可。

另外，打断视图上还提供了打断控制器，可以直接在图纸上对打断视图进行修改。当鼠标指针位于打断视图符号的上方时，打断控制器(一个绿色的小圆点)即会显示，可以用鼠标左键按住该控制器，左右或者上下拖动以改变打断的位置，如图 10-22 所示。还可以通过拖动两条打断线来改变去掉的零部件部分的视图量。如果将打断线从初始视图的打断位置移走，则会增加去掉零部件的视图量，将打断线移向初始视图的打断位置，会减少去掉零部件的视图量。

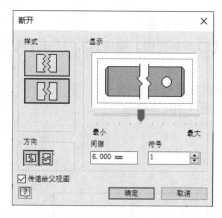

图 10-20 【断开】对话框

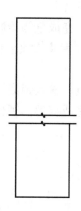

图 10-21 打断视图

图 10-22 修改打断视图

3. 【断开】对话框中的选项说明

(1) 【样式】选项组。

● 【矩形样式】：为非圆柱形对象和所有剖视打断的视图创建打断。

● 【构造样式】：使用固定格式的打断线创建打断。

(2) 【方向】选项组。

● 【水平方向】：设置打断方向为水平方向。

● 【竖直方向】：设置打断方向为竖直方向。

(3) 【显示】选项组。

● 显示区域：设置每个打断类型的外观。当拖动滑块时，控制打断线的波动幅度，表示为打断间隙的百分比。

- 【间隙】：指定打断视图中打断线之间的距离。
- 【符号】：指定所选打断处的打断符号的数目。每处打断最多允许使用三个符号，并且只能在结构样式的打断中使用。

(4) 【传递给父视图】复选框。

如果选中此复选框，则打断操作将扩展到父视图，此复选框的可用性取决于视图类型。

10.3.2 局部剖视图

【局部剖视图】命令可以去除已定义区域的材料，以显示现有工程视图中被遮挡的零件或特征。局部剖视图需要依赖于父视图，所以要创建局部剖视图，必须先放置父视图，然后创建一个或多个与封闭的截面轮廓相关联的草图，来定义局部剖切区域的边界。

1. 创建局部剖视图

创建局部剖视图的步骤如下。

(1) 在视图中选择要创建局部剖视图的视图。

(2) 单击【草图】选项卡【草图】面板中的【开始创建二维草图】按钮，进入草图环境。

(3) 绘制局部剖视图边界，完成草图绘制，返回到工程图环境。

(4) 单击【放置视图】选项卡【修改】面板上的【局部剖视图】按钮，打开【局部剖视图】对话框，如图 10-23 所示。

(5) 捕捉一个端点为深度点，输入距离，其他采用默认设置。

(6) 单击【确定】按钮，完成局部剖视图的创建，如图 10-24 所示。

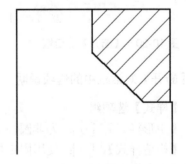

图 10-23　【局部剖视图】对话框　　　　图 10-24　局部剖视图

2. 【局部剖视图】对话框中的选项说明

(1) 【深度】选项组。

- 【自点】：为局部剖的深度设置数值。
- 【至草图】：使用与其他视图相关联的草图几何图元定义局部剖的深度。

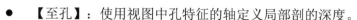

- 【至孔】：使用视图中孔特征的轴定义局部剖的深度。
- 【贯通零件】：使用零件的厚度定义局部剖的深度。

(2) 【显示隐藏边】选项。

临时显示视图中的隐藏线，可以在隐藏线几何图元上拾取一点来定义局部剖深度。

(3) 【剖切所有零件】复选框。

选中此复选框，以剖切当前未在局部剖视图区域中的零件。

 　　父视图必须与包含定义局部的边界的截面轮廓的草图相关联。

10.3.3　断面图

断面图是在工程图中创建真正的零深度剖视图，剖切截面轮廓由所选源视图中的关联草图几何图元组成。断面操作将在所选的目标视图中执行。

创建断面图的步骤如下。

(1) 在视图中选择要创建断面图的视图。

(2) 单击【草图】选项卡【草图】面板中的【开始创建二维草图】按钮，进入草图环境。

(3) 绘制断面草图，完成草图绘制，返回到工程图环境。

(4) 在视图中选择要剖切的视图。

(5) 打开【断面图】对话框，如图 10-25 所示。在视图中选择绘制的草图。

(6) 单击【确定】按钮，完成断面图的创建，如图 10-26 所示。

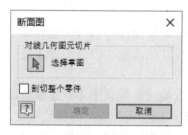

图 10-25　【断面图】对话框

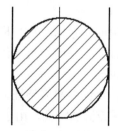

图 10-26　断面图

 　　断面图主要用于表示零件上一个或多个剖切面的形状，它与国家标准中的断面图有区别，比如它缺少剖切部位尺寸的标注。虽然草图中绘制了表示剖切位置的剖切路径线，但创建断面图时草图已经退化，即使在浏览器中通过鼠标右键编辑草图为可见，标注也是不符合规范的。

10.3.4　修剪

用户可以通过用鼠标拖出的环形、矩形或预定义视图草图来执行修剪操作。

修剪视图的步骤如下。

(1) 单击【放置视图】选项卡【修改】面板上的【修剪】按钮，在视图中选择要修剪的视图。

    (2) 选择要保留的区域,如图 10-27 左图所示。

    (3) 单击鼠标,完成视图修剪,结果如图 10-27 右图所示。

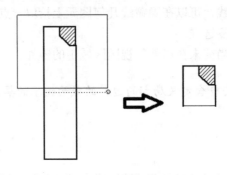

图 10-27　修剪视图

　　修剪操作不能对包含断开、重叠、抑制的视图和已经被修剪过的视图进行修剪。

10.4　尺　寸　标　注

创建完视图后,需要对工程图进行尺寸标注。尺寸标注是工程图设计中的重要环节,它关系到零件的加工、检验和使用等环节。只有配合合理的尺寸标注,才能帮助设计者更好地表达其设计意图。

工程视图中的尺寸标注是与模型中的尺寸相关联的,模型尺寸的改变会导致工程图中尺寸的改变。同样,工程图中尺寸的改变也会导致模型尺寸的改变。但是两者还是有很大区别的,具体区别如下。

模型尺寸:零件中约束特征大小的参数化尺寸。这类尺寸创建于零件建模阶段,它们被应用于绘制草图或添加特征,由于是参数化尺寸,因此可以实现与模型的相互驱动。

工程图尺寸:设计人员在工程图中新标注的尺寸,作为图样的标注用于对模型进一步的说明。标注工程图尺寸不会改变零件的大小。

工程图中有些内容可以标注,有些则不能标注,可标注的尺寸包括以下几种。

- 为选定图线添加线性尺寸。
- 为点与点、线与线或线与点之间添加线性尺寸。
- 为选定圆弧或圆形图线标注半径或直径尺寸。
- 选两条直线标注角度。
- 虚交点尺寸。

10.4.1　尺寸

下面介绍尺寸标注的方法和选项。

1. 标注尺寸的步骤

单击【标注】选项卡【尺寸】面板上的【尺寸】按钮，依次选择几何图元的组成要素即可。例如：要标注直线的长度，可以依次选择直线的两个端点，或者直接选择整条直线；要标注角度，可以依次选择角的两条边；要标注圆或者圆弧的半径(直径)，选取圆或者圆弧即可。

选择图元后，显示尺寸并打开【编辑尺寸】对话框，如图 10-28 所示，在该对话框中设置尺寸参数。

在适当位置单击鼠标，放置尺寸。

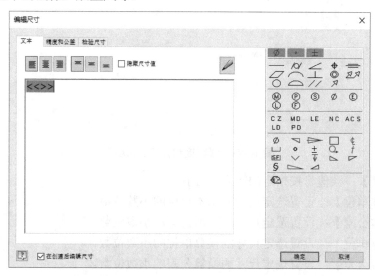

图 10-28　【编辑尺寸】对话框

2. 【文本】选项卡

- 编辑文本位置：。
- 【隐藏尺寸值】复选框：选中此复选框，可以编辑尺寸的计算值，也可以直接输入尺寸值。取消选中此复选框则恢复计算值。
- 【启动文本编辑器】按钮：打开【文本格式】对话框，对文字进行编辑。
- 【在创建后编辑尺寸】复选框：选中此复选框，每次插入新的尺寸时都会打开【编辑尺寸】对话框，编辑尺寸。
- 符号列表：在列表中选择符号插入光标的位置。

3. 【精度和公差】选项卡(见图 10-29)

(1) 【模型值】：显示尺寸的模型值。

(2) 【替代显示的值】复选框：选中此复选框，关闭计算的模型值，输入替代值。

(3) 【公差方式】：在列表框中指定选定尺寸的公差方式。

- 【上偏差】：设置上极限偏差的值。
- 【下偏差】：设置下极限偏差的值。
- 【孔】：当选择"公差/配合"公差方式时，设置孔尺寸的公差值。

● 【轴】：当选择"公差/配合"公差方式时，设置轴尺寸的公差值。

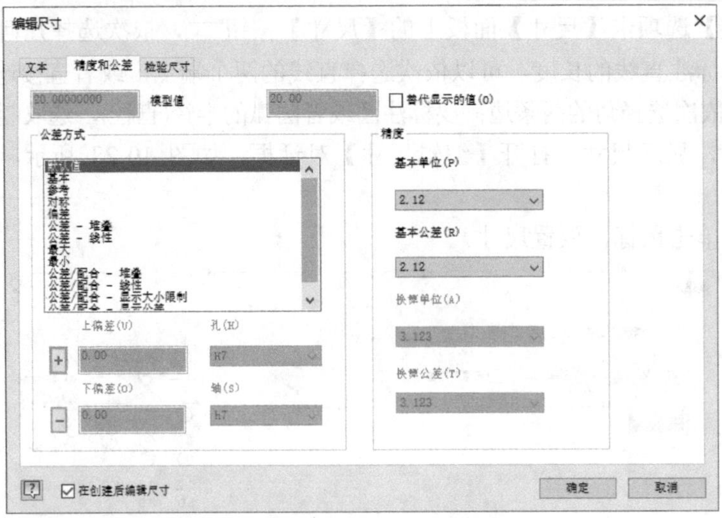

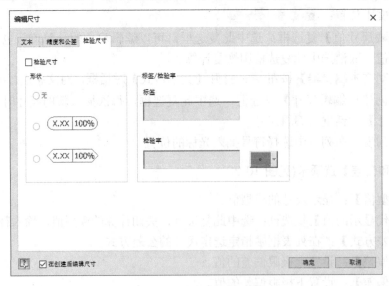

图 10-29　【精度和公差】选项卡

(4) 【精度】：数值将按指定的精度四舍五入。

● 【基本单位】：设置选定尺寸的基本单位的小数位数。

● 【基本公差】：设置选定尺寸的基本公差的小数位数。

● 【换算单位】：设置选定尺寸的换算单位的小数位数。

● 【换算公差】：设置选定尺寸的换算公差的小数位数。

4. 【检验尺寸】选项卡(见图 10-30)

(1) 【检验尺寸】复选框：选中此复选框，将选定的尺寸指定为检验尺寸并激活检验选项。

图 10-30　【检验尺寸】选项卡

(2) 【形状】选项组。

● 【无】：指定检验尺寸文本周围无边界形状。

● $\boxed{\text{X.XX} \mid 100\%}$：指定所需的检验尺寸形状两端为圆形。

● $\langle\text{X.XX} \mid 100\%\rangle$：指定所需的检验尺寸形状两端为尖形。

(3) 【标签/检验率】选项组。

● 【标签】：包含放置在尺寸值左侧的文本。

● 【检验率】：包含放置在尺寸值右侧的百分比。

● 符号下拉列表框：将选定的符号放置在激活的标签或检验率框中。

10.4.2 中心标记

在装入工程视图或超级草图之后，可以通过手动或自动方式来添加中心线和中心标记。

1. 自动添加中心线

将中心线和中心标记自动添加到圆、圆弧、椭圆和阵列中，包括带有孔和拉伸切口的模型。

单击【工具】选项卡【选项】面板中的【文档设置】按钮，打开【文档设置】对话框，切换到【工程图】选项卡，如图 10-31 所示。

单击【自动中心线】按钮，打开如图 10-32 所示的【自动中心线】对话框，设置添加中心线的参数，包括中心线和中心标记的特征类型，以及几何图元是正轴测投影还是平行投影。

图 10-31 【工程图】选项卡

图 10-32 【自动中心线】对话框

2. 手动添加中心线

用户可以手动将四种类型的中心线和中心标记，应用于工程视图中的各个特征或零件，命令位于【标注】选项卡的【符号】面板中。

【中心标记】：选定圆或者圆弧，将自动创建十字中心标记线。

【中心线】：选择两个点，手动绘制中心线。

【对称中心线】：选定两条线，将创建它们的对称线。

【中心阵列】：为环形阵列特征创建中心线。

10.4.3　基线尺寸和基线尺寸集

创建显示基准和所选边，或点之间距离的多个尺寸，所选的第一条边或第一个点是基准几何图元。

标注基线尺寸的步骤如下。

(1)　单击【标注】选项卡【尺寸】面板上的【基线】按钮，在视图中选择要标注的图元。

(2)　选择完毕，单击鼠标右键，在弹出的快捷菜单中选择【继续】命令，出现基线尺寸的预览。

(3)　在要放置尺寸的位置单击，即完成基线尺寸的创建。

(4)　如果要在其他位置放置相同的尺寸集，可以在结束命令之前按 Backspace 键，将再次出现尺寸预览，单击其他位置放置尺寸。

10.4.4　同基准尺寸和同基准尺寸集

用户可以在图纸中创建同基准尺寸，或者由多个尺寸组成的同基准尺寸集。放置的基准尺寸会自动对齐。如果尺寸文本重叠，可以修改尺寸位置或尺寸样式。

标注同基准尺寸的步骤如下。

(1)　单击【标注】选项卡【尺寸】面板上的【同基准尺寸】按钮，然后在图样上单击一个点或者一条直线边作为基准，此时移动鼠标以指定基准的方向，基准的方向垂直于尺寸标注的方向，单击以完成基准的选择。

(2)　依次选择要进行标注的特征的点或者边，选择完成则尺寸自动被创建。

(3)　当全部选择完毕，可以单击鼠标右键，在弹出的快捷菜单中选择【创建】命令，即可完成同基准尺寸的创建。

10.4.5　孔/螺纹孔尺寸

孔或螺纹标注显示了模型的孔、螺纹和圆柱形切口拉伸特征中的信息。孔标注的样式随所选特征类型的变化而变化。

　　只有使用孔特征和螺纹特征工具创建的特征才可以标注。

(1) 单击【标注】选项卡【特征注释】面板上的【孔和螺纹】按钮 ，在视图中选择孔或者螺纹孔。

(2) 鼠标指针旁边出现要添加的标注的预览，移动鼠标以确定尺寸放置的位置。

(3) 单击以完成尺寸的创建。

10.5 符号注释标注

一个完整的工程图不但要有视图和尺寸，还需要添加一些符号，例如，表面粗糙度符号、形位公差符号等。

10.5.1 表面粗糙度标注

表面粗糙度是评价零件表面质量的重要指标之一，它对零件的耐磨性、耐蚀性、零件之间的配合和外观都有影响。

1. 标注表面粗糙度

标注表面粗糙度的步骤如下。

(1) 单击【标注】选项卡【符号】面板上的【粗糙度】按钮 。

(2) 要创建不带指引线的粗糙度符号，可以双击符号所在的位置，打开【表面粗糙度】对话框，如图 10-33 所示。

(3) 要创建与几何图元相关联的、不带指引线的表面粗糙度符号，可以双击亮显的边或点，该符号随即附着在边或点上，并且打开【表面粗糙度】对话框，可以拖动表面粗糙度符号来改变其位置。

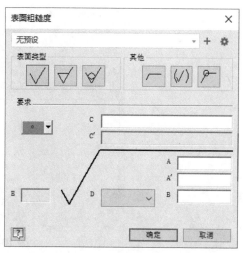

图 10-33　【表面粗糙度】对话框

(4) 要创建带指引线的表面粗糙度符号，可以单击指引线起点的位置，如果单击亮显的边或点，则指引线将被附着在边或点上，移动光标并单击，为指引线添加另外一个顶点。当表面粗糙度符号指示器位于所需的位置时，单击鼠标右键，在弹出的快捷菜单中选择【继续】命令以放置表面粗糙度符号，此时也会打开【表面粗糙度】对话框。

2. 【表面粗糙度】对话框中的选项说明

(1) 【表面类型】选项组。

● ：基本表面粗糙度符号。

● ：表面用去除材料的方法获得。

● ：表面用不去除材料的方法获得。

(2) 【其他】选项组。

● 【长边加横线】：该按钮为表面粗糙度符号添加一个尾部符号。

● 【多数】：该按钮为工程图指定标准的表面特性。

● 【全周边】：该按钮添加表示所有表面粗糙度相同的标识。

10.5.2　基准标识标注

使用【基准标识符号】命令创建一个或多个基准标识符号，可以创建带指引线的基准标识符号或单个的标识符号。

标注基准标识符号的步骤如下。

(1) 单击【标注】选项卡【符号】面板上的【基准标识符号】按钮。

(2) 要创建不带指引线的基准标识符号，可以双击符号所在的位置，打开【文本格式】对话框，如图 10-34 所示。

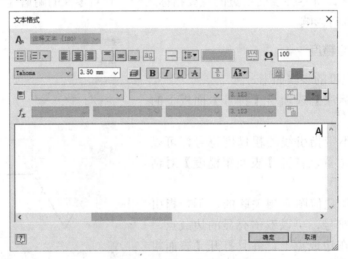

图 10-34　【文本格式】对话框

(3) 要创建与几何图元相关联的、不带指引线的基准标识符号，可以双击亮显的边或点，则基准标识符号将被附着在边或点上，并打开【文本格式】对话框，然后可以拖动基准标识符号来改变其位置。

(4) 如果要创建带指引线的基准标识符号，首先单击指引线起点的位置，如果选择单击亮显的边或点，则指引线将被附着在边或点上，然后移动光标以预览将创建的指引线，单击为指引线添加另外一个顶点。当基准标识符号位于所需的位置时，单击鼠标右键，然后在弹出的快捷菜单中选择【继续】命令，则基准标识符号成功放置，并打开【文本格式】对话框。

(5) 参数设置完毕，单击【确定】按钮以完成基准标识标注。

10.5.3　形位公差标注

标注形位公差的步骤如下。

(1) 单击【标注】选项卡【符号】面板上的【形位公差符号】按钮。

(2) 要创建不带指引线的符号，可以双击形位公差符号所在的位置，此时打开【形位公差符号】对话框，如图 10-35 所示。

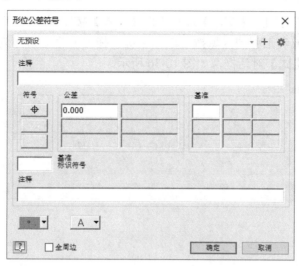

图 10-35 【形位公差符号】对话框

(3) 要创建与几何图元相关联的、不带指引线的形位公差符号，可以双击亮显的边或点，则符号将被附着在边或点上，并打开【形位公差符号】对话框，然后可以拖动形位公差符号来改变其位置。

(4) 如果要创建带指引线的形位公差符号，首先单击指引线起点的位置，如果选择单击亮显的边或点，则指引线将被附着在边或点上，然后移动光标以预览将创建的指引线，单击为指引线添加另外一个顶点。当形位公差符合位于所需的位置时，单击鼠标右键，然后在弹出的快捷菜单中选择【继续】命令，则形位公差符号成功放置，并打开【形位公差符号】对话框。

(5) 参数设置完毕，单击【确定】按钮以完成形位公差的标注。

【形位公差符号】对话框中的选项说明如下。

- 【符号】：选择要进行标注的项目，一共可以设置三个。
- 【公差】：设置公差值，可以分别设置两个独立公差的数值。
- 【基准】：指定影响公差的基准，基准符号可以从对话框下面的基准下拉列表中选择。
- 【基准标识符号】：指定与形位公差符号相关的基准标识符号。
- 【注释】：向形位公差符号添加注释。
- 【全周边】复选框：选中此复选框，用来在形位公差旁添加周围焊缝符号。

10.5.4 文本标注

在 Inventor 中，可以向工程图中的激活草图或工程图资源(例如，标题栏格式、自定义图框或略图符号)中添加文本或者带有指引线的注释文本，作为图样标题、技术要求或者其他的备注说明文本等。

1. 标注文本

标注文本的步骤如下。

(1) 单击【标注】选项卡【文本】面板上的【文本】按钮 **A**。

(2) 在草图区域或者工程图区域按住鼠标左键，拖出一个矩形作为放置文本的区域，释放鼠标后打开【文本格式】对话框，如图 10-36 所示。

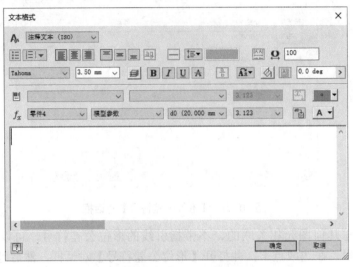

图 10-36　【文本格式】对话框

(3) 设置好文本的特性、样式等参数后，在【文本格式】对话框下面的文本框中输入要添加的文本。

(4) 单击【确定】按钮以完成文本的添加。

2. 【文本格式】对话框中的选项说明

(1) 【样式】下拉列表。
指定要应用到文本的文本样式。

(2) 文本属性。
- ：在文本框中定位文本。
- ：创建项目符号和编号。
- 【基线对齐】：在选中【单行文本】按钮和创建草图文本时可用。
- 【单行文本】：删除多行文本中的所有换行符。

(3) 字体属性。
- 【字体】：指定文本字体。
- 【字体大小】：以图样单位设置文本高度。
- 【样式】：设置样式。
- 【堆叠】：可以堆叠工程图文本中的字符串以创建斜堆叠分数，或水平堆叠分数以及上标或下标字符串。
- 【颜色】：指定文本颜色。

- 【文本大小写】：将选定的字符串转换为大写、小写或词首字母大写。
- 【旋转角度】：设置文本的角度，绕插入点旋转文本。

(4) 模型、工程图和自定义特性。

- 【类型】列表：指定工程图、源模型以及在【文档设置】对话框的【工程图】选项卡中的自定义特性源文件的特性类型。
- 【特性】列表：指定与所选类型关联的特性。
- 【精度】：指定文本中显示的数字特性的精度。

(5) 【文本格式】对话框中的参数。

- 【零部件】：指定包含参数的模型文件。
- 【来源】：选择要显示在【参数】列表中的参数类型。
- 【参数】：指定要插入文本中的参数。
- 【精度】：指定文本中显示的数值型参数的精度。

(6) 【文本格式】对话框中的符号。

在插入点将符号插入文本。

① 在文本上按住鼠标左键拖动，可以改变文本的位置。

② 要编辑已经添加的文本，可以双击已经添加的文本，重新打开【文本格式】对话框，以编辑已经输入的文本。

③ 选择右键菜单中的【顺时针旋转 90 度】或【逆时针旋转 90 度】命令可以将文本旋转 90°。

④ 选择右键菜单中的【编辑单位属性】命令可以打开【编辑单位属性】对话框，以编辑基本单位和换算单位的属性。

⑤ 选择右键菜单中的【删除】命令则删除所选择的文本。

10.6　添加引出序号和明细栏

创建工程视图尤其是部件的工程图后，往往需要向视图的装配零件和子部件添加引出序号和明细栏。明细栏是显示在工程图中的 BOM 表标注，为部件的零件或者子部件按照顺序编号。它可以显示两种类型的信息：仅零件或第一级零部件。

10.6.1　引出序号

在装配工程图中引出序号就是一个标注标志，用于标识明细栏中列出的项，引出序号的数字与明细栏中零件的序号相对应，并且可以相互驱动。引出序号的方法有手动和自动两种。

1. 手动添加引出序号

手动添加引出序号的步骤如下。

(1) 单击【标注】选项卡【表格】面板上的【引出序号】按钮 ①，单击一个零件，同时设置指引线的起点，打开【BOM 表特性】对话框，如图 10-37 所示。

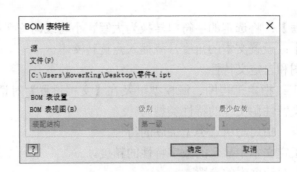

图 10-37 【BOM 表特性】对话框

(2) 设置好【BOM 表特性】对话框中的所有选项后，单击【确定】按钮，此时鼠标指针旁边出现指引线的预览，移动鼠标以选择指引线的另外一个端点，单击以选择该端点。

(3) 单击鼠标右键，在弹出的快捷菜单中选择【继续】命令，创建一个引出序号。此时可以继续为其他零部件添加引出序号，或者按 Esc 键退出。

【BOM 表特性】对话框中的选项说明如下。

- 【文件】：显示用于在工程图中创建 BOM 表的源文件。
- 【BOM 表视图】：用于选择适当的 BOM 表视图，可以选择【装配结构】或者【仅零件】选项。源部件中可能禁用【仅零件】视图。如果选择【仅零件】视图，则源部件中将启用【仅零件】视图。需要注意的是，BOM 表视图仅适用于源部件。
- 【级别】：第一级为直接子项指定一个简单的整数值。
- 【最少位数】：用于控制设置零部件编号显示的最小位数。该下拉列表框中提供的固定位数范围是 1～6。

2. 自动添加引出序号

当零部件数量比较多时，一般采用自动的方法添加引出序号。

自动添加引出序号的步骤如下。

(1) 单击【标注】选项卡【表格】面板上的【自动引出符号】按钮。

(2) 选择一个视图，此时打开【自动引出序号】对话框，如图 10-38 所示。

(3) 在视图中选择要添加或删除的零件。

(4) 在【自动引出序号】对话框中设置序号放置参数，在视图中适当位置单击放置序号。

(5) 设置完毕单击【确定】按钮，则该视图中的所有零部件都会自动添加引出序号。

【自动引出序号】对话框中的选项说明如下。

(1) 【选择】选项组。

- 【选择视图集】按钮：设置需要引出序号的零部件。
- 【添加或删除零部件】按钮：向选择集中添加或删除零部件。可以通过框选以及按住 Shift 键选择的方式，来删除选择的零部件。
- 【忽略多个引用】复选框：选中此复选框，可以仅在所选的第一个零部件上放置引出序号。

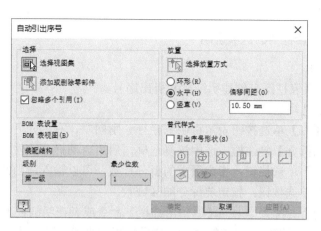

图 10-38 【自动引出序号】对话框

(2) 【放置】选项组。

● 【选择放置方式】按钮：指定【环形】、【水平】或【竖直】方式。

● 【偏移间距】文本框：设置引出序号边之间的距离。

(3) 【替代样式】选项组。

提供创建时引出序号形状的替代样式。

 在工程图中一般要求引出序号，沿水平或者垂直方向顺时针或者逆时针排列整齐，虽然可以通过选择，放置引出序号的位置使得编号排列整齐，但是编号的大小是系统确定的，有时候数字的排列不是按照大小顺序，这时候可以对编号取值进行修改。选择一个要修改的编号单击鼠标右键，在弹出的快捷菜单中选择【编辑引出序号】命令即可。

10.6.2　明细栏

在 Inventor 中工程图明细栏与装配模型相关，在创建明细栏时可按默认设置，方便地自动生成相关信息。明细栏格式可预先设置，也可以重新编辑，甚至可以做复杂的自定义，以进一步与零件信息相关联。

1. 创建明细栏

创建明细栏的步骤如下。

(1) 单击【标注】选项卡【表格】面板上的【明细栏】按钮，打开【明细栏】对话框，如图 10-39 所示。

(2) 选择要添加明细栏的视图，在【明细栏】对话框中设置明细栏参数。

(3) 设置完成后，单击【确定】按钮，完成明细栏的创建。

图 10-39 【明细栏】对话框

2.【明细栏】对话框中的选项说明

(1) BOM 表视图。

选择适当的 BOM 表视图来创建明细栏和引出序号。

(2)【表拆分】选项组。

- 【左】、【右】单选按钮表示将明细栏行分别向左、右拆分。
- 【启用自动拆分】复选框：选中该复选框，启用自动拆分控件。
- 【最大行数】单选按钮：指定最大的拆分行数，可以输入适当的数字。
- 【区域数】单选按钮：指定要拆分的区域数。

选择明细栏，利用右键菜单中的【编辑明细栏】命令或者在明细栏上双击，可以打开【明细栏】对话框。在该对话框中可以编辑序号、代号和添加描述，以及进行排序、比较等操作。

10.7　设计实战范例

本范例完成文件：/10/10-1.ipt、10-2.idw

案例分析

本节的范例是在夹紧轮模型的基础上，创建工程图纸。首先创建图纸文件，之后依次创建模型的视图，并进行尺寸标注，最后对标题栏进行编辑。

案例操作

step 01 创建工程图

① 单击快速访问工具栏中的【新建】按钮，打开【新建文件】对话框。

② 选择【工程图】下的 Standard.idw 模板。

③ 单击【创建】按钮，如图 10-40 所示。

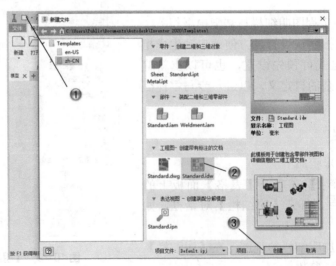

图 10-40　创建工程图

step 02 创建基础视图

① 单击【放置视图】选项卡【创建】面板上的【基础视图】按钮 ，打开【工程视图】对话框。

② 在【工程视图】对话框中选择零件模型，并设置参数。

③ 单击【确定】按钮，如图 10-41 所示。

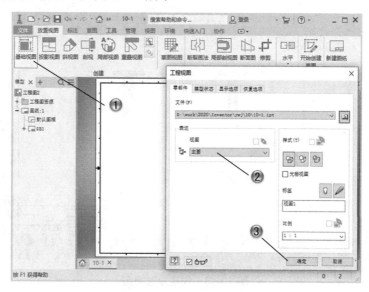

图 10-41　创建基础视图

step 03 创建投影视图

① 单击【放置视图】选项卡【创建】面板上的【投影视图】按钮 ，创建投影视图。

② 在视图中选择要投影的视图，并将视图拖动到投影位置，如图 10-42 所示。

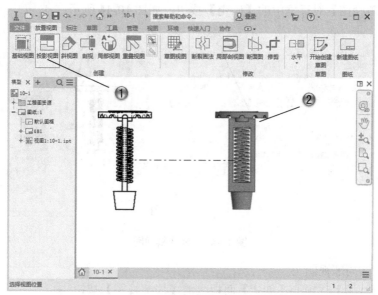

图 10-42　创建投影视图

step 04 继续创建投影视图

①单击【放置视图】选项卡【创建】面板上的【投影视图】按钮⬚，创建投影视图。

②在视图中选择要投影的视图，并将视图拖动到投影位置，如图 10-43 所示。

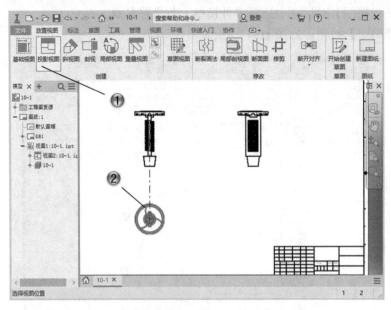

图 10-43　创建投影视图

step 05 创建斜视图

单击【放置视图】选项卡【创建】面板上的【斜视图】按钮。

①在【斜视图】对话框中设置斜视图参数。

②在绘图区中，选择父视图并放置。

③单击【斜视图】对话框中的【确定】按钮，如图 10-44 所示。

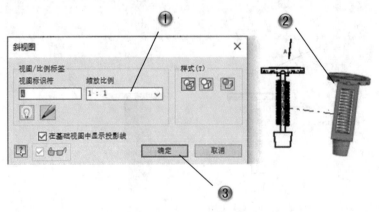

图 10-44　创建斜视图

step 06 创建局部视图

单击【放置视图】选项卡【创建】面板上的【局部视图】按钮。

①在【局部视图】对话框中设置局部视图参数。

② 在绘图区中，选择父视图并绘制圆形。

③ 单击【局部视图】对话框中的【确定】按钮，如图 10-45 所示。

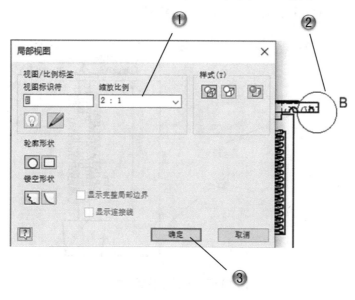

图 10-45　创建局部视图

step 07　创建剖视图

单击【放置视图】选项卡【创建】面板上的【剖视】按钮 。

① 在【剖视图】对话框中设置剖视图参数。

② 在绘图区中，选择父视图并放置。

③ 单击【剖视图】对话框中的【确定】按钮，如图 10-46 所示。

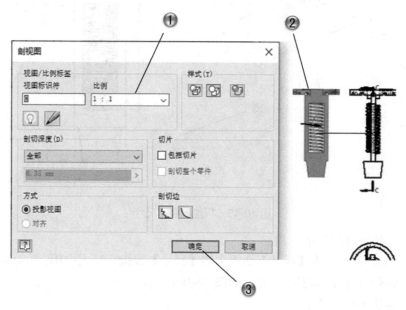

图 10-46　创建剖视图

step 08 标注主视图尺寸

①单击【标注】选项卡【尺寸】面板上的【尺寸】按钮，添加尺寸。

②在绘图区中，标注主视图尺寸，如图 10-47 所示。

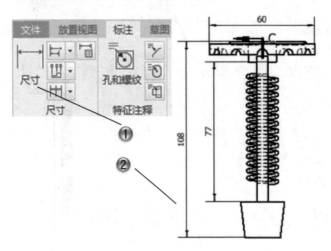

图 10-47　标注主视图尺寸

step 09 标注侧视图尺寸

①单击【标注】选项卡【尺寸】面板上的【尺寸】按钮，添加尺寸。

②在绘图区中，标注侧视图尺寸，如图 10-48 所示。

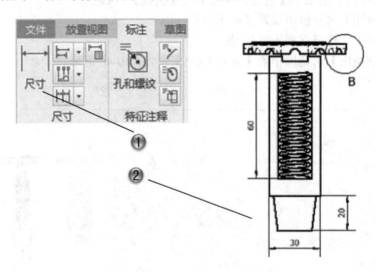

图 10-48　标注侧视图尺寸

step 10 标注剖视图尺寸

①单击【标注】选项卡【尺寸】面板上的【尺寸】按钮，添加尺寸。

②在绘图区中，标注剖视图尺寸，如图 10-49 所示。

step 11 标注俯视图尺寸

①单击【标注】选项卡【尺寸】面板上的【尺寸】按钮，添加尺寸。

② 在绘图区中，标注俯视图尺寸，如图 10-50 所示。

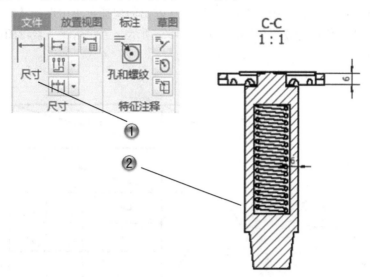

图 10-49　标注剖视图尺寸

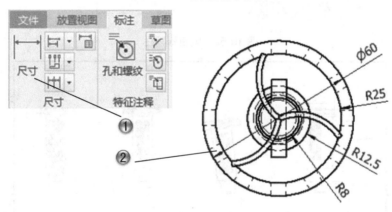

图 10-50　标注俯视图尺寸

step 12 标注局部视图尺寸

① 单击【标注】选项卡【尺寸】面板上的【尺寸】按钮 ，添加尺寸。

② 在绘图区中，标注局部视图尺寸，如图 10-51 所示。

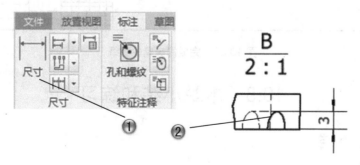

图 10-51　标注局部视图尺寸

step 13 编辑标题栏

① 右键单击浏览器设计树中的 GB2 选项，在弹出的快捷菜单中选择【编辑】命令。

② 在绘图区中，修改标题栏内容，如图 10-52 所示。至此完成夹紧轮图纸的绘制，最终结果如图 10-53 所示。

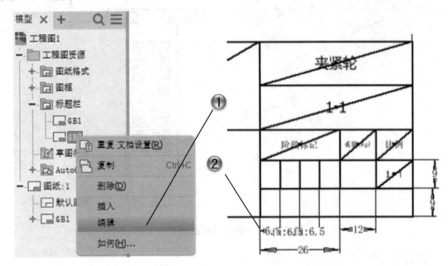

图 10-52　编辑标题栏

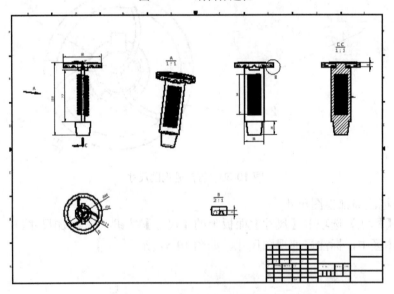

图 10-53　完成的夹紧轮图纸

10.8　本章小结和练习

10.8.1　本章小结

本章主要介绍了创建工程图以及编辑工程图的相关命令和操作。工程图由视图、尺寸、

符号文字以及序号和明细表等组成，读者应结合实际，绘制工程图进行学习使用。

10.8.2　练习

(1)　使用之前章节创建的零件创建工程图。

(2)　创建零件的三视图。

(3)　对视图进行尺寸标注。

第 11 章

表达视图和模型样式

传统的设计方法对设计结果的表达，是以静态的、二维的方式为主，表达效果受到很大的限制。随着计算机辅助设计软件的发展，表达方法逐渐向着三维、动态的方向发展，并进入数字样机时代。本章介绍的软件表达视图模块，是三维设计方向的有力工具。

11.1　表达视图设计

表达视图是动态显示部件装配过程的一种特定视图。

11.1.1　表达视图概述

在表达视图中，通过给零件添加位置参数和轨迹线，使其成为动画，动态演示部件的装配过程。表达视图不仅说明了模型中零件和部件之间的相互关系，还说明了零部件以何种安装顺序完成总装。还可将表达视图用在工程图文件中来创建分解视图，也就是俗称的爆炸图。

使用表达视图有以下优势。

(1) 可视化：可以保存和恢复零部件不同的着色方案。

(2) 视觉清晰：在装配环境中可以先快速地关闭所有零部件的可见性，再显示仅与当前设计任务有关的零部件，然后保存设计表达视图。

(3) 增强的性能：在复杂装配中保存和控制零部件的可见性，使其仅显示必须使用的零部件。

(4) 团队设计的途径：在 Inventor 中，若干名工程师可以同时在同一装配环境中工作，设计师们可以使用设计表达视图来保存或恢复用于完成自己设计任务所需的显示状况。每个设计师也可以访问其他设计师在装配环境中创建的公用设计表达视图。

(5) 表达视图的基础：如果在设计表达视图中保存有零部件的可视属性，那么在表达视图中很容易复制这些设置。

(6) 工程图的基础：可以保留和取消装配的显示属性，以用于创建工程图。

在 Inventor 中可以创建以下两种类型的设计表达视图。

(1) 公用的设计表达视图：设计表达视图的信息存储在装配(.iam)文件中。

(2) 专用的设计表达视图：设计表达视图的信息存储在单独(.idv)文件中。

在默认情况下，所有的设计表达视图都存储为公用的。早期版本的 Inventor 是将所有的设计表达视图存储在单独文件中。当打开用早期版本的 Inventor 创建的装配文件时，存储设计表达视图的文件被同时输入，并保存为公共的设计表达视图。

在设计表达视图环境中，可以新建、删除设计表达视图，以及给设计表达视图添加属性。

11.1.2　进入表达视图环境

本节讲解如何进入和创建表达视图，如何调整其中的零部件位置，以及如何创建表达视图的装配动画。

(1) 单击快速访问工具栏中的【新建】按钮，打开【新建文件】对话框，在该对话框中选择【表达视图】下的 Standard.ipn 模板。

(2) 单击【创建】按钮，打开【插入】对话框，选择创建表达视图的零部件，单击【打开】按钮，进入表达视图环境，如图 11-1 所示。

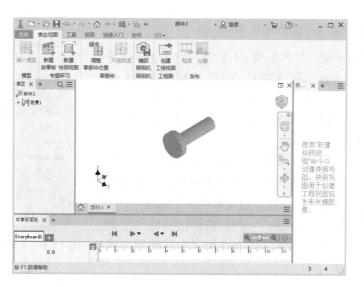

图 11-1 表达视图环境

11.1.3 创建表达视图

每个表达视图文件可以包含指定部件所需的任意多个表达视图。当对部件进行改动时，表达视图会自动更新。

1. 创建表达视图

创建表达视图的步骤如下。

(1) 单击【表达视图】选项卡【模型】面板上的【插入模型】按钮，打开【插入】对话框，如图 11-2 所示。

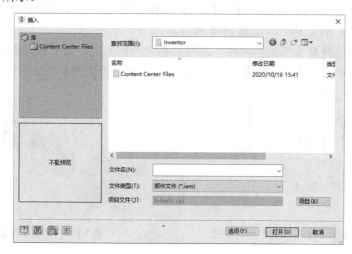

图 11-2 【插入】对话框

(2) 在【插入】对话框中选择要创建表达视图的零部件，单击【打开】按钮，进入表达视图环境。

2. 【插入】对话框中的选项说明

单击【选项】按钮，打开如图 11-3 所示的【文件打开选项】对话框。在该对话框中显示了可供选择的指定文件的选项。如果文件是部件，可以选择文件打开时的显示方式。如果文件是工程图，可以改变工程图的状态，在打开工程图之前，进行延时更新。

【位置表达】选项组：单击下拉按钮可以打开带有指定的位置表达的文件。表达包括：关闭某些零部件的可见性、改变某些柔性零部件的位置，以及其他显示属性。

【详细等级表达】选项组：单击下拉按钮可以打开带有指定的详细等级表达的文件。该表达用于内存管理，可能包含零部件抑制。

图 11-3 【文件打开选项】对话框

11.1.4 调整零部件位置

合理调整零部件的位置，对表达零部件造型及零部件之间装配关系具有重要作用。表达视图创建完成后，设计人员应首先根据需要调整各零部件的位置。即使选择"自动"方式创建的表达视图，这一过程也通常不可避免。通过调整零部件的位置，可以使零部件做直线运动或绕某一直线做旋转运动，并可以显示零部件从装配位置到调整后位置的运动轨迹，以便设计人员更好地观察零部件的拆装过程。

1. 调整零部件位置

调整零部件位置的步骤如下。

(1) 单击【表达视图】选项卡【零部件】面板上的【调整零部件位置】按钮，打开【调整零部件位置】小工具栏，如图 11-4 所示。

(2) 在视图中选择要分解的零部件，选择和指定分解方向，设置偏移距离和旋转角度。

(3) 在小工具栏中单击【确定】按钮，完成零部件位置的调整，结果如图 11-5 所示。

图 11-4 【调整零部件位置】小工具栏

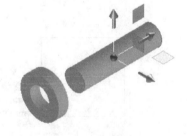

图 11-5 调整零件位置

2. 【调整零部件位置】小工具栏中的选项说明

(1) 【移动】：创建平动位置参数。

(2) 【旋转】：创建旋转位置参数。

(3) 选择过滤器。

● 【所有零部件】：选择部件或零件。

● 【零件】：可以选择零件。

● 【定位】：放置或移动空间坐标轴。将光标悬停在模型上以显示零部件夹点，然后单击一个点来放置空间坐标轴。

(4) 空间坐标轴的方向。

● 【局部】：使空间坐标轴的方向与附着空间坐标轴的零部件坐标系一致。

● 【世界】：使空间坐标轴的方向与表达视图中的世界坐标系一致。

● 【添加新轨迹】 ：为当前位置参数创建另一条轨迹。

● 【删除现有轨迹】 ：删除为当前位置参数创建的轨迹。

11.1.5 创建动画

Inventor 的动画功能可以创建部件表达视图的装配动画，并且可以创建动画的视频文件，如 AVI 文件，以便随时随地动态重现部件的装配过程。

创建动画的步骤如下。

(1) 表达视图默认打开【故事板面板】工具栏，如图 11-6 所示。

图 11-6 【故事板面板】工具栏

(2) 单击【故事板面板】工具栏中的【播放当前故事板】按钮 ，可以查看动画效果。

(3) 单击【表达视图】选项卡【发布】面板上的【视频】按钮 ，打开【发布为视频】对话框。输入文件名，选择保存文件的位置，设置文件格式，如图 11-7 所示。单击【确定】按钮，弹出【视频压缩】对话框，采用默认设置，单击【确定】按钮，生成动画。

图 11-7 【发布为视频】对话框

11.2 模型样式设计

模型的样式主要有模型的材料和外观，主要集中在 Inventor 产品中的材料库和外观库中。在零部件设计完成后，往往需要对零部件添加材料和设置外观颜色，使零部件达到更加真实和美观的效果。Inventor 产品中的材料代表真实的材料。将这些材料应用到设计的各个部分，不仅为对象提供真实的外观，更重要的是在对设计的零部件进行应力分析时，可以对设计的零部件提供真实的物理特性，使分析更加准确，和实际情况一致，对零部件的力学性能和材料性能提供更加科学的理论依据。

衍生零件和衍生部件是将现有零件和部件作为基础特征，而创建的新零件；可以将一个零件作为基础特征，通过衍生生成新的零件，也可以把一个部件作为基础特征，通过衍生生成新的零件；新零件中可以包含部件的全部零件，也可以包含一部分零件。

11.2.1 材料设计

在设计过程中，用户往往需要对所设计的零部件添加材料属性，来获得更加真实的零部件外观和材料属性，或者在后续的应力分析过程中对零部件提供真实的物理特性。

1. 给零部件添加材料

可以通过以下两种方式给零部件添加材料。

1) 通过快速访问工具栏添加材料属性

在绘图区域选择零部件。

单击快速访问工具栏中的【材料】下拉列表框右侧的下拉按钮，在材料下拉列表中选择材料，如图 11-8 所示，将所选的材料指定给选定的零部件，添加材料后的零部件会有相应的颜色。

材料添加完成后，在浏览器中用鼠标右键单击创建的零件，在弹出的快捷菜单中选择 iProperty 命令，如图 11-9 所示，打开 iProperty 对话框。切换到【物理特性】选项卡，在该选项卡中可以查看添加材料后的零件的物理特性，包括【材料】、【密度】、【质量】、【面积】、【体积】及【惯性特性】等参数，如图 11-10 所示。

2) 通过【材料浏览器】对话框添加材料属性

单击【工具】选项卡【材料和外观】面板中的【材料】按钮 ⬡，打开【材料浏览器】对话框，如图 11-11 所示。

在绘图区域或在模型浏览器中选择零部件。

在【材料浏览器】对话框中展开【Inventor 材料库】选项，在展开的下拉列表中选择需要添加材料的类型，则在对话框中会显示所选材料的预览，将光标悬停在一种材料上方，可以预览该材料应用于选定对象的效果。

然后单击鼠标右键，在弹出的快捷菜单中选择【指定给当前选择】命令，给零件选择指定的材料。

图 11-8 材料下拉列表

图 11-9 右键快捷菜单

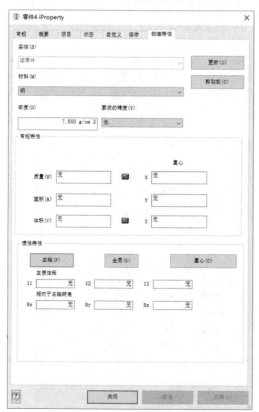

图 11-10 iProperty 对话框

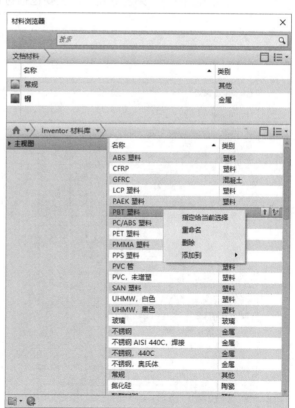

图 11-11 【材料浏览器】对话框

2. 编辑材料

Inventor 的材料库中虽然包括了许多常用的材料，但在当今材料科学日新月异的时代，新型材料层出不穷，有许多新型材料不能及时补充到系统中来，因此当材料库中没有需要的材料或所需材料与库中的材料特性相接近时，可以通过编辑材料，修改库中材料的属性，使库中材料属性符合要求。

可以通过以下方式编辑材料属性。

单击【工具】选项卡【材料和外观】面板中的【材料】按钮，打开【材料浏览器】对话框。

若已经为零部件添加了材料属性，则添加的材料出现在【文档材料】列表中，单击【文档材料】列表中所选材料右侧的【编辑材质】按钮。

系统弹出所选材料的【材料编辑器】对话框，在该对话框中包括【标识】、【外观】、【物理】三个选项卡。

- 【标识】选项卡：该选项卡可以编辑材料的名称、说明信息、产品信息、Revit 注释信息等，如图 11-12 所示。
- 【外观】选项卡：该选项卡可以编辑材料的信息、常规、反射率、透明度、剪切、自发光、凹凸、染色等属性，主要包括材料的颜色和其他光学特性，如图 11-13 所示。

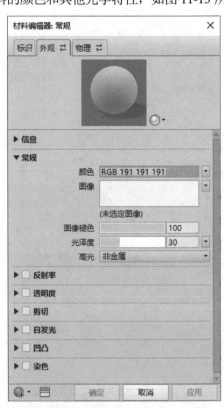

图 11-12　【标识】选项卡　　　　图 11-13　【外观】选项卡

- 【物理】选项卡：该选项卡可以编辑材料的信息、基本热量、机械、强度等属性，主要包括材料的力学物理特性，如图 11-14 所示。

3. 创建材料

在 Inventor 的材料库中不仅可以编辑材料，还可以创建新的材料。可以通过以下方式创建新材料(以创建水银为例)。

单击【工具】选项卡【材料和外观】面板中的【材料】按钮，打开【材料浏览器】对话框。

在【材料浏览器】对话框中，单击底部的【在文档中创建新材料】按钮，打开【材料编辑器】对话框。在【标识】选项卡中设置新建材料的名称和说明信息等内容，如图 11-15 所示。

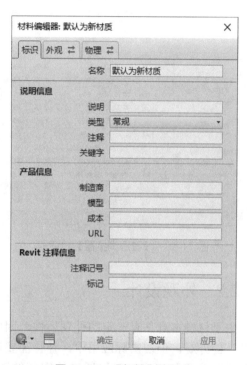

图 11-14　【物理】选项卡　　　　图 11-15　【标识】选项卡

在【材料编辑器】对话框中切换到【外观】选项卡，可以通过设置【常规】选项组中的颜色等选项，设置外观，也可以在资源浏览器中选择与新建材料颜色相近或一致的颜色。只需要找到外观一致或接近的材料，用这个材料的外观替换新建材料的外观即可。

单击【材料编辑器】对话框底部的【打开/关闭资源浏览器】按钮，打开【资源浏览器】对话框，如图 11-16 所示。在该浏览器中选择材料，然后右键单击该材料，在弹出的快捷菜单中选择【在编辑器中替换】命令，则所选的外观属性就替换了新建材料的外观属性。

在【材料编辑器】对话框中切换到【物理】选项卡，同样可以在【资源浏览器】对话框替换新建材料的物理属性。

设置完成后，单击【确定】按钮，完成新材料的创建。在【材料浏览器】对话框的【文档材料】列表中右键单击新建的材料，在弹出的快捷菜单中依次选择【添加到】|【Inventor

材料库】|【液体】命令，如图 11-17 所示，这样新建的材料就可以出现在材料浏览器中，能够添加到所建的零部件中去。

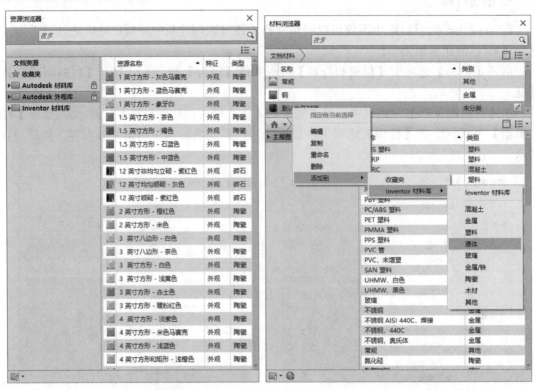

图 11-16　【资源浏览器】对话框　　　　图 11-17　右键快捷菜单

11.2.2　外观设计

由于材料本身具有一定的外观属性，因此在添加材料的同时，就为零部件添加了相应材料默认的外观。但在实际应用中，往往需要对设计的零部件添加更加丰富的颜色，使设计的零部件外观更加丰富，可以通过给零部件添加其他特性和颜色的外观，以达到所需的外观效果。

1. 给零部件添加外观

可以通过以下两种方式给零部件添加外观。

1)　通过快速访问工具栏添加外观

单击快速访问工具栏中的【外观】列表右侧的下拉按钮，在材料列表中为零部件选择材料外观，由于附加的材料本身自带外观，后来添加的颜色相当于替换掉了原来材料的颜色，因此两者会有些区别。

2)　通过【外观浏览器】对话框添加外观

单击【工具】选项卡【材料和外观】面板中的【材料】按钮，打开【材料浏览器】对话框。

在绘图区域或在模型浏览器中选择零部件。

在【外观浏览器】对话框中，在展开的列表中选择需要添加外观的类型，对话框中将显示所选外观的预览，将光标悬停在一种外观上方，此时可预览该外观应用于选定对象的效果。

单击鼠标右键，在弹出的快捷菜单中选择【指定给当前选择】命令，给零件选择指定的外观。

> 添加外观时，如果选择零件的一个面，则只为该面添加相应的外观颜色；若选择整个零件，则为整个零件添加相应的外观颜色；若选择整个部件，则为整个部件添加相应的外观颜色。

2. 调整外观

Inventor Publisher 中提供了大量的材料，以及一个很方便的颜色编辑器。单击【工具】选项卡【材料和外观】面板上的【调整】按钮，打开如图 11-18 所示的颜色编辑器。

在 Inventor Publisher 中导入 Inventor 部件后，处理颜色时将遵循下面的规则。

- 如果 Inventor 中给定了材料，则颜色按照材料走。
- 如果 Inventor 中给定了材料，并给了一个与材料不同的颜色，则使用新颜色。
- 如果已经导入 Publisher 中，且通过修改材料又给了一个新的颜色，则这个新的颜色将覆盖前面的两个颜色。
- Publisher 中修改的颜色、材料无法返回 Inventor 中。
- 在 Publisher 中存档后，当 Inventor 中又修改了颜色/材料时，通过检查存档状态，Publisher 可以自动更新颜色和材料。
- 如果在 Publisher 中修改过颜色/材料，则不会更新。

所以调整外观比较好的工作流程如下。

(1) 设计部件，同时导入 Publisher 中做固定模板。

(2) 更改设计，使用 Publisher 更新文件。

(3) 完成材料、颜色的定义后，使用 Publisher 更新文件。

(4) 如果有不满足需求的，则可在 Publisher 中进行颜色、材质的更改。

3. 删除外观

若设置的外观不是想要的效果，可以将该外观删除，具体操作如下。

(1) 单击【工具】选项卡【材料和外观】面板中的【清除】按钮。

(2) 打开【清除外观】小工具栏，如图 11-19 所示。

图 11-18　颜色编辑器

图 11-19　【清除外观】小工具栏

325

(3) 在绘图区域选择要删除外观颜色的零部件，然后单击【清除外观】小工具栏中的【确定】按钮 ✓，则该零部件的外观颜色将被删除。

11.3 设计实战范例

本范例完成文件：/11/11-1.iam、11-2.ipn

案例分析

本节的范例是使用已经完成装配的密封罐装配模型，进行表达视图的创建和材质的添加。首先打开模型，添加各个零件的材质，之后新创建一个表达视图文件，依次调整零部件的位置，创建运动图像，最后进行表达视图模拟演示。

案例操作

step 01 添加材质 1

① 在绘图区中，选择装配模型零件 1。

② 单击快速访问工具栏中的【材料】列表右侧的下拉按钮，在材料列表中选择材料，如图 11-20 所示。

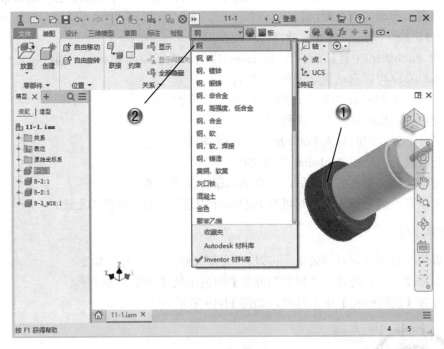

图 11-20 添加材质 1

step 02 添加材质 2

① 在绘图区中，选择装配模型零件 2。

② 在材料列表中选择材料，如图 11-21 所示。

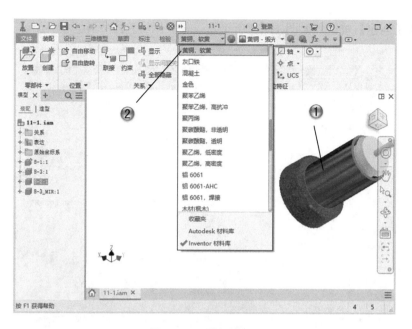

图 11-21　添加材质 2

step 03 添加材质 3

① 在绘图区中，选择装配模型零件 3。

② 在材料列表中选择材料，如图 11-22 所示。

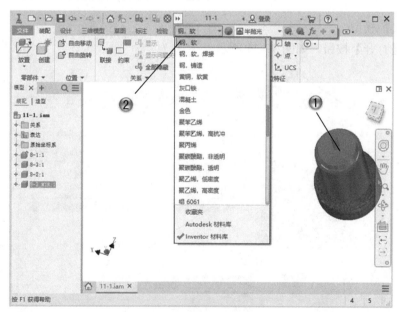

图 11-22　添加材质 3

step 04 创建表达视图

① 单击快速访问工具栏中的【新建】按钮 ，打开【新建文件】对话框。

② 选择【表达视图】下的 Standard.ipn 模板。

③ 单击【创建】按钮，如图 11-23 所示。

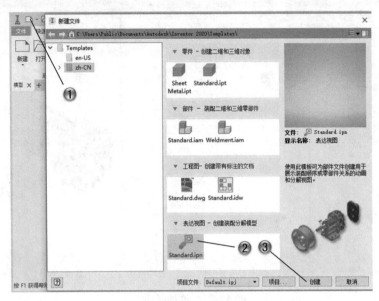

图 11-23　创建表达视图

step 05　插入模型

① 单击【表达视图】选项卡【模型】面板上的【插入模型】按钮 <img>，打开【插入】对话框。

② 选择装配模型。

③ 单击【打开】按钮，如图 11-24 所示。

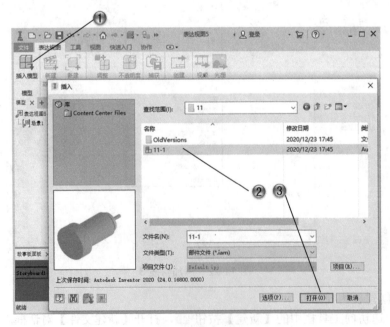

图 11-24　插入模型

step 06 调整零件 1 位置

① 单击【表达视图】选项卡【零部件】面板上的【调整零部件位置】按钮，选择模型进行调整。

② 在数值文本框中，输入调整的位置参数。

③ 在小工具栏中单击【确定】按钮，完成零部件位置的调整，如图 11-25 所示。

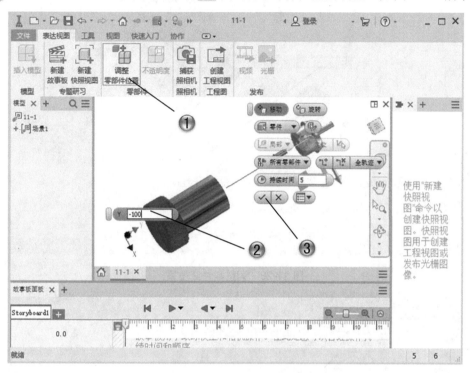

图 11-25 调整零件 1 位置

step 07 调整零件 2 位置

① 单击【表达视图】选项卡【零部件】面板上的【调整零部件位置】按钮，选择模型进行调整。

② 在数值文本框中，输入调整的位置参数。

③ 在小工具栏中单击【确定】按钮，完成零部件位置的调整，如图 11-26 所示。

step 08 调整零件 3 位置

① 单击【表达视图】选项卡【零部件】面板上的【调整零部件位置】按钮，选择模型进行调整。

② 在数值文本框中，输入调整的位置参数。

③ 在小工具栏中单击【确定】按钮，完成零部件位置的调整，如图 11-27 所示。

step 09 播放运动视频

① 单击【故事板面板】工具栏中的【播放当前故事板】按钮，查看动画效果。

② 单击快速访问工具栏中的【保存】按钮，保存表达视图文件，如图 11-28 所示。

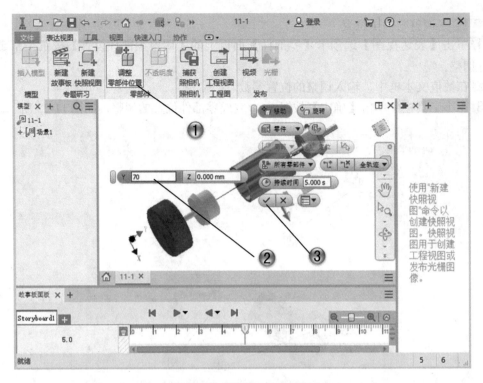

图 11-26　调整零件 2 位置

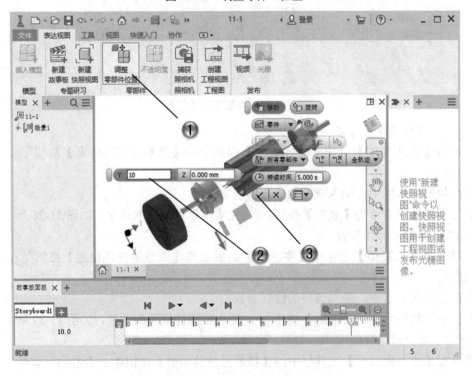

图 11-27　调整零件 3 位置

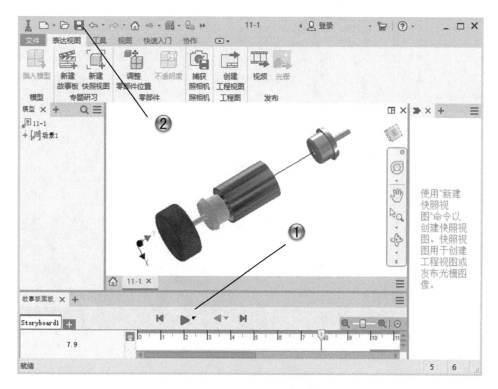

图 11-28　播放运动视频

11.4　本章小结和练习

11.4.1　本章小结

本章主要介绍了表达视图的使用方法，以及模型样式设计。表达视图相当于模型的运动或者动态装配，是三维设计重要的验证部分；模型样式又分为材料和外观两部分，读者可以结合实战范例进行学习。

11.4.2　练习

(1)　使用表达视图创建之前创建的装配模型的运动视频。

(2)　打开已有的零件模型，添加并创建零件材质和外观。

第 12 章

应 力 分 析

　　应力分析是 Inventor 的一个重要功能，Inventor 2020 对应力分析模块进行了更新。通过在零件和钣金环境下进行应力分析，设计者能够在设计的开始阶段就了解设计零件的材料和形状是否能够满足应力要求，零件变形是否在允许范围内。

12.1　Inventor 应力分析介绍

应力分析就是有限元分析，将一个工程系统由连续的系统转换成有限元系统，对工程问题进行求解和计算。Inventor 中应力分析的处理规则包括线性变形规则、小变形规则和温度无关性规则。

Inventor 的应力分析模块由著名有限元分析软件公司之一的美国 ANSYS 公司开发，所以 Inventor 的应力分析也是采取有限元分析(FEA)的基本理论和方法。Inventor 中的应力分析是通过使用物理系统的数学表达来完成的，该物理系统由以下内容组成。

(1)　一个完整的零件模型。

(2)　材料特性。

(3)　可以使用的边界条件(预处理)。

(4)　数学表达方案。要获得一种方案，可将零件分成若干个小元素。求解器会对各个元素的独立行为进行综合计算，以预测整个物理系统的行为。

(5)　研究该方案的结果(后处理)。

使用 Inventor 做应力分析，必须了解一些必要的分析假设。

由 Autodesk Inventor Professional 提供的应力分析仅适用于线性材料特性。在这种材料特性中，应力和材料中的应变成正比例，材料不会永久性屈服，在弹性区域(作为弹性模量进行测量)中，材料的应力与应变曲线的斜率是常数时，便会得到线性结果。

假设与零件厚度相比，总变形很小。例如，如果研究梁的挠度，那么计算得出的位移必须远小于该梁的最小横截面。

结果与温度无关，假设温度不影响材料特性。

如果上面 3 个条件中的某一个不符合，则不能够保证分析结果的正确性。

12.1.1　进入应力分析环境

在零件或者钣金环境下，单击【环境】选项卡【开始】面板中的【应力分析】按钮 ，则进入应力分析环境，如图 12-1 所示。

单击【分析】选项卡【管理】面板中的【创建方案】按钮 ，打开【创建新方案】对话框，指定方案名称；设置设计目标，有【单点】和【驱动尺寸】两种方式，以及其他参数等。之后单击【确定】按钮，接受设置，激活放置命令，如图 12-2 所示。

进行应力分析的一般步骤如下。

(1)　创建要进行分析的零件模型。

(2)　指定模型的材料特性。

(3)　添加必要的边界条件，并且与实际情况相符。

(4)　进行分析设置。

(5)　划分有限元网格，运行分析，分析结果得出和研究(后处理)。

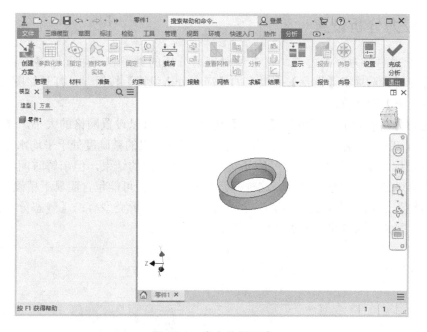

图 12-1 应力分析环境

图 12-2 【创建新方案】对话框

12.1.2 应力分析设置

在进行正式的应力分析之前，有必要对应力分析的类型和有限元网格的相关性进行设置。单击【分析】选项卡【设置】面板上的【应力分析设置】按钮，打开如图 12-3 所示的【应力分析设置】对话框。

在【应力分析设置】对话框的【网格】选项卡中，可以设置网格的大小。【平均元素大小】默认值为 0.100，这时的网格所产生的求解时间和结果的精确度处于平均水平。数值设置得越小可以使用越精密的网格，这种网格提供了高度精确的结果，但求解时间较长。将数值设置得越大可以使用越粗略的网格，这种网格求解较快，但可能包含明显不精确的结果。

在【常规】选项卡默认的分析类型中，可以选择的分析类型有：【静态分析】和【模态分析】两种，静态分析这里不多做解释，如图 12-4 所示。

图 12-3 【应力分析设置】对话框

图 12-4 【常规】选项卡

模态分析(共振频率分析)主要用来查找零件振动的频率以及在这些频率下的振形。与应力分析一样，模态分析也可以在应力分析环境中使用。共振频率分析可以独立于应力分析进行，用户可以对预应力结构执行频率分析，在这种情况下，可以于执行分析之前定义零件上的载荷，除此之外，还可以查找未约束的零件的共振频率。

12.2 创建边界条件

模型实体和边界条件(如材料、载荷、力矩等)共同组成了一个可以进行应力分析的系统。

12.2.1　指定材料

单击【分析】选项卡【材料】面板中的【指定】按钮，打开如图 12-5 所示的【指定材料】对话框。

在进行应力分析前，要确保分析的零件材料定义完整。当没有完整定义材料时，材料列表在原材料名称旁显示⚠符号，如果使用该材料，则会收到一条警告信息。

图 12-5　【指定材料】对话框

该对话框中显示【零部件】【原材料】【替代材料】和【安全系数】等参数，可以从下拉列表中为零件选择一种合适的材料，以用于应力分析。

如果不选择任何材料则取消此对话框，继续设置应力分析，当尝试更新应力分析时，将显示该对话框，以便在运行分析之前选择一种有效的材料。

> 提示　当材料的屈服强度为零时，可以执行应力分析，但是安全系数将无法计算和显示。当材料密度为零时，同样可以执行应力分析，但无法执行共振频率分析。

12.2.2　固定约束

将固定约束应用到零件表面、边或顶点上以使得零件的一些自由度被限制，比如在一个正方体零件的一个顶点上添加固定约束，则可以约束该零件的 3 个平面自由度。除了限制零件的运动外，固定约束还可以使得零件在一定的运动范围内运动，将零件某部分固定，才能使零件添加载荷后发生应力和应变。

添加固定约束的步骤如下。

（1）单击【分析】选项卡【约束】面板上的【固定约束】按钮，打开如图 12-6 所示的

图 12-6　【固定约束】对话框

【固定约束】对话框。

(2) 单击【位置】按钮 以选择要添加固定约束的位置，可以选择一个表面、一条直线或者一个点。

(3) 如果要设置零件在一定范围内运动，则可以选中【使用矢量分量】复选框，然后分别指定零件在 X、Y、Z 轴运动范围的值，单位为毫米(mm)。

(4) 单击【确定】按钮完成固定约束的添加。

12.2.3 销约束

用户可以向一个柱面或者其他曲面上添加销约束，当添加了一个销约束以后，物体在某个方向上就不能平动、转动和发生变形。

要添加销约束，可以单击【分析】选项卡【约束】面板上的【销约束】按钮 ，打开如图 12-7 所示的【孔销连接】对话框。若取消选中【固定径向】复选框，圆柱体会变粗或变细；若取消选中【固定轴向】复选框，圆柱体会被拉长或者压缩；若取消选中【固定切向】复选框，圆柱体会沿切线方向扭转变形。

图 12-7 【孔销连接】对话框

12.2.4 无摩擦约束

利用无摩擦约束工具，可以在一个表面上添加无摩擦约束。添加无摩擦约束以后，物体不能在垂直于该表面的方向上运动或者变形，但是可以在无摩擦约束相切方向上运动或者变形。

要为一个表面添加无摩擦约束，可以单击【分析】选项卡【约束】面板上的【无摩擦约束】按钮 ，弹出如图 12-8 所示的【无摩擦约束】对话框。选择一个表面以后，单击【确定】按钮，即完成无摩擦约束的添加。

图 12-8 【无摩擦约束】对话框

12.2.5 力和压力

应力分析模块中提供力和压力两种形式的作用力载荷，力和压力的区别是力作用在一个点上，而压力作用在面上，压力更加准确的名称应该是"压强"。下面以添加力为例，讲述如何在应力分析模块下为连接模型添加力。

(1) 单击【分析】选项卡【载荷】面板上的【力】按钮 ，打开如图 12-9 所示的【力】对话框。

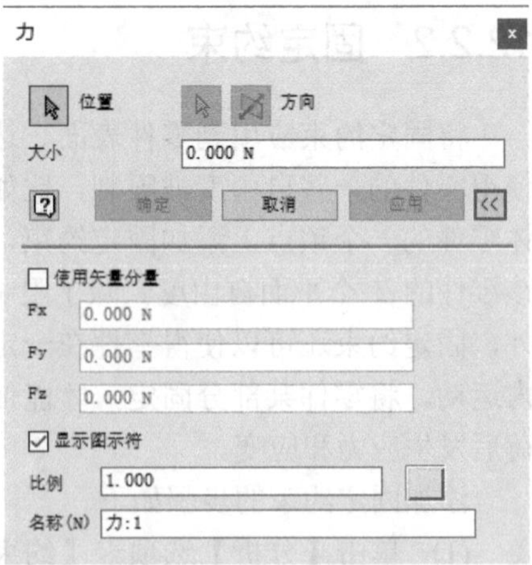

图 12-9 【力】对话框

(2) 单击【位置】按钮 ，选择零件上的某一点作用力的作用点；也可以在模型上单击，则鼠标指针所在的位置就作为力的作用点。

(3) 通过单击【方向】按钮 ▨ 可以选择力的方向，如果选择了一个平面的话，则平面的法线方向被选择作为力的方向。单击【方向】按钮 ▨ 可以使得力的作用方向相反。

(4) 在【大小】文本框中指定力的大小，如果选中【使用矢量分量】复选框，还可以通过指定力的各个分量的值来确定力的大小和方向，既可以输入数值形式的力值，也可以输入已定义参数的方程式。

(5) 单击【确定】按钮完成力的添加。

> 提示　　当使用分量形式的力时，【方向】按钮和【大小】文本框变为灰色不可用。因为此时力的大小和方向完全由各个分力决定，不需要再单独指定力的这些参数。

要为零件模型添加压强，可以单击【载荷】面板上的【压强】按钮 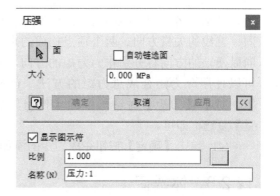，打开如图 12-10 所示的【压强】对话框。单击【面】按钮 ▨ 指定压力作用的表面，然后在【大小】文本框中指定压强的大小。注意单位为 MPa(兆帕)，压强的大小取决于作用表面的面积，单击【确定】按钮完成压强的添加。

图 12-10　【压强】对话框

12.2.6　轴承载荷

轴承载荷仅可以应用到圆柱表面，默认情况下，应用的载荷平行于圆柱的轴。载荷的方向可以是平面的方向，也可以是边的方向。

为零件添加轴承载荷的步骤如下。

(1) 单击【分析】选项卡【载荷】面板上的【轴承载荷】按钮 ，打开如图 12-11 所示的【轴承载荷】对话框。

(2) 选择轴承载荷的作用表面，注意应该选择一个圆柱面。

(3) 选择轴承载荷的作用方向，可以选择一个平面，则平面的法线方向将作为轴承载荷的方向；如果选择一个圆柱面，则圆柱面的方向将作为轴承载荷的方向；如果选择一条边，则该边的矢量方向将作为轴承载荷的方向。

图 12-11　【轴承载荷】对话框

(4) 在【大小】文本框中可以指定轴承载荷的大小。对于轴承载荷来说，也可以通过分力来决定合力，需要选中【使用矢量分量】复选框，然后指定各个分力的大小即可。

(5) 单击【确定】按钮完成轴承载荷的添加。

12.2.7　力矩

力矩仅可以应用到表面，其方向可以由平面、直线边、两个顶点和轴来定义，力矩的作用点位于所选表面的几何中心上。

(1) 单击【分析】选项卡【载荷】面板上的【力矩】按钮 ，打开如图 12-12 所示的【力矩】对话框。

(2) 单击【位置】按钮 以选择力矩的作用表面。

(3) 单击【方向】按钮 选择力矩的方向，可以选择一个平面，或者选择一条直线边，或者两个顶点以及轴，则平面的法线方向、直线的矢量方向、两个顶点构成的直线方向以及轴的方向将分别作为力矩的方向，同样可以使用分力矩合成总力矩的方法来创建力矩，选中【力矩】对话框中的【使用矢量分量】复选框即可。

(4) 单击【确定】按钮完成力矩的添加。

12.2.8　体载荷

体载荷包括零件的重力，以及由于零件自身的加速度和速度而受到的力、惯性力。由于在应力分析模块中无法使模型运动，所以增加了体载荷的概念，以模仿零件在运动时的受力，重力和加速度的方向是可以自定义的。

为零件添加体载荷的步骤如下。

(1) 单击【分析】选项卡【载荷】面板上的【体】按钮 ，打开如图 12-13 所示的【体载荷】对话框。

(2) 在【线性】选项卡中，选择线性载荷的重力方向。

(3) 在【大小】文本框中输入线性载荷的大小。

(4) 在【角度】选项卡的【加速度】和【速度】选项组中，用户可以指定是否启用旋转速度和加速度，以及旋转速度和加速度的方

图 12-12　【力矩】对话框

图 12-13　【体载荷】对话框

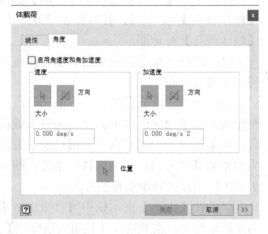

图 12-14　【角度】选项卡

向和大小，如图 12-14 所示，这里不再赘述。

(5) 单击【确定】按钮完成体载荷的添加。

12.3 生成网格

有限元分析的基本方法是将零件的物理模型分成多个小片段，此过程称为网格化。在运行分析之前，要确保网格为当前网格，并相对于模型的几何特征来查看它。有时在模型中诸如小间隙、重叠、突出等完整性错误可能会给网格创建带来麻烦，如果这样，就需要创建或修改有问题的几何特征。如果模型过于复杂并且在几何上存在异常，则要将其分割为可独立进行网格化的简单零件。

12.3.1 生成网格的方法

网格(有限元素集合)的质量越高，物理模型的数学表示就越好。使用方程组对各个元素的行为进行组合计算，便可以预测形状的行为。如果使用典型工程手册中的基本封闭形式计算，将无法理解这些形状的行为。

(1) 单击【分析】选项卡【网格】面板中的【网格设置】按钮，打开如图 12-15 所示的【网格设置】对话框。

(2) 在【网络设置】对话框中设置网格参数，以便所有的面上都覆盖网格，单击【确定】按钮。

(3) 单击【分析】选项卡【网格】面板中的【查看网格】按钮，查看零件的网格分布，如图 12-16 所示。

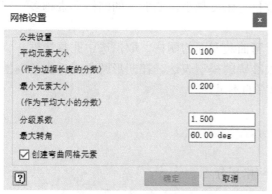

图 12-15 【网格设置】对话框

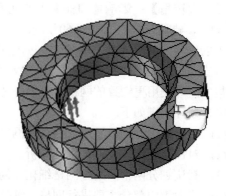

图 12-16 零件网格

(4) 对于小型面或复杂的面，正常网格大小无法提供足够详细的结果，可以手动调整网格大小以改进局部或解除区域中的应力结果，在浏览器的网格文件夹节点上单击鼠标右键，弹出如图 12-17 所示的快捷菜单，选择【局部网格控制】命令，打开如图 12-18 所示的【局部网格控制】对话框。选择要控制的面和边，指定网格元素大小，单击【确定】按钮。

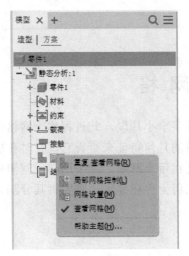

图 12-17　右键快捷菜单

图 12-18　【局部网格控制】对话框

12.3.2　网格参数设置和划分原则

【网格设置】对话框中的选项说明如下。

【平均元素大小】：指定相对于模型大小的元素大小，默认值为 0.1，建议设置为 0.1～0.5。

【最小元素大小】：允许在较小区域进行自动优化，此值是相对于平均大小来说的。默认值为 0.2，建议设置为 0.1～0.2。

【分级系数】：此选项影响细致和粗略网格之间的网格过渡的一致性。指定相邻元素边之间的最大边长度比，默认值为 1.5，建议设置为 1.5～3.0。

【最大转角】：影响弯曲曲面上的元素数目，角度越小，曲面上的网格元素越多。默认值为 60°，建议设置为 30°～60°。

【创建弯曲网格元素】复选框：创建具有弯曲边和面的网格，取消选中此复选框，将生成具有直元素的网格，此类网格可以成为不太准确的模型表达。在凹形圆角或外圆角周围的应力集中区域采用更细致的网格，可以补偿曲率的不足。

网格划分原则如下。

(1)　对工况进行细致了解，再进行网格划分。

(2)　对每个零部件及特征进行分析。

(3)　默认划分网格，进行网格细化，局部网格划分。

(4)　应力集中部分需要进行网格的细化。

12.4　模型分析结果

在为模型添加了必要的边界条件以后，就可以进行应力分析了，本节将讲述如何进行应力分析以及对分析结果的处理。

12.4.1 运行分析

运行分析将为所定义变量的所有组合生成 FEA 结果，在运行分析之前，完成所有步骤以定义分析的参数。

单击【分析】选项卡【求解】面板上的【分析】按钮，打开【分析】对话框，如图 12-19 所示，单击【运行】按钮，指示当前分析的进度情况。如果在分析过程中单击【取消】按钮，则分析会中止，不会产生任何分析结果。

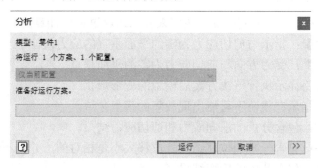

图 12-19 【分析】对话框

12.4.2 查看分析结果

当应力分析结束以后，需要查看分析结果，下面介绍查看分析结果的方法。

1. 查看应力分析结果

在默认设置下，应力分析浏览器中会出现【结果】目录。显示应力分析的各个结果，同时显示模式将切换为平滑着色方式，如图 12-20 所示为应力分析完成后的界面。

图 12-20 应力分析结果

图 12-20 所示的结果是设置分析类型为【应力分析】时的分析结果。在图中可以看到，Inventor 以平滑着色的方式显示了零件各个部分的应力情况，并且在零件上标出了应力最大点和应力最小点，同时还显示了零件模型在受力状况下的变形情况，查看结果时，始终都能看到此零件的未变形线框。

在应力分析浏览器中，【结果】目录下包含【Mises 等效应力】、【第一主应力】等选项。默认情况下，【Mises 等效应力】选项前有复选标记，表示当前在工作区域内显示的是零件的等效应力，当然也可以双击其他选项，使得该选项前面出现复选标记，则工作区内也会显示该选项对应的分析结果。

【Mises 等效应力】：结果使用颜色轮廓来表示求解过程中计算的应力。

【第一个主应力】：指示与剪切应力为零的平面垂直的应力值。

【第三个主应力】：受力方向与剪切应力为零的平面垂直。

【位移】：结果将显示执行解决方案后模型的变形形状。

【安全系数】：指示在载荷下可能出现故障的模型区域。

【应力】文件夹：包含分析的法向应力和剪切应力结果。

【位移】文件夹：包含分析的位移结果，位移大小是相对的，并且不能用作实际变形。

【应变】文件夹：包含分析的应变结果。

2. 结果可视化

如果要改变分析后零件的显示模式，可以在【显示】面板中选择【无着色】、【轮廓着色】和【平滑着色】显示模式，3 种显示模式下零件模型的外观区别如图 12-21 所示。

图 12-21　零件显示模式

另外，在【显示】面板中还提供了一些关于分析结果可视化的选项，包括【边界条件】、【最大值】、【最小值】和【调整位移显示】。

单击【边界条件】按钮，显示零件上的载荷符号。

单击【最大值】按钮，显示零件模型上结果为最大值的点，如图 12-22 所示。

单击【最小值】按钮，显示零件模型上结果为最小值的点，如图 12-22 所示。

单击【调整位移显示】按钮，从下拉列表中可以选择不同的变形样式。

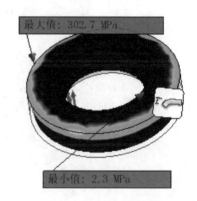

图 12-22　最大值和最小值显示

3. 编辑颜色栏

颜色栏显示了轮廓颜色与方案中计算得出的应力值或位移之间的对应关系，用户可以编辑颜色栏以设置彩色轮廓，从而使应力/位移按照用户的理解方式来显示。

单击【分析】选项卡【显示】面板上的【颜色栏】按钮，打开如图 12-23 所示的【颜色栏设置】对话框，将显示默认的颜色设置，对话框的左侧显示了最小值和最大值。

下面说明【颜色栏设置】对话框中的各个选项的作用。

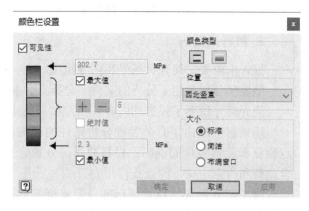

图 12-23　【颜色栏设置】对话框

【最大值】：显示计算的最大阈值，取消选中【最大值】复选框以启用手动阈值设置。

【最小值】：显示计算的最小阈值，取消选中【最小值】复选框以启用手动阈值设置。

【增加颜色】：增加颜色的数量。

【减少颜色】：减少颜色的数量。

【颜色】按钮：以某个范围的颜色显示应力等高线。

【灰度】按钮：以灰度显示应力等高线。

12.4.3　分析报告

对零件运行力分析之后，用户可以保存该分析的详细信息，供日后参考。

1. 生成和保存报告

使用【报告】命令可以将所有的分析条件和结果保存为 HTML 格式的文件，以便查看和存储。生成报告的步骤如下。

(1) 设置并运行零件分析。

(2) 设置缩放和当前零件的视图方向，以显示分析结果的最佳图示。此处所选视图就是在报告中使用的视图。

(3) 单击【分析】选项卡【报告】面板上的【报告】按钮，打开如图 12-24 所示的【报告】对话框，采用默认设置，单击【确定】按钮，创建当前分析报告。

完成后将显示一个浏览窗口，其中包

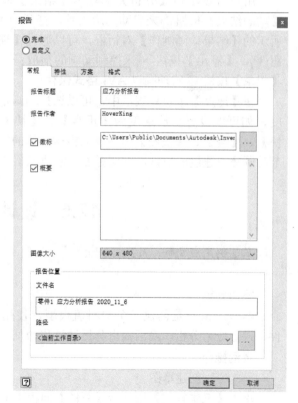

图 12-24　【报告】对话框

含该报告。使用浏览器的【文件】菜单中的【另存为】命令保存报告，供日后参考。

2. 解释报告

报告由概要、简介、场景和附录组成。

概要部分包含用于分析的文件、分析条件和分析结果的概述。

简介部分说明了报告的内容，以及如何使用这些内容来解释分析。

场景部分给出了有关各种分析条件的详细信息：几何图形和网格，包含网格相关性、节点数量和元素数量的说明；材料数据部分包含密度、强度等的说明；载荷条件和约束方案包含载荷和约束定义、约束反作用力。

附录部分包含：场景图形部分带有标签的图形，这些图形显示了不同结果集的轮廓，例如等效应力、最大主应力、最小主应力、变形和安全系数；材料特性部分用于分析的材料的特性和应力极限。

12.4.4 动画制作

使用【动画结果】工具可以在各种阶段的变形中使零件可视化，还可以制作不同频率下的应力、安全系数及变形的动画，这样使得仿真结果能够形象直观地表达出来。

用户可以单击【分析】选项卡【结果】面板上的【动画结果】按钮 📷 来启动动画工具，打开如图 12-25 所示的【结果动画制作】对话框，可以通过【播放】按钮 ▶ 、【停止】按钮 ■ 来控制动画的播放；可以通过【记录】按钮 ◉ 将动画以 AVI 格式保存。

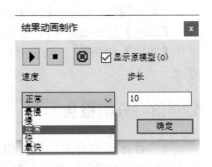

图 12-25 【结果动画制作】对话框

在【速度】下拉列表框中，可以选择动画播放的速度，如可以设置播放速度为【正常】、【快】、【最快】、【慢】、【最慢】等，可以根据具体的需要来调节动画播放速度的快慢，以便更加方便地观察结果。

12.5 设计实战范例

本范例完成文件：/12/12-1.ipt

案例分析

本节的范例是创建一个塑料盖模型，使用拉伸等命令创建基本特征，然后设置边界条件，进行应力分析，最后输出分析结果和动画。

案例操作

step 01 创建草图

单击【三维模型】选项卡【草图】面板中的【开始创建二维草图】按钮 📐 。

① 选择 XY 平面，绘制二维图形。

②绘制直径为 50 的圆形，如图 12-26 所示。

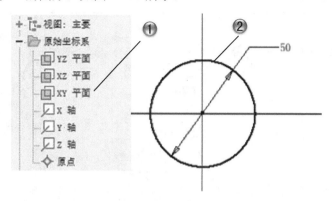

图 12-26　绘制直径为 50 的圆形

step 02 拉伸草图

单击【三维模型】选项卡【创建】面板中的【拉伸】按钮 。

①创建拉伸特征，设置【距离】为 4。

②单击【特性】面板中的【确定】按钮，如图 12-27 所示。

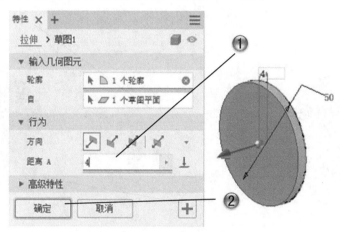

图 12-27　创建拉伸特征

step 03 创建圆角特征

单击【三维模型】选项卡【修改】面板中的【圆角】按钮 。

①创建圆角特征，设置【半径】为 1。

②在绘图区中，选择圆角边线。

③单击【圆角】对话框中的【确定】按钮，如图 12-28 所示。

step 04 绘制草图

①选择模型平面，绘制二维图形。

②绘制直径为 30 的圆形，如图 12-29 所示。

step 05 拉伸草图

①创建拉伸切除特征，设置【距离】为 1。

② 单击【特性】面板中的【确定】按钮，如图 12-30 所示。

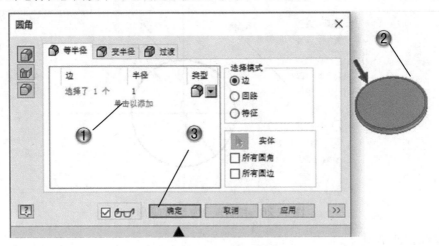

图 12-28　创建圆角特征

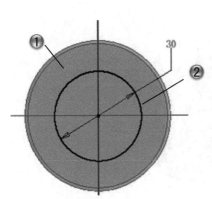

图 12-29　绘制直径为 30 的圆形

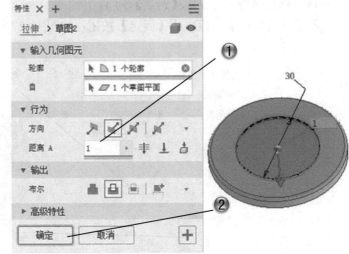

图 12-30　创建拉伸切除特征

step 06　创建面拔模

单击【三维模型】选项卡【修改】面板中的【拔模】按钮 。

① 创建拔模特征，设置【拔模斜度】为 40。

② 在绘图区中，选择固定面和拔模面。

③ 单击【面拔模】对话框中的【确定】按钮，如图 12-31 所示。

step 07　绘制草图

① 选择模型平面，绘制二维图形。

② 绘制直径为 10 的圆形，如图 12-32 所示。

step 08　拉伸草图

① 创建拉伸特征，设置【距离】为 0.5。

② 单击【特性】面板中的【确定】按钮，如图 12-33 所示。

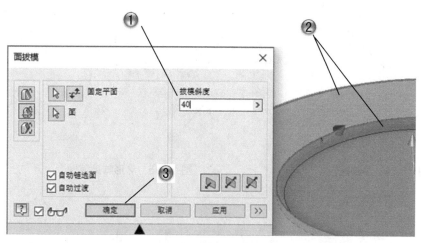

图 12-31　创建面拔模

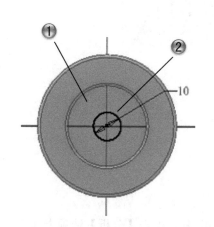

图 12-32　绘制直径为 10 的圆形

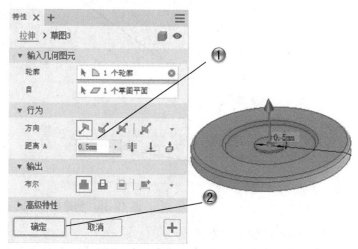

图 12-33　创建拉伸特征

step 09　绘制矩形

① 选择模型平面，绘制二维图形。

② 绘制矩形，边长为 1，如图 12-34 所示。

step 10　阵列草图

单击【草图】选项卡【修改】面板中的【环形阵列】按钮。

① 绘制草图的环形阵列，设置【数量】为 6。

② 在绘图区中，选择草图。

③ 单击【环形阵列】对话框中的【确定】按钮，如图 12-35 所示。

step 11　拉伸草图

① 创建拉伸特征，设置【距离】为 0.5。

② 单击【特性】面板中的【确定】按钮，如图 12-36 所示。

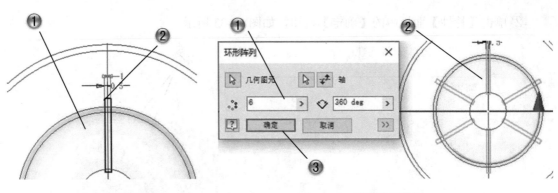

图 12-34　绘制矩形　　　　　　　　图 12-35　环形阵列草图

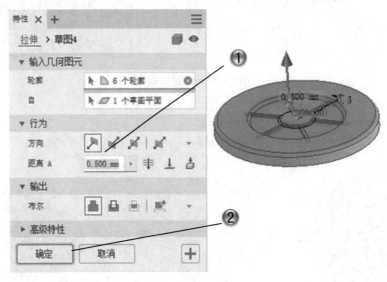

图 12-36　创建拉伸特征

step 12 创建分析方案

单击【环境】选项卡【开始】面板中的【应力分析】按钮，单击【分析】选项卡【管理】面板中的【创建方案】按钮。

① 在打开的【创建新方案】对话框中设置参数。

② 单击【确定】按钮，如图 12-37 所示。

step 13 设置固定约束

单击【分析】选项卡【约束】面板上的【固定约束】按钮。

① 在绘图区中，选择固定平面。

② 单击【固定约束】对话框中的【确定】按钮，如图 12-38 所示。

step 14 设置压强

单击【分析】选项卡【载荷】面板上的【压强】按钮。

① 创建压强，设置【大小】为 20。

② 在绘图区中，选择压强放置平面。

③ 单击【压强】对话框中的【确定】按钮，如图 12-39 所示。

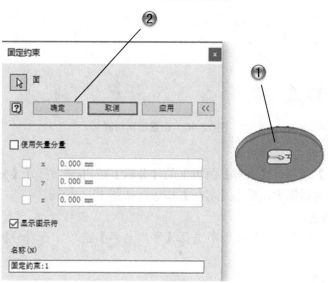

图 12-37　创建分析方案

图 12-38　设置固定约束面

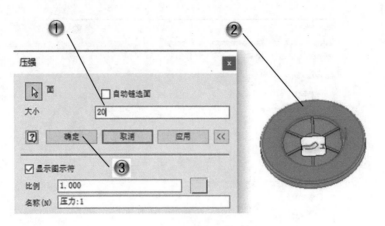

图 12-39　设置面上的压强

step 15　指定材料

单击【分析】选项卡【材料】面板中的【指定】按钮，打开【指定材料】对话框。

① 指定零件材料。

② 单击【材料】按钮，设置塑料材质。

③ 单击【确定】按钮，如图 12-40 所示。

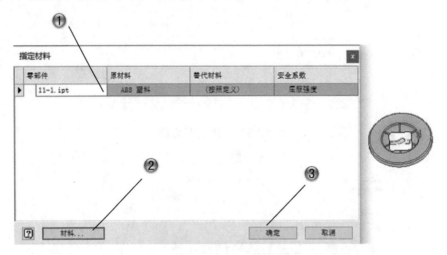

图 12-40　设置塑料材料

step 16　运行分析

① 单击【分析】选项卡【求解】面板上的【分析】按钮，打开【分析】对话框。

② 在【分析】对话框中，单击【运行】按钮，如图 12-41 所示。

step 17　平滑着色

在【分析】选项卡【显示】面板中选择【平滑着色】选项，查看分析结果，如图 12-42 所示。

step 18　轮廓着色

在【分析】选项卡【显示】面板中选择【轮廓着色】选项，查看分析结果，如图 12-43 所示。

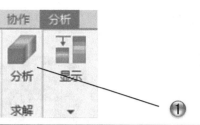

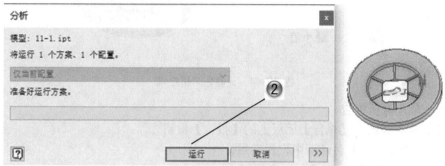

图 12-41　运行分析

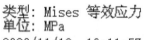

图 12-42　平滑着色分析结果

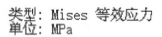

图 12-43　轮廓着色分析结果

step 19 无着色

在【分析】选项卡【显示】面板中选择【无着色】选项，查看分析结果，如图 12-44 所示。

类型: Mises 等效应力
单位: MPa
2020/11/19, 16:13:15
　20.71 最大值

　0.06 最小值

图 12-44　无着色分析结果

step 20　输出分析报告

单击【分析】选项卡【报告】面板上的【报告】按钮▤。

①在打开的【报告】对话框中设置参数。

②单击【确定】按钮，如图 12-45 所示。

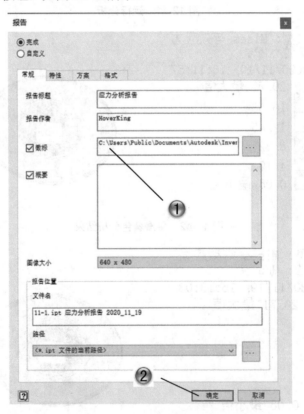

图 12-45　输出分析报告

step 21　查看分析结果

在浏览器中，查看输出分析结果，如图 12-46 所示。

step 22　制作动画

单击【分析】选项卡【结果】面板上的【动画结果】按钮📷，启动动画工具。

①在打开的【结果动画制作】对话框中进行播放操作。

②在【结果动画制作】对话框中，单击【确定】按钮，如图 12-47 所示。

图 12-46　查看分析结果

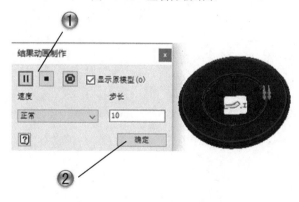

图 12-47　制作分析动画

12.6　本章小结和练习

12.6.1　本章小结

本章主要介绍了应力分析模块的使用方法和参数设置，最后进行模型应力的分析输出。

其中确定边界条件的部分比较重要，直接决定分析结果是否成功。

12.6.2　练习

(1)　在杆形零件上设置边界条件。

(2)　制作杆形零件的分析动画。

第 13 章

运 动 仿 真

在产品设计完成之后，往往需要对其进行仿真以验证设计的正确性。本章主要介绍 Inventor 运动仿真功能的使用方法，以及将 Inventor 模型和仿真结果输出到 CEA 软件中进行仿真的方法。

13.1　Inventor 运动仿真环境和设置

Inventor 运动仿真包含广泛的功能并且适应多种工作流。在了解了运动仿真的主要形式和功能后，就可以开始学习其他功能，然后根据特定需求来使用运动仿真。

Inventor 作为一种辅助设计软件，能够帮助设计人员快速创建产品的三维模型，以及快速生成二维工程图等。但是 Inventor 的功能如果仅限于此的话，那就远远没有发挥 Inventor 的价值。CAE(计算机辅助工程)是指利用计算机对工程和产品性能与安全可靠性进行分析，以模拟其工作状态和运行行为，以便及时发现设计中的缺陷，同时达到设计的最优化目标。当前，辅助设计软件往往都能够和 CAE/CAM 软件结合使用，在最大程度上发挥这些软件的优势，从而提高工作效率，缩短产品开发周期，提高产品设计的质量和水平，为企业创造更大的效益。

用户可以使用 Inventor 运动仿真功能，来仿真和分析装配在各种载荷条件下的运动特征，还可以将任何运动状态下的载荷条件输出到应力分析。在应力分析中，可以从结构的观点，来查看零件如何响应装配在运动范围内任意点的动态载荷。

13.1.1　进入运动仿真环境

打开一个部件文件后，单击【环境】选项卡【开始】面板中的【运动仿真】按钮，进入运动仿真界面，如图 13-1 所示，同时弹出【仿真播放器】对话框。

运动仿真环境的操作命令均在【运动仿真】选项卡中，设置一系列运动类型、加载和结果后，输出仿真动画即可。

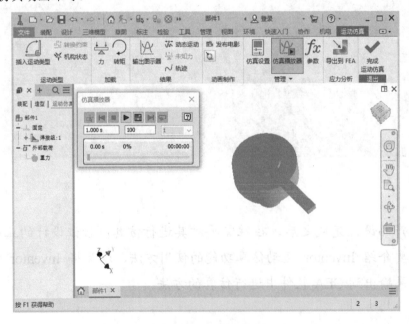

图 13-1　运动仿真界面

下面对运动仿真模型树进行介绍。

(1) 【固定】文件夹：此文件夹下显示的是没有自由度的零部件。

(2) 【移动组】文件夹(有移动部件时出现)：此文件夹下的每个移动组都指定了特定的颜色，鼠标右键单击此文件夹，在弹出的快捷菜单中选择【所有零部件使用同一颜色】命令可以决定零部件所在的移动组。

(3) 【标准类型】文件夹：当进入运动仿真环境时自由约束转换创建的运动类型。

(4) 【外部载荷】文件夹：创建或定义的载荷显示在此文件夹中。

13.1.2 运动仿真设置

在任何部件中，任何一个零部件都不是自由运动的，都要受到一定运动约束的限制。运动约束限定了零部件之间的连接方式和运动规则。通过使用 AIP 2013 版或更高版本创建的装配部件进入运动仿真环境时，如果选中【运动仿真设置】对话框中的【自动将约束转换为标准联接】复选框，Inventor 将通过转换全局装配运动中包含的约束，来自动创建所需的最少连接。同时软件将自动删除多余约束。此功能在确定螺母、螺栓、垫圈和其他紧固件的自由度不会影响机构的移动时适用，事实上在仿真过程中这些紧固件通常是锁定的。添加约束时，此功能将立即更新到受影响的连接上。

单击【运动仿真】选项卡【管理】面板上的【仿真设置】按钮 ，打开【运动仿真设置】对话框，如图 13-2 所示。

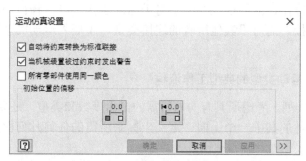

图 13-2 【运动仿真设置】对话框

【运动仿真设置】对话框中的选项说明如下。

(1) 【自动将约束转换为标准联接】：选中此复选框，将激活自动运动仿真转换器，这会将装配约束转换为标准连接。如果选中此复选框，就不能再选择手动插入标准连接，也不能再选择一次一个连接的转换约束。选中或取消选中此复选框都会删除机构中的所有现有连接。

(2) 【当机械装置被过约束时发出警告】：此项默认是选中的，如果机构被过约束，Inventor 将会在自助转换所有配合前，向用户发出警告并将约束插入标准连接。

(3) 【所有零部件使用同一颜色】：将预定义的颜色分配给各个移动组，固定组使用同一颜色。该工具有助于分析零部件关系。

(4) 【初始位置的偏移】选项组。

 按钮：将所有自由度的初始位置设置为 0，而不更改机构的实际位置。

 按钮：将所有自由度的初始位置重设为在构造连接坐标系的过程中指定的初始位置。

13.2　构建仿真机构

在进行仿真之前，首先应该构建一个与实际情况相符合的运动机构，这样仿真结果才是有意义的。构建仿真机构除了需要在 Inventor 中创建基本的实体模型以外，还包括指定焊接零部件以创建刚性、统一的结构，添加运动和约束、添加作用力和力矩以及添加碰撞等。需要指出的是，要仿真部件的动态运动，需要定义两个零件之间的机构连接，并在零件上添加力(内力或外力)，这样创建的部件是一个机构。

用户可以通过 3 种方式创建连接。即在【运动仿真设置】对话框中选中【自动将约束转换为标准联接】复选框，使 Inventor 自动将合格的装配约束转换成标准连接；使用【插入运动类型】按钮 手动插入运动类型；使用【转换约束】按钮 手动将 Inventor 装配约束转换成标准连接(每次只能转换一个连接)。

当【自动将约束转换为标准联接】复选框处于激活状态时，不能使用【插入运动类型】或【转换约束】命令来手动插入标准连接。

13.2.1　插入运动类型

【插入运动类型】是完全手动添加约束的方法。使用此方法可以添加标准、滚动、滑动、二维接触和力的连接，前面已经介绍了对于标准连接，可选择自动地或一次一个连接地将装配约束转换成连接。而对于其他所有的连接类型，【插入运动类型】是添加连接的唯一方式。

1. 在机构中插入运动类型的典型工作流程

确定所需连接的类型。考虑所具有的与所需的自由度数和类型，还要考虑力和接触。

如果在两个零部件的其中一个上面，定义坐标系所需的任何几何图元，就需要返回装配模式下进行添加。

单击【运动仿真】选项卡【运动类型】面板上的【插入运动类型】按钮 ，打开如图 13-3 所示的【插入运动类型】对话框。

【插入运动类型】对话框顶部的下拉列表框中列出了各种可用的连接，而其底部则提供了与选定连接类型相应的选择工具，默认情况下指定为【空间自由运动】。空间自由运动动画将连续循环播放，也可单击下拉列表框右侧的【显示连接表】按钮 ，打开【运动类型表】对话框，如图 13-4 所示，该对话框显示了每个连接类别和特定连接类型的视觉表达，单击图标来选择连接类型，选择连接类型后，可用的选项将立即根据连接类型变化。

对于所有连接(三维接触除外)，【先单击零件】按钮 可以在选择几何图元前选择连接零部件，这使得选择图元(点、线或面)更加容易。

从连接菜单或【运动类型表】对话框中选择所需连接类型。

选择定义连接所需的其他任何选项。

为两个零部件定义连接坐标系。

单击【确定】或【应用】按钮，可以添加连接。

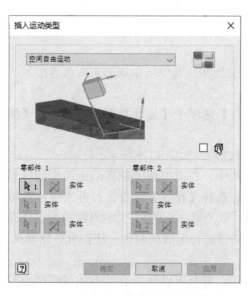

图 13-3 【插入运动类型】对话框

图 13-4 【运动类型表】对话框

2. 插入运动的类型

为了在创建约束时能够合适地使用各种连接，下面详细介绍【插入运动类型】的几种类型。

1) 插入标准连接

在用"连接类型选择"选择标准连接类型添加至机构时，要考虑在两个零部件和两个连接坐标系的相对运动之间所需的自由度。插入运动类型时，将两个连接坐标系分别置于两个零部件上。应用连接时，将定位两个零部件，以便使它们的坐标系能够完全重合。然后，再根据连接类型，在两个坐标系或两个零部件之间创建自由度。

标准连接类型有旋转、平移、柱面运动、球面运动、平面运动、球面圆槽运动、线面运动、点面运动、空间自由运动和焊接等。用户可以根据零件的特点以及零部件间的运动形式，选择相应的标准连接类型。

如果要编辑插入的运动类型，可以在模型树中选择标准连接项下刚刚添加的连接，鼠标右键单击打开快捷菜单，选择【编辑】命令，打开【修改连接】对话框，进行标准连接的修改。

2) 插入滚动连接

创建一个部件并添加一个或多个标准连接后，还可以在两个零部件(这两个零部件之间有一个或多个自由度)之间插入其他(滚动、滑动、二维接触和力)连接。但是必须手动插入这些连接，前面已经介绍过这一点与标准连接不同，滚动、滑动、二维接触和力等连接无法通过约束转换自动创建。

滚动连接可以封闭运动回路，并且除了锥面连接外，可以用于彼此之间存在二维相对运动的零部件。因此，在包含滚动连接的两个零部件的机构中，必须至少有一个标准连接。滚动连接应用永久接触约束。滚动连接可以有两种不同的行为，具体取决于在连接创建期间所选的选项：滚动仅能确保齿轮的耦合转动；滚动和相切可以确保两个齿轮之间的相切以及齿轮的耦合转动。

3) 插入二维接触连接

二维接触连接和三维接触连接(力)同属于非永久连接，其他连接均属于永久连接。

插入二维接触连接的操作如下。

打开零部件的运动仿真模式，单击【运动仿真】选项卡【运动类型】面板上的【插入运动类型】按钮，打开【插入运动类型】对话框。

在【连接类型】下拉列表框中选择 2D Contact 选项，如图 13-5 所示。

创建连接后，需要将特性添加到二维接触连接中。在模型树上选择刚刚添加的接触连接下的二维接触连接，鼠标右键单击打开快捷菜单，选择【特性】命令。打开二维接触特性对话框，可以选择要显示的是作用力还是反作用力，以及要显示的力的类型(法向力、切向力或合力)。如果需要，可以对法向力、切向力和合力矢量进行缩放或着色，使查看更加容易。

4) 插入滑动连接

滑动连接与滚动连接类似，可以封闭运动回路，并且可以在具有二维相对运动的零部件之间工作。连接坐标系将会被定位在接触点，连接运动处于由矢量 Z1(法线)和 X1(切线)定义的平面中。接触平面由矢量 Z1 和 Y1 定义。这些连接应用永久性接触约束，且没有切向载荷。

滑动连接包括【平面圆柱运动】、【圆柱-圆柱外滚动】、【圆柱-圆柱内滚动】、【凸轮-滚子运动】、【圆槽滚子运动】等连接类型。其操作步骤与滚动连接类似。

5) 插入力连接

前面已经介绍了力连接(三维接触连接)和二维接触连接都为非永久性连接，而且可以使用三维接触连接模拟非永久穿透接触。力连接主要使用弹簧/阻尼器/千斤顶连接对作用/反作用力进行仿真，其具体操作与之前介绍的其他插入运动类型大致相同。

线性弹簧力就是弹簧的张力与其伸长或者缩短的长度成正比的力，且力的方向与弹簧的轴线方向一致。

两个接触零部件之间除了外力的作用之外，当它们发生相对运动的时候，零部件的接触面之间会存在一定的阻力，这个阻力的添加也是通过力连接来完成的，如剪刀的上下刃的相对旋转接触面间就存在阻力，要添加这个阻力，首先在【连接类型】下拉列表框中选择 3D Contact 选项，如图 13-6 所示，再选择需要添加的零部件即可。

要定义接触集合需要选择【运动仿真】模型树中的【力铰链】目录，选择接触集合并右击，在弹出的快捷菜单中选择【特性】命令，打开 3D Contact 对话框。和弹簧连接类似，可以定义接触集合的刚度、阻尼、摩擦力和零件的接触点，然后单击【确定】按钮添加接触力。

图 13-5　选择 2D Contact 选项

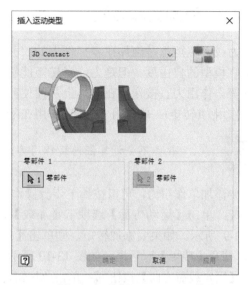

图 13-6　选择 3D Contact 选项

3. 定义重力

重力是外力的一种特殊情况，是地球引力所产生的力，作用于整个机构。其设置步骤如下。

(1)　在【运动仿真】模型树中的【外部载荷】|【重力】选项上单击鼠标右键，在弹出的快捷菜单中选择【定义重力】命令，打开如图 13-7 所示的【重力】对话框。

(2)　在图形窗口中选择要定义重力的图元，该图元必须属于固定组。

(3)　在选定的图元上会显示一个黄色箭头，如图 13-8 所示，单击【方向】按钮，可以更改箭头的方向。

(4)　如果需要，在【值】文本框中输入要为重力设置的值。

(5)　单击【确定】按钮，完成重力设置。

图 13-7　【重力】对话框

图 13-8　重力方向

13.2.2　添加力和转矩

力或者转矩都是施加在零部件上的，并且力或者转矩都不会限制运动。也就是说它们不会影响模型的自由度。但是力或者转矩能够对运动造成影响，如减缓运动速度或者改变运动方向等。作用力直接作用在物体上从而使其能够运动，包括单作用力和单作用力矩、作用力和反作用力(转矩)。单作用力(转矩)作用在刚体的某一个点上。

　软件不会计算任何反作用力。

要添加单作用力，可以按如下步骤操作。

(1)　单击【运动仿真】选项卡【加载】面板上的【力】按钮，打开【力】对话框，如图 13-9 所示。如果要添加转矩，则单击【运动仿真】选项卡【加载】面板上的【转矩】按钮，打开【转矩】对话框，如图 13-10 所示。

【固定载荷方向】按钮：单击此按钮，以固定力或转矩在部件的绝对坐标系中的方向。

【关联载荷方向】按钮：单击此按钮，将力或转矩的方向与包含力或转矩的分量关联起来。

　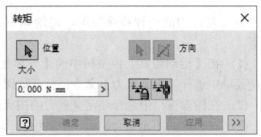

图 13-9　【力】对话框　　　　　图 13-10　【转矩】对话框

(2)　单击【位置】按钮，然后在图形窗口中的分量上选择力或转矩的应用点。当力的应用点位于一条线或面上无法捕捉的时候，可以返回部件环境，绘制一个点，再回到运动仿真环境，可以在选定位置处插入力或转矩的应用点。

(3)　单击【位置】按钮，在图形窗口中选择第二个点。选定的两个点可以定义力或转矩矢量的方向，其中以选定的第一个点作为基点，选定的第二个点处的箭头作为提示。用户可以单击【方向】按钮将力或转矩矢量的方向进行调整。

(4)　在【大小】文本框中，可以定义力或转矩大小的值，可以输入常数值，也可以输入在仿真过程中变化的值。单击【大小】文本框右侧的方向箭头打开数据类型菜单，从数据类型菜单中可以选择【常量】或【输入图示器】选项。

如果选择【输入图示器】选项，则打开【大小】对话框，如图 13-11 所示。单击【大小】文本框中显示的图标，然后使用输入图示器定义一个在仿真过程中变化的值。

图形的垂直轴表示力或转矩载荷，水平轴表示时间，力或转矩绘制由红线表示，双击一个时间位置可以添加一个新的基准点。光标拖动蓝色的基准点可以输入力或扭矩的大小，精确输入力或转矩时可以使用起始点和结束点来定义，X1 文本框用来输入时间点，Y1 文本框用来输入力或转矩的大小。

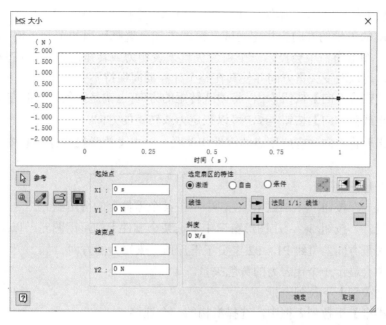

图 13-11　【大小】对话框

如果需要，可以更改力或转矩矢量的比例，从而使所有的矢量可见，该参数默认值为 0.01。

如果要更改力或转矩矢量的颜色，单击颜色框，打开【颜色】对话框，然后为力或转矩矢量选择颜色。

（5）单击【确定】按钮，完成单作用力的添加。

13.2.3　添加未知力

有时为了运动仿真能够使得机构停在一个指定位置，而这个平衡力很难确定，这时就可以借助于添加未知力来计算所需力的大小。使用未知力来计算机构在指定的一组位置保持静态平衡时所需的力、转矩或者千斤顶，在计算时需要考虑所有外部影响，包括重力、弹力、外力或约束条件等，而且机构只能有一个迁移度。

下面介绍一下未知力的操作。

单击【运动仿真】选项卡【结果】面板上的【未知力】按钮，打开如图 13-12 所示的【未知力】对话框。选择适当的力类型：【力】、【转矩】或【千斤顶】，单击【确定】按钮，输出图示器将自动打开，并在【未知力】目录下显示变量。

1）对于力或转矩

单击【位置】按钮，在图形窗口中单击零件上一个点。

图 13-12　【未知力】对话框

单击【方向】按钮 ⬚，在图形窗口中单击第二个连接零部件上的可用图元，通过确定在图形窗口中绘制的矢量的方向来指定力或转矩的方向。选择可用的图元，例如线性边、圆柱面或草图直线。图形窗口中会显示一个黄色矢量来表明力或转矩的方向。在图形窗口中将确定矢量的方向，可以改变矢量方向并使其在整个计算期间保持不变。

必要的话单击【方向】按钮 ⬚，将力或转矩的方向(也就是黄色矢量的方向)反向。

单击【固定载荷方向】按钮 ⬚，可以锁定力或转矩的方向。

此外，如果要将方向与有应用点的零件相关联，单击【关联载荷方向】按钮 ⬚，使其可以移动。

2) 对于千斤顶

单击"位置一"按钮 ⬚，在图形窗口中单击某个零件上的可用图元。

单击"位置二"按钮 ⬚，在图形窗口中单击某个零件上的可用图元，以选择第二个应用点并指定力的矢量方向。直线 P1、P2 定义了千斤顶上未知力的方向。

图形窗口中会显示一个代表力的黄色矢量。

3) 【运动类型】下拉列表框

在【运动类型】下拉列表框中，选择机构的一个连接。

4) 【自由度】文本框

如果选定的连接有两个或两个以上自由度，则在【自由度】文本框中选择受驱动的那个自由度。【初始位置】文本框将显示选定自由度的初始位置。

5) 【最终位置】文本框

在【最终位置】文本框中输入所需的最终位置。

6) 【步长数】文本框

【步长数】文本框主要是调整中间位置数，默认是 100 个步长。

7) 【更多】选项按钮 ⬚

【更多】选项按钮显示与在图形窗口中显示力、转矩或千斤顶矢量相关的参数。

选中【显示】复选框以在图形窗口中显示矢量，并启用【缩放比例】文本框和颜色字段。

要缩放力、转矩或千斤顶矢量，以便在图形窗口中看到整个矢量，可以在【缩放比例】文本框中输入系数。系数默认值为 0.01。

如果要选择矢量在图形窗口中的颜色，可以单击颜色块，打开【颜色】对话框进行设置。

13.2.4 动态零件运动

前面已经介绍了在运动仿真的零部件中插入运动的类型，建立了运动约束以及添加了相应的力和转矩，在运行仿真前要对机构进行一定的核查，以防止在仿真过程中出现错误。使用"动态运动"功能就是通过鼠标为运动部件添加驱动力，驱动实体来测试机构的运动。可以利用鼠标左键选择运动部件，拖动此部件使其运动，查看运动情况是否与设计初衷相同，以及是否存在一些约束连接上的错误。单击选择运动部件上的点(就是拖动时施加的着力点)，拖动点时，力的方向由零部件上的选择点和每一瞬间的光标位置之间的直线决定。力的大小系统会根据这两点之间的距离来计算，当然距离越大施加的力也越大。力在图形窗口中显示为一个黑色矢量，鼠标的操作产生了使实体移动的外力，当然这时对机构运动有影响的不只是添加的鼠标驱动力，系统也会将所有定义的动态作用，如弹簧、连接、接触等考虑在内。"动态运动"功能是一种连续的仿真模式，但是它只是执行计算而不保存计算，而且对于运动仿真没有时间结束的限制，这也是它与"仿真播放器"生成运动仿真的主要不同之处。

1. 动态零件运动的操控面板和操作步骤

下面介绍动态零件运动的操控面板和操作步骤。

单击【运动仿真】选项卡【结果】面板上的【动态运动】按钮，打开如图 13-13 所示的【零件运动】对话框，此时可以看到机构在已添加的力和约束下会运动。

单击【暂停】按钮，可以停止由已经定义的动态参数产生的任何运动，单击【暂停】按钮后，【开始】按钮将代替它，单击【开始】按钮后，将生成使用鼠标所施加的力而产生的运动。

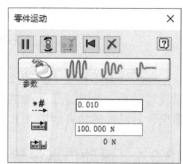

图 13-13　【零件运动】对话框

在运动部件上，选择驱动力的着力点，同时按住鼠标左键并移动鼠标对部件施加驱动力。对零件施加的外力与零件上的点到鼠标光标位置之间的距离成正比，拖动方向为施加的力的方向。零件将根据此力移动，但只会以物理环境允许的方式移动。在移动过程中，参数项中【最大力】文本框将显示鼠标仿真力的大小，该文本框的值会随着鼠标的每次移动而发生更改。而且只能通过在图形窗口中移动鼠标来修改此文本框的值。

当驱动力需要鼠标在很大位移下才能驱动运动部件(或鼠标移动很小距离便产生很大的力)的时候，可以更改参数项中【放大鼠标移动的系数】文本框中的值，这将增大或减小应用于零件上的点到光标位置之间距离的力的比例。比例系数增大的时候，很小的鼠标位移可以产生很大的力；比例系数变小的时候，则相反。

当需要限制驱动力大小的时候，可以选择更改参数项中【最大力】文本框中应用的力的最大值。当设定最大力后，无论力的应用点到鼠标光标之间的距离多大，所施加的力最大只能为设定值 100N。

2. 【零件运动】对话框中其他参数的设置

下面介绍【零件运动】对话框中的其他几个按钮。

【抑制驱动条件】按钮：默认情况下，强制运动在动态零件运动模式下不处于激活状态。此外，如果此连接上的强制运动受到了抑制，选择【解除抑制驱动条件】可以使此强制运动影响此零件的动作。

阻尼类型：阻尼的大小对于机构的运动起到的影响不可小视，Inventor 2020 的零件运动提供了 4 种可添加给机构的阻尼类型。

【将此位置记录为初始位置】按钮：有时为了仿真的需要，要保存图形窗口中的位置，作为机构的初始位置，此时必须先停止仿真，单击【将此位置记录为初始位置】按钮。然后，系统会退出仿真模式返回构造模式，使机构位于新的初始位置。此功能对于找出机构的平衡位置非常有用。

【重新启动仿真】按钮：当需要使机构回到仿真开始时的位置并重新启动计算时，可以单击【重新启动仿真】按钮 ，此时会保留先前使用的选项，如阻尼等。

【退出零件运动】按钮 ：在完成了零件运动模拟后，单击【退出零件运动】按钮
可以返回构造环境。

13.3 仿真及结果的输出

在给模型添加了必要的连接，指定了运动约束，并添加了与实际情况相符合的力、力矩以及运动后，就构建了正确的仿真机构，此时可以进行机构的仿真以观察机构运行情况，并输出各种形式的仿真结果，下面介绍仿真过程以及结果的分析。

13.3.1 运动仿真设置

在进行仿真之前，熟悉仿真的环境设置以及如何更改环境设置，对正确而有效地进行仿真很有帮助。打开一个部件的运动仿真模式后，【仿真播放器】将自动开启，如图 13-14 所示。下面介绍【仿真播放器】对话框及如何使用。

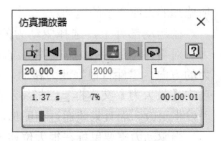

图 13-14 【仿真播放器】对话框

1. 工具栏

单击 按钮开始运行仿真；单击 按钮停止仿真；单击 按钮使仿真返回到构造模式，可以从中修改模型；单击 按钮回放仿真；单击 按钮直接移动到仿真结束；单击 按钮可以在仿真过程中取消激活屏幕刷新，仿真将运行，但是没有图形表达；单击 按钮循环播放仿真直到结束。

2. 最终时间

最终时间决定了仿真过程持续的时间，默认为 1s(秒)，仿真开始的时间为零。

3. 图像

图像栏显示仿真过程中要保存的图像数(帧)，其数值大小与【最终时间】是有关系的。默认情况下，当【最终时间】为默认的 1s 时图像数为 100，最多为 500000 个图像。更改【最终时间】的值时，【图像】字段中的值也将自动更改，以使其与新【最终时间】的比例保持不变。

帧的数目决定了仿真输出结果的表现细腻程度，帧的数目越多，则仿真的输出动画播放越平缓。相反，如果机构运动较快，但是帧的数目又较少的话，则仿真的输出动画就会出现快速播放甚至跳跃的情况。这样就不容易仔细观察仿真的结果及其运动细节。

这里帧的数目是帧的总数目而非每秒的数目。另外，不要混淆机构运动速度和帧的播放速度的概念，前者和机构中部件的运动速度有关，后者是仿真结果的播放速度，主要取决于计算机的硬件性能。计算机硬件性能越好，则能够达到的

播放速度就越快，也就是说每秒能够播放的帧数就越多。

4. 过滤器

过滤器可以控制帧显示的步幅，例如，如果【过滤器】为 1，则每隔 1 帧显示 1 个图像；如果为 5，则每隔 5 帧显示 1 个图像。只有仿真模式处于激活状态且未运行仿真时，才能使用该选项。

5. 模拟时间、百分比和计算实际时间

模拟时间值显示机械装置运动的持续时间；百分比显示仿真完成的百分比；计算实际时间值显示运行仿真实际所花的时间。

13.3.2　运行仿真

当仿真环境设置完毕以后，就可以进行仿真了。参照之前介绍的仿真面板工具栏控制仿真的过程。需要注意的是，通过拖动滑动条的滑块位置，可以将仿真结果动画拖动到任何一帧处停止，以便观察指定时间和位置处的仿真结果。

运行仿真的一般步骤如下。

(1) 设置好仿真的参数。

(2) 打开仿真面板，可以单击【播放】按钮 ▶ 开始运行仿真。

(3) 仿真结束后，产生仿真结果。

(4) 同时可以利用播放控制按钮来回放仿真动画。可以改变仿真方式，同时观察仿真过程中的时间和帧数。

13.3.3　仿真结果输出

在完成了仿真之后，可以将仿真结果以各种形式输出，以便仿真结果的观察。

1. 输出仿真结果为 AVI 文件

如果要将仿真的动画保存为视频文件，以便在任何时候和地点方便地观看仿真过程，可以使用运动仿真的"发布电影"功能。具体的操作步骤如下。

单击【运动仿真】选项卡【动画制作】面板中的【发布电影】按钮 📹，打开【发布电影】对话框，如图 13-15 所示。

在【发布电影】对话框中选择 AVI 文件的保存路径和文件名。选择完毕后单击【保存】按钮，则打开【视频压缩】对话框，如图 13-16 所示。【视频压编】对话框可以指定要使用的视频压缩解码器，默认的视频压缩解码器是 Microsoft Video 1，可以使用【压缩质量】滑块来更改压缩质量，一般均采用默认设置，设置完毕后单击【确定】按钮。

图 13-15 【发布电影】对话框

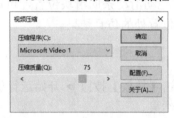

图 13-16 【视频压缩】对话框

2. 输出图示器

输出图示器可以用来分析仿真。在仿真过程中和仿真完成后,将显示仿真中所有输入和输出变量的图形和数值。输出图示器包含工具栏、模型树、时间步长窗格和图形窗口。

单击【运动仿真】选项卡【结果】面板上的【输出图示器】按钮 $\bigwedge$,打开如图 13-17 所示的【输出图示器】对话框。多次单击【输出图示器】按钮,可以打开多个对话框。

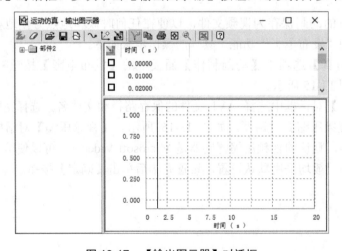

图 13-17 【输出图示器】对话框

与动态零件运动参数、输入图示器参数类似，在【参数】对话框中输出图示器参数不可用。

可以使用输出图示器进行以下操作。

- 显示任何仿真变量的图形。
- 对一个或多个仿真变量应用"快速傅里叶变换"。
- 保存仿真变量。
- 将当前变量与上次仿真时保存的变量相比较。
- 使用仿真变量从计算中导出变量。
- 准备 FEA 的仿真结果。
- 将仿真结果发送到 Excel 和文本文件中。

3. 将结果导出到 FEA

FEA(Finite Element Analysis，即有限元分析)分析方法在固体力学领域、机械工程、土木工程、航空结构、热传导、电磁场、流体力学、流体动力学、地质力学、原子工程和生物医学工程等具有连续介质和场的领域中获得了越来越广泛的应用。

有限元法的基本思想就是把一个连续体人为地分割成有限个单元，即把一个结构看成由若干通过结点相连的单元组成的整体，先进行单元分析，再把这些单元组合起来代表原来的结构。这种先化整为零，再积零为整的方法就叫有限元法。

从数学的角度来看，有限元法是将一个偏微分方程化成一个代数方程组，利用计算机求解。有限元法是采用矩阵算法，借助计算机这个工具可以快速地算出结果。在运动仿真中可以将仿真过程中得到的力的信息按照一定的格式，输出为其他有限元分析软件(如 SAP、NASTRAN、ANSYS 等)所兼容的文件。这样就可以借助这些有限元分析软件的强大功能来进一步分析所得到的仿真数据。

可以在创建约束、力(力矩)、运动等元素的时候选择承载力的表面或者边线，也可以在将仿真数据结果导出到 FEA 的时候再选择，这些表面或者边线只需要定义一次，在以后的仿真或者数据导出中它们都会发挥作用。

　　　　在运动仿真中，要求零部件的力必须均匀分布在某个几何形状上，这样导出的数据才可以被其他有限元分析软件所利用。如果某个力作用在空间的一个三维点上，那么该力将无法被计算，运动仿真能够很好地支持零部件支撑面(或者边线)上的受力，包括作用力和反作用力。

4. 导出 FEA 的操作方法

首先选择要输出到有限元分析的零件。

然后根据【运动仿真设置】对话框中的设置，将必要的数据与相应的零件文件相关联以使用 Inventor 应力分析进行分析，或者将数据写入文本文件中以进行 ANSYS 模拟。

进行 Inventor 分析的时候，单击【运动仿真】选项卡【应力分析】面板上的【导出到 FEA】按钮，打开如图 13-18 所示的【导出到 FEA】对话框。

在图形窗口中，单击要进行分析的零件，作为 FEA 分析零件。

图 13-18   【导出到 FEA】对话框

用户也可以选择多个零件。要取消选择某个零件，可在按住 Ctrl 键的同时单击该零件。
按照给定指示选择完零件和承载面后，单击【确定】按钮。

13.4　设计实战范例

13.4.1　创建卡尺部件

本范例完成文件：/13/13-1.ipt、13-2.ipt、13-3.iam

案例分析

本节的范例是创建一个卡尺的部件装配，以便进行后续的运动仿真。首先创建刻度尺部
分，之后创建游标，最后进行装配并约束。

案例操作

step 01　绘制草图

单击【三维模型】选项卡【草图】面板中的【开始创建二维草图】按钮 。

① 选择 XZ 平面，绘制二维图形。

② 绘制矩形，尺寸为 40×4，如图 13-19 所示。

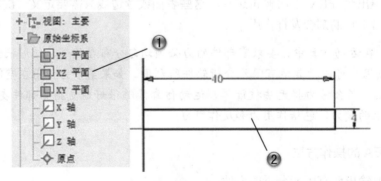

图 13-19　绘制矩形

step 02　创建拉伸特征

单击【三维模型】选项卡【创建】面板中的【拉伸】按钮 。

① 创建拉伸特征，设置【距离】为 1。

② 单击【特性】面板中的【确定】按钮，如图 13-20 所示。

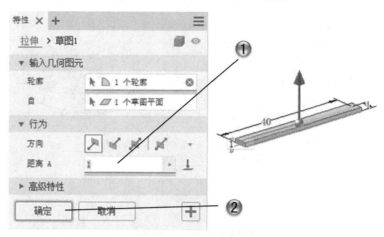

图 13-20　创建拉伸特征

step 03　绘制梯形草图

① 选择模型平面，绘制梯形图形。

② 单击【草图】选项卡【创建】面板中的【线】按钮／，绘制梯形图形，如图 13-21 所示。

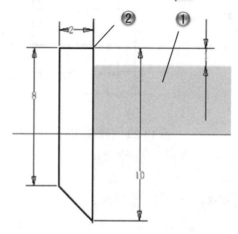

图 13-21　绘制梯形草图

step 04　创建拉伸特征

① 创建拉伸特征，设置【距离】为 1。

② 单击【特性】面板中的【确定】按钮，如图 13-22 所示。

step 05　绘制草图

① 选择 XZ 平面，绘制二维图形。

② 绘制凸形图形，如图 13-23 所示。

step 06　创建拉伸特征

① 创建拉伸特征，设置【距离】为 3。

② 单击【特性】面板中的【确定】按钮，如图 13-24 所示。

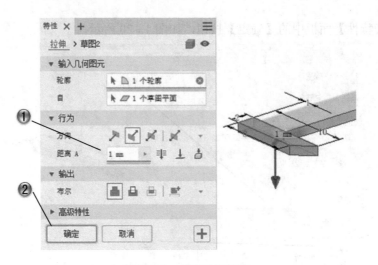

图 13-22　创建拉伸特征

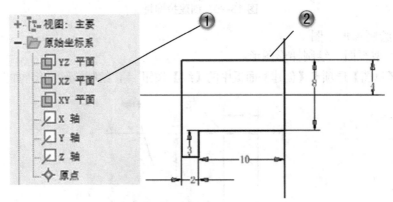

图 13-23　绘制草图

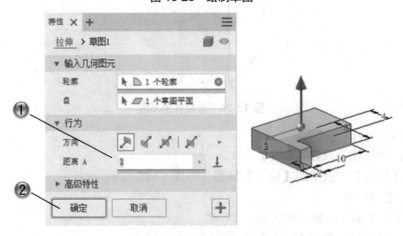

图 13-24　创建拉伸特征

step 07　绘制凸形草图

①选择模型平面，绘制二维图形。

② 绘制凸形图形，如图 13-25 所示。

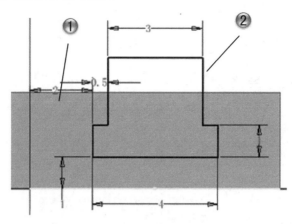

图 13-25　绘制凸形草图

step 08　创建拉伸切除特征

① 单击【三维模型】选项卡【创建】面板中的【拉伸】按钮，创建拉伸切除特征，设置【距离】为 20。

② 单击【特性】面板中的【确定】按钮，如图 13-26 所示。

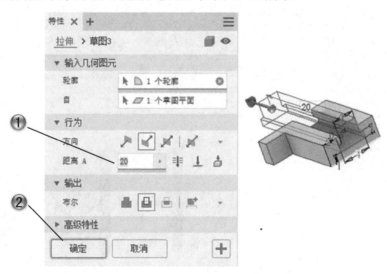

图 13-26　创建拉伸切除特征

step 09　插入零部件

① 新建部件，单击【装配】选项卡【零部件】面板中的【放置】按钮，打开【装入零部件】对话框。

② 选择零件。

③ 单击【装入零部件】对话框中的【打开】按钮，如图 13-27 所示。

step 10　放置零件

在绘图区单击放置零件，按 Esc 键，取消再次放置零件，如图 13-28 所示。

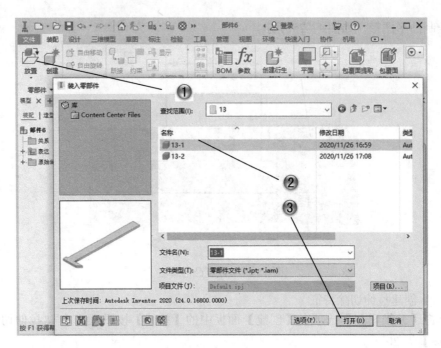

图 13-27　插入零部件

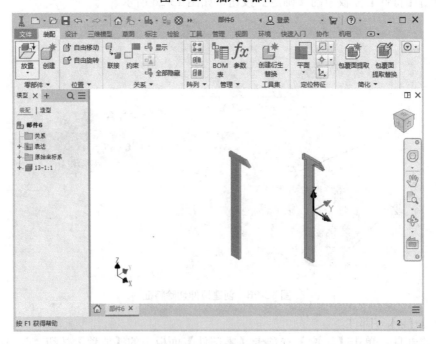

图 13-28　放置零件

step 11 插入零部件

①新建部件，单击【装配】选项卡【零部件】面板中的【放置】按钮🗔，打开【装入零部件】对话框。

②选择零件。

③ 单击【装入零部件】对话框中的【打开】按钮，如图 13-29 所示。

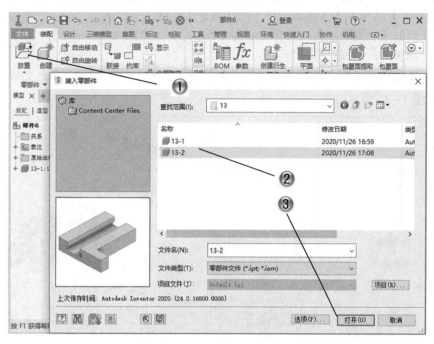

图 13-29　插入零部件

step 12 ▶ 放置零部件

在绘图区单击放置零件，按 Esc 键，取消再次放置零件，如图 13-30 所示。

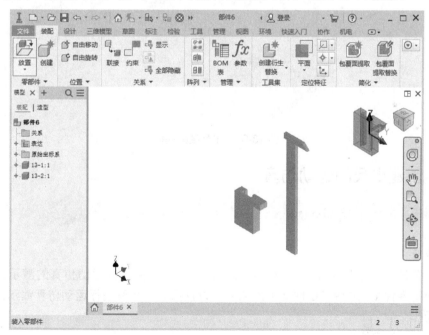

图 13-30　放置零部件

step 13 放置联接

单击【装配】选项卡【关系】面板中的【联接】按钮 。

① 在打开的【放置联接】对话框中设置参数。

② 在绘图区中，选择对应模型面。

③ 单击【放置联接】对话框中的【确定】按钮，如图 13-31 所示。至此完成卡尺装配模型，结果如图 13-32 所示。

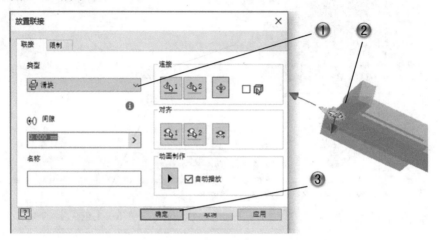

图 13-31　放置联接

图 13-32　卡尺装配模型

13.4.2　创建卡尺的运动仿真

本范例完成文件：/13/13-3.iam

案例分析

本节的范例是在卡尺装配的基础上，创建滑动运动，并进行运动仿真的演示。首先创建定位点并固定零件 1，之后在零件 2 上添加力，设置播放参数后进行运动仿真演示。

案例操作

step 01 创建定位点

单击【三维模型】选项卡【定位特征】面板中的【点】按钮 ◆。

① 绘制模型上的点。

② 绘制模型上的第 2 个点，如图 13-33 所示。

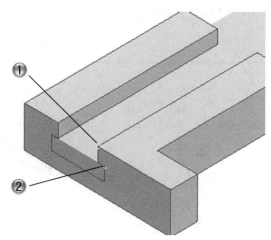

图 13-33　创建定位点

step 02　设置固定零件

单击【环境】选项卡【开始】面板中的【运动仿真】按钮 。

① 选择要固定的零件。

② 在浏览器模型树上单击鼠标右键，在弹出的快捷菜单中选择【固定】命令，如图 13-34 所示。

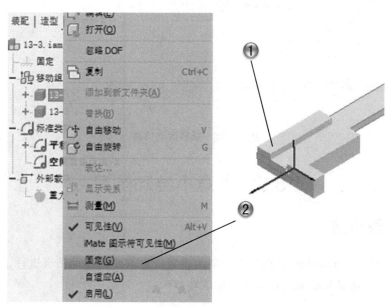

图 13-34　设置固定零件

step 03　创建力

单击【运动仿真】选项卡【加载】面板上的【力】按钮 。

① 在打开的【力】对话框中设置参数。

② 在绘图区中，选择力的位置。

③ 单击【力】对话框中的【确定】按钮，如图 13-35 所示。

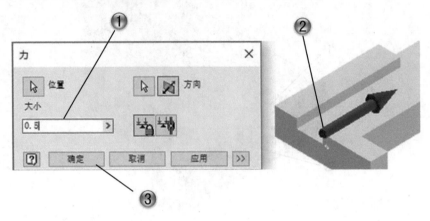

图 13-35　创建力

step 04　播放运动仿真

① 在【仿真播放器】对话框中设置动画参数。

② 单击【仿真播放器】对话框中的【播放】按钮 ▶，播放动画，如图 13-36 所示。

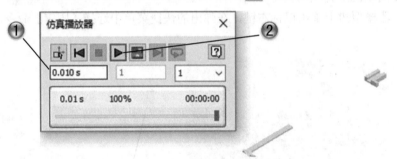

图 13-36　播放运动仿真

13.5　本章小结和练习

13.5.1　本章小结

　　本章主要介绍了 Inventor 运动仿真功能的设置，并逐步对运动仿真进行了介绍，运动仿真完成后，需要对仿真及结果进行输出，形成动画。

13.5.2　练习

　　(1)　创建料斗装配模型，如图 13-37 所示。

　　(2)　创建料斗的翻卸运动仿真。

(3) 输出运动仿真动画。

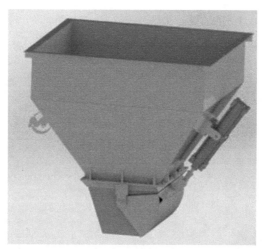

图 13-37　料斗装配模型

第 14 章

综 合 范 例

活塞的基本结构可分为顶部、头部和裙部。活塞顶部是组成燃烧室的主要部分，其形状与所选用的燃烧室形式有关。活塞的主要作用是承受汽缸中的燃烧压力，并将此力通过活塞销和连杆传给曲轴。此外，活塞还与汽缸盖、汽缸壁共同组成燃烧室。

本章介绍的综合范例，是创建一个活塞的装配模型，使用的是自上而下的设计方法。首先创建活塞零件，依次创建活塞的活塞顶、活塞头和活塞裙部分，并进行圆角和倒角修正；之后创建活塞销，创建中空的销体；最后创建连杆部分，连杆由两个圆弧头部和中间的杆件组成，注意创建草图时的绘图平面选择。

继续创建活塞的装配模型，依次添加零件组件，并进行约束，约束主要使用插入约束；最后进行装配图纸的绘制，依次添加视图并绘制尺寸标注。

14.1　创建活塞装配各零件

14.1.1　创建活塞零件

> 本范例完成文件：/14/14-1.ipt

step 01 绘制圆形草图

单击【三维模型】选项卡【草图】面板中的【开始创建二维草图】按钮。

① 选择 XZ 平面绘制二维图形。

② 绘制直径为 50 的圆形，如图 14-1 所示。

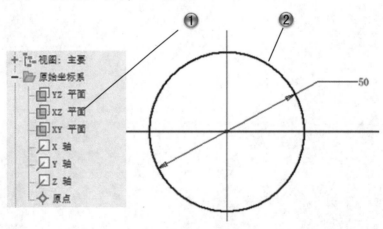

图 14-1　绘制圆形草图

step 02 创建拉伸特征

单击【三维模型】选项卡【创建】面板中的【拉伸】按钮。

① 创建拉伸特征，设置【距离】为 8。

② 单击【特性】面板中的【确定】按钮，如图 14-2 所示。

step 03 绘制圆形草图

① 选择 XY 平面绘制二维图形。

② 绘制直径为 1.5 的圆形，如图 14-3 所示。

step 04 创建定位轴

① 单击【三维模型】选项卡【定位特征】面板中的【轴】按钮，绘制模型上的轴。

② 在绘图区选择模型边线，如图 14-4 所示。

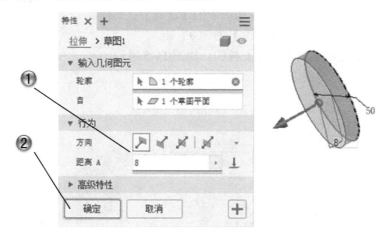

图 14-2　创建拉伸特征

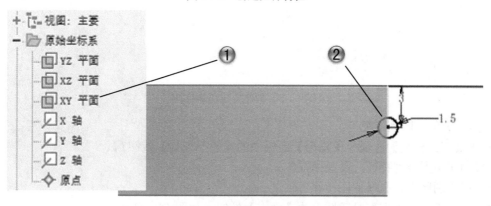

图 14-3　绘制圆形草图

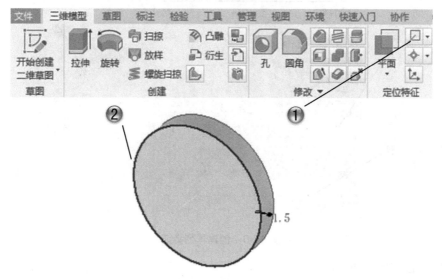

图 14-4　创建定位轴

step 05 创建旋转切除特征

单击【三维模型】选项卡【创建】面板中的【旋转】按钮 ⬛。

① 创建旋转切除特征，设置【角度】为360°。

② 单击【特性】面板中的【确定】按钮，如图 14-5 所示。

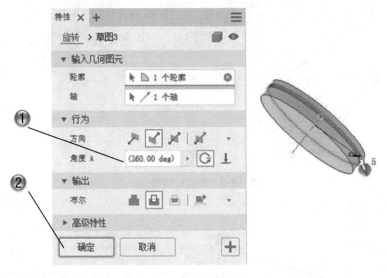

图 14-5 创建旋转切除特征

step 06 创建阵列特征

单击【三维模型】选项卡【阵列】面板中的【矩形阵列】按钮 ⬛。

① 创建矩形阵列特征，设置参数。

② 在绘图区中，选择特征和参考轴。

③ 单击【矩形阵列】对话框中的【确定】按钮，如图 14-6 所示。

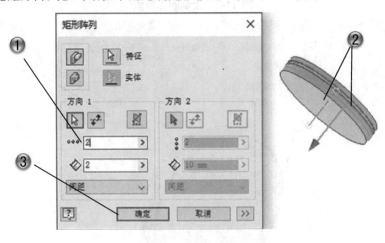

图 14-6 创建阵列特征

step 07 创建定位面

单击【三维模型】选项卡【定位特征】面板中的【平面】按钮 ⬛。

① 选择模型平面。

② 在绘图区中，设置偏移参数。

③ 单击【确定】按钮✔，完成定位平面，如图 14-7 所示。

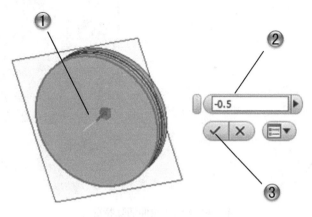

图 14-7　创建定位面

step 08 绘制圆形草图

① 选择定位平面绘制二维图形。

② 绘制直径为 1 的圆形，如图 14-8 所示。

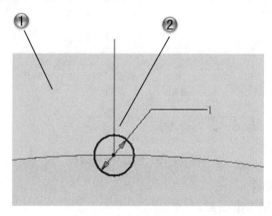

图 14-8　绘制圆形草图

step 09 创建拉伸切除特征

① 创建拉伸切除特征，设置【距离】为 0.5。

② 单击【特性】面板中的【确定】按钮，如图 14-9 所示。

step 10 创建环形阵列

单击【三维模型】选项卡【阵列】面板中的【环形阵列】按钮 ⁚⁝⁚。

① 创建环形阵列特征，设置参数。

② 在绘图区中，选择特征和旋转轴。

③ 单击【环形阵列】对话框中的【确定】按钮，如图 14-10 所示。

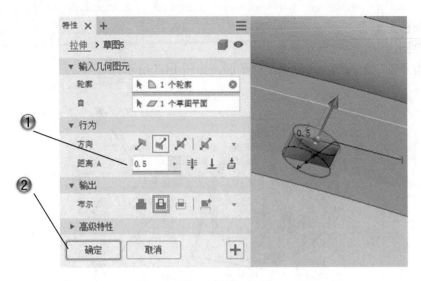

图 14-9　创建拉伸切除特征

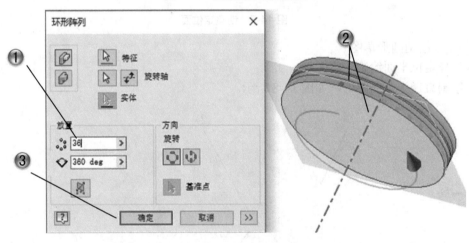

图 14-10　创建环形阵列

step 11　绘制圆形草图

1 选择模型平面绘制二维图形。

2 绘制直径为 49 的圆形，如图 14-11 所示。

step 12　创建拉伸特征

1 创建拉伸特征，设置【距离】为 16。

2 单击【特性】面板中的【确定】按钮，如图 14-12 所示。

step 13　绘制圆形草图

1 选择模型平面绘制二维图形。

2 绘制直径为 45 的圆形，如图 14-13 所示。

step 14　绘制直线并修剪

1 绘制两条直线。

2 修剪草图，如图 14-14 所示。

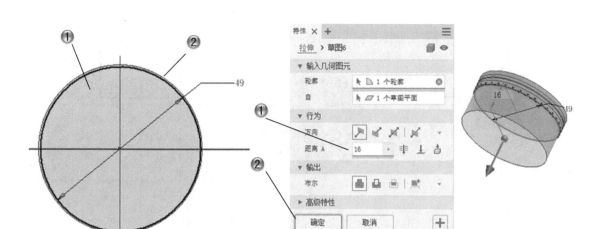

图 14-11　绘制圆形草图　　　　　　　　图 14-12　创建拉伸特征

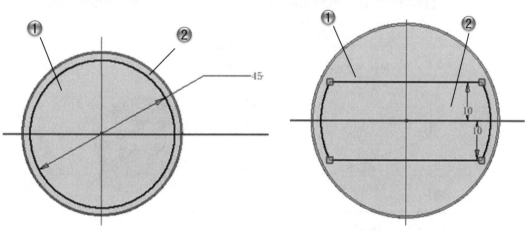

图 14-13　绘制圆形草图　　　　　　　　图 14-14　绘制直线并修剪

step 15　创建拉伸切除特征

①创建拉伸切除特征，设置【距离】为 20。

②单击【特性】面板中的【确定】按钮，如图 14-15 所示。

step 16　绘制矩形草图

①选择模型平面绘制二维图形。

②绘制矩形，长为 20，宽为 15，如图 14-16 所示。

step 17　创建拉伸切除特征

①创建拉伸切除特征，设置【距离】为 15。

②单击【特性】面板中的【确定】按钮，如图 14-17 所示。

step 18　绘制矩形草图

①选择模型平面绘制二维图形。

②绘制矩形，长为 15，宽为 12，如图 14-18 所示。

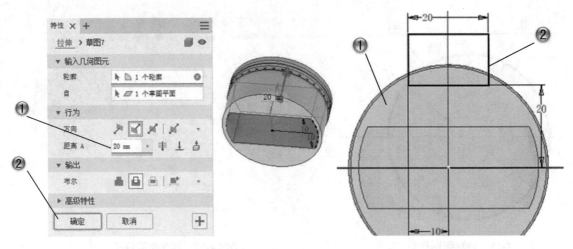

图 14-15　创建拉伸切除特征

图 14-16　绘制矩形草图

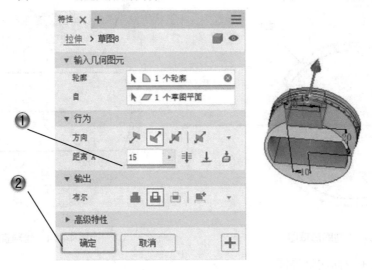

图 14-17　创建拉伸切除特征

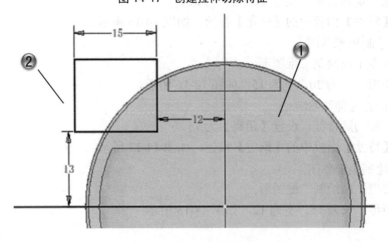

图 14-18　绘制矩形草图

step 19 创建拉伸切除特征

① 创建拉伸切除特征，设置【距离】为 14。

② 单击【特性】面板中的【确定】按钮，如图 14-19 所示。

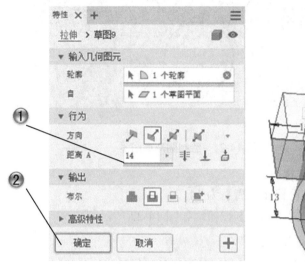
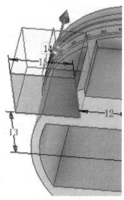

图 14-19 创建拉伸切除特征

step 20 创建镜像特征

单击【三维模型】选项卡【阵列】面板中的【镜像】按钮 。

① 选择要镜像的特征。

② 在绘图区中，选择镜像平面。

③ 单击【镜像】对话框中的【确定】按钮，如图 14-20 所示。

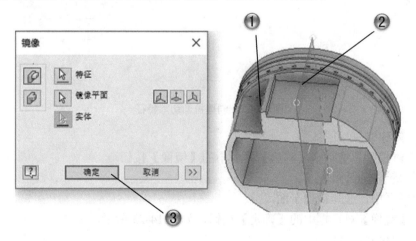

图 14-20 创建镜像特征

step 21 绘制圆形草图

① 选择模型平面绘制二维图形。

② 绘制直径为 10 的圆形，如图 14-21 所示。

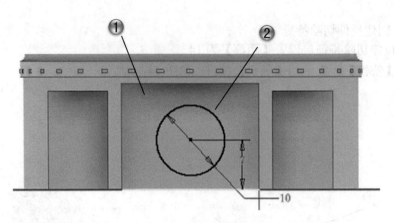

图 14-21　绘制圆形草图

step 22　创建拉伸切除特征

① 创建拉伸切除特征，设置【距离】为 14。

② 单击【特性】面板中的【确定】按钮，如图 14-22 所示。

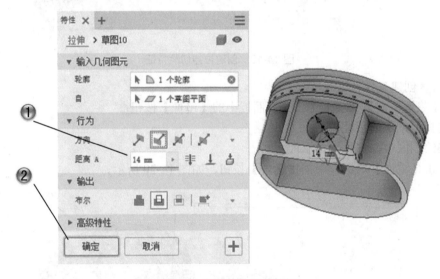

图 14-22　创建拉伸切除特征

step 23　创建镜像特征

单击【三维模型】选项卡【阵列】面板中的【镜像】按钮 ◭。

① 选择要镜像的特征。

② 在绘图区中，选择镜像平面。

③ 单击【镜像】对话框中的【确定】按钮，如图 14-23 所示。

step 24　创建圆角特征

单击【三维模型】选项卡【修改】面板中的【圆角】按钮 ◗。

① 创建圆角特征，设置【半径】为 1。

② 在绘图区中，选择圆角边。

③ 单击【圆角】对话框中的【确定】按钮，如图 14-24 所示。

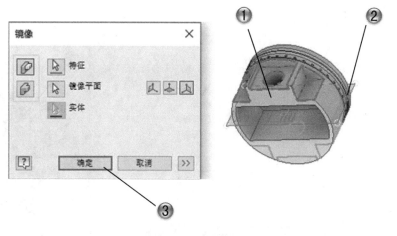

图 14-23 创建镜像特征

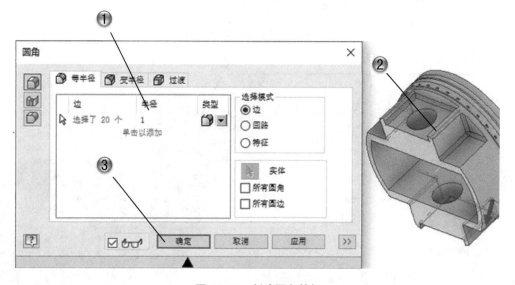

图 14-24 创建圆角特征

step 25 继续创建圆角特征

① 创建圆角特征，设置【半径】为 0.4。

② 在绘图区中，选择圆角边。

③ 单击【圆角】对话框中的【确定】按钮，如图 14-25 所示。

step 26 创建倒角特征

单击【三维模型】选项卡【修改】面板中的【倒角】按钮 。

① 创建倒角特征，设置【倒角边长】为 1。

② 在绘图区中，选择倒角边。

③ 单击【倒角】对话框中的【确定】按钮，如图 14-26 所示。至此完成活塞零件模型的设计，如图 14-27 所示。

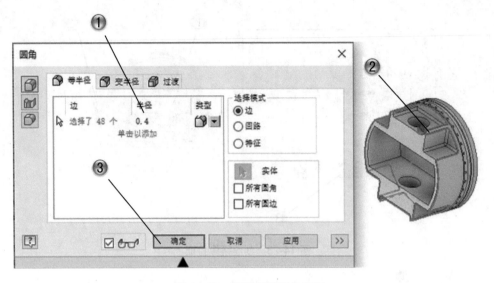

图 14-25　继续创建圆角特征

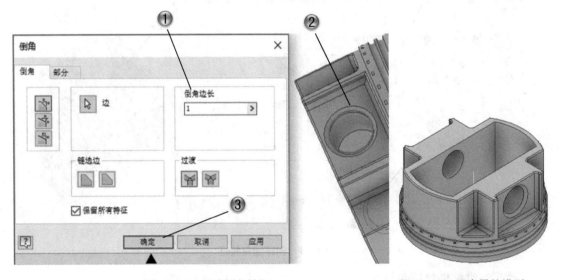

图 14-26　创建倒角特征　　　　　　　图 14-27　活塞零件模型

14.1.2　创建活塞销零件

本范例完成文件：/14/14-2.ipt

step 01　绘制圆形草图

① 选择 XY 平面绘制二维图形。

② 绘制直径为 10 的圆形，如图 14-28 所示。

step 02　创建拉伸特征

① 创建拉伸特征，设置【距离】为 32。

② 单击【特性】面板中的【确定】按钮，如图 14-29 所示。

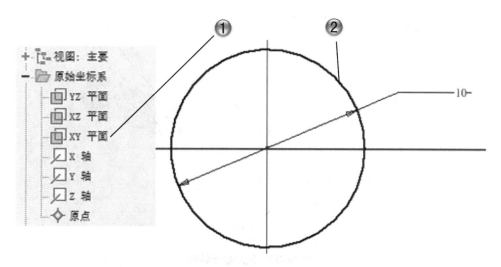

图 14-28 绘制圆形草图

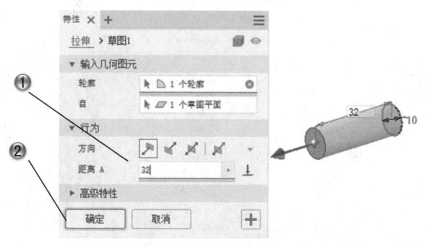

图 14-29 创建拉伸特征

step 03 创建抽壳特征

单击【三维模型】选项卡【修改】面板中的【抽壳】按钮█。

①创建抽壳特征，设置【厚度】为 2。

②在绘图区中，选择去除面。

③单击【抽壳】对话框中的【确定】按钮，如图 14-30 所示。

step 04 创建圆角特征

单击【三维模型】选项卡【修改】面板中的【圆角】按钮●。

①创建圆角特征，设置【半径】为 0.5。

②在绘图区中，选择圆角边。

③单击【圆角】对话框中的【确定】按钮，如图 14-31 所示。至此完成活塞销零件模型的设计，如图 14-32 所示。

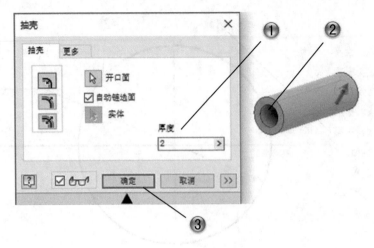

图 14-30　创建抽壳特征

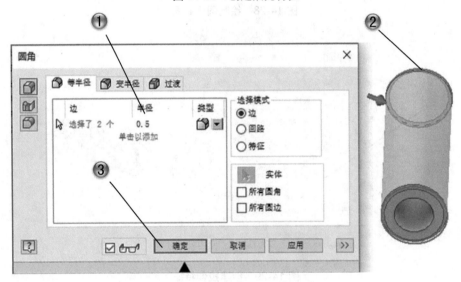

图 14-31　创建圆角特征

图 14-32　活塞销零件模型

14.1.3 创建连杆零件

本范例完成文件：/14/14-3.ipt

step 01 绘制圆形草图

① 选择 XY 平面绘制二维图形。

② 绘制直径为 16 的圆形，如图 14-33 所示。

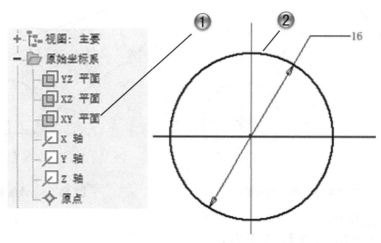

图 14-33　绘制圆形草图

step 02 创建拉伸特征

① 创建拉伸特征，设置【距离】为 20。

② 单击【特性】面板中的【确定】按钮，如图 14-34 所示。

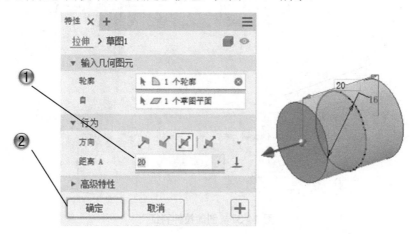

图 14-34　创建拉伸特征

step 03 绘制圆形草图

① 选择 XY 平面绘制二维图形。

② 分别绘制直径为 16 和 40 的圆形，如图 14-35 所示。

step 04 绘制斜线并修剪

① 绘制两条斜线。

② 修剪草图，如图 14-36 所示。

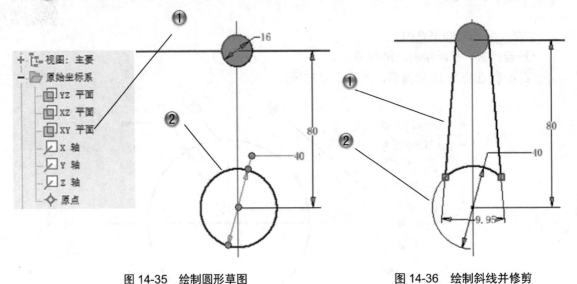

图 14-35　绘制圆形草图　　　　　　　　　　　图 14-36　绘制斜线并修剪

step 05 创建拉伸特征

① 创建拉伸特征，设置【距离】为 10。

② 单击【特性】面板中的【确定】按钮，如图 14-37 所示。

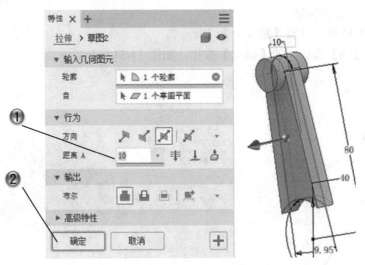

图 14-37　创建拉伸特征

step 06 绘制圆形草图

① 选择 XY 平面绘制二维图形。

② 绘制直径为 48 和 40 的同心圆形，如图 14-38 所示。

step 07 绘制直线并修剪

绘制直线。

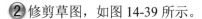修剪草图，如图 14-39 所示。

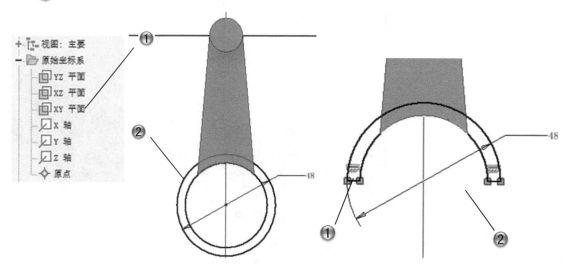

图 14-38　绘制圆形草图　　　　　　　　图 14-39　绘制直线并修剪

step 08　创建拉伸特征

①创建拉伸特征，设置【距离】为 14。

②单击【特性】面板中的【确定】按钮，如图 14-40 所示。

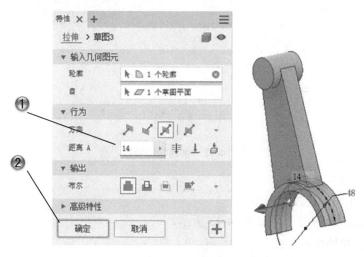

图 14-40　创建拉伸特征

step 09　绘制矩形草图

①选择模型平面绘制二维图形。

②绘制矩形，尺寸为 14×14，如图 14-41 所示。

step 10　创建拉伸特征

①创建拉伸特征，设置【距离】为 10。

②单击【特性】面板中的【确定】按钮，如图 14-42 所示。

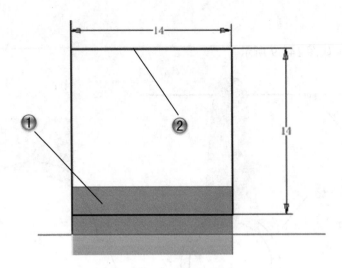

图 14-41　绘制矩形草图

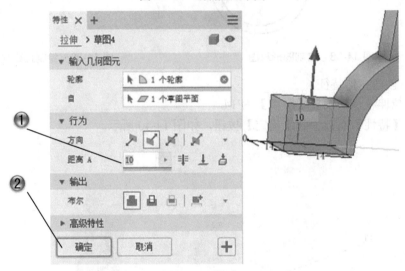

图 14-42　创建拉伸特征

step 11　绘制圆形草图

① 选择模型平面绘制二维图形。

② 绘制直径为 10 的圆形，如图 14-43 所示。

step 12　创建拉伸切除特征

① 创建拉伸切除特征，设置【距离】为15。

② 单击【特性】面板中的【确定】按钮，如图 14-44 所示。

step 13　创建镜像特征

单击【三维模型】选项卡【阵列】面板中的【镜像】按钮 ⚠。

① 选择要镜像的特征。

② 在绘图区中，选择镜像平面。

③ 单击【镜像】对话框中的【确定】按钮，如图 14-45 所示。

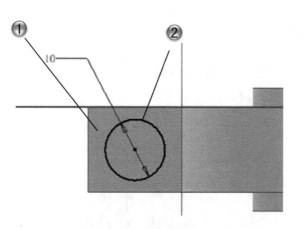

图 14-43 绘制圆形草图

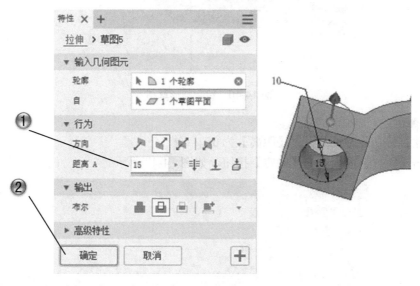

图 14-44 创建拉伸切除特征

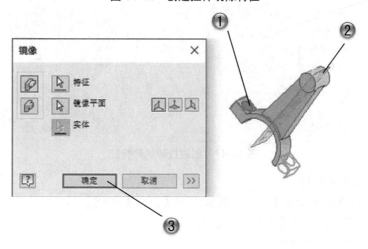

图 14-45 创建镜像特征

step 14 绘制圆形草图

① 选择模型平面绘制二维图形。

② 绘制直径为 10 的圆形，如图 14-46 所示。

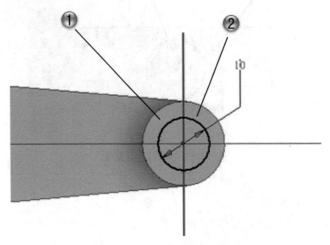

图 14-46　绘制圆形草图

step 15 创建拉伸切除特征

① 创建拉伸切除特征，设置【距离】为 30。

② 单击【特性】面板中的【确定】按钮，如图 14-47 所示。

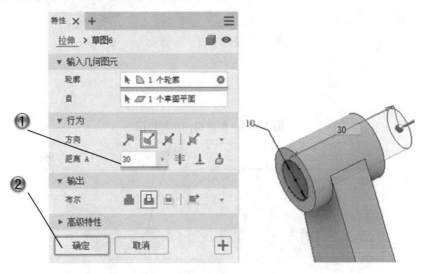

图 14-47　创建拉伸切除特征

step 16 创建倒角特征

单击【三维模型】选项卡【修改】面板中的【倒角】按钮 。

① 创建倒角特征，设置【倒角边长】为 1。

② 在绘图区中，选择倒角边。

③ 单击【倒角】对话框中的【确定】按钮，如图 14-48 所示。

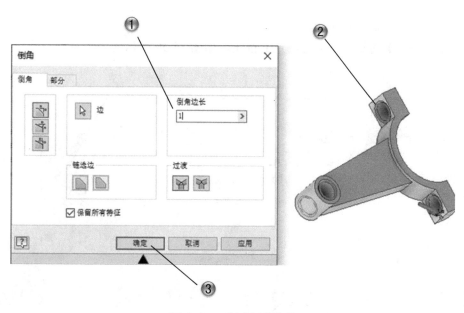

图 14-48 创建倒角特征

step 17 创建圆角特征

单击【三维模型】选项卡【修改】面板中的【圆角】按钮🔘。

① 创建圆角特征，设置【半径】为2。

② 在绘图区中，选择圆角边。

③ 单击【圆角】对话框中的【确定】按钮，如图 14-49 所示。

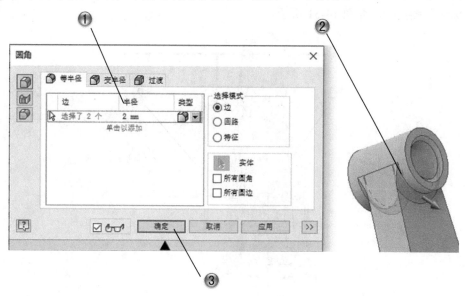

图 14-49 创建圆角特征

step 18 继续创建圆角特征

① 创建圆角特征，设置【半径】为1。

②在绘图区中，选择圆角边。

③单击【圆角】对话框中的【确定】按钮，如图 14-50 所示。

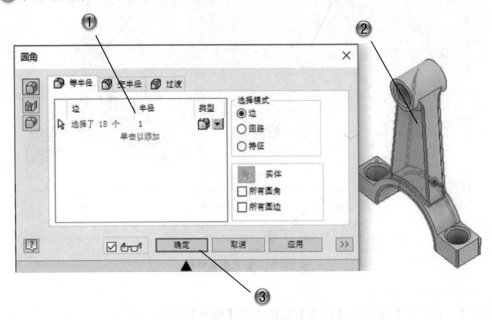

图 14-50　创建圆角特征

step 19　绘制梯形草图

①使用【线】命令绘制梯形。

②标注草图尺寸，如图 14-51 所示。

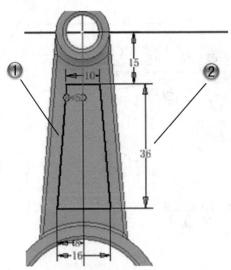

图 14-51　绘制梯形草图

step 20　创建拉伸切除特征

①创建拉伸切除特征，设置【距离】为 3。

②单击【特性】面板中的【确定】按钮，如图 14-52 所示。

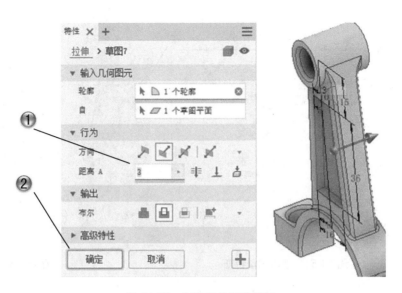

图 14-52　创建拉伸切除特征

step 21 创建镜像特征

单击【三维模型】选项卡【阵列】面板中的【镜像】按钮。

①选择要镜像的特征。

②在绘图区中，选择镜像平面。

③单击【镜像】对话框中的【确定】按钮，如图 14-53 所示。

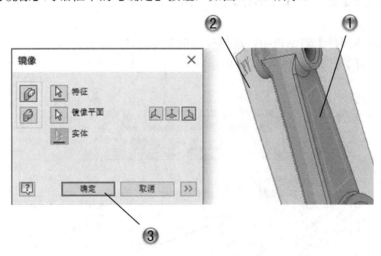

图 14-53　创建镜像特征

step 22 创建圆角特征

单击【三维模型】选项卡【修改】面板中的【圆角】按钮。

①创建圆角特征，设置【半径】为1。

②在绘图区中，选择圆角边。

③单击【圆角】对话框中的【确定】按钮，如图 14-54 所示。至此完成连杆零件模型的设计，如图 14-55 所示。

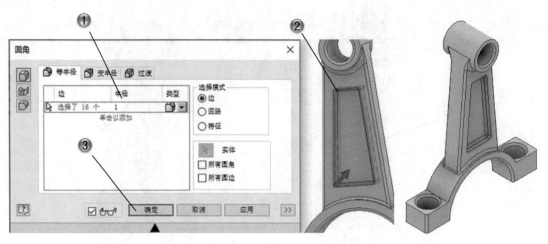

图 14-54　创建圆角特征 　　　　　　　　　　　图 14-55　连杆零件模型

14.2　创建活塞装配模型

本范例完成文件：/14/14-4.iam

step 01 插入零部件 1

① 单击【装配】选项卡【零部件】面板中的【放置】按钮，弹出【装入零部件】对话框。

② 在【装入零部件】对话框中，选择插入的零部件。

③ 单击【打开】按钮，如图 14-56 所示。

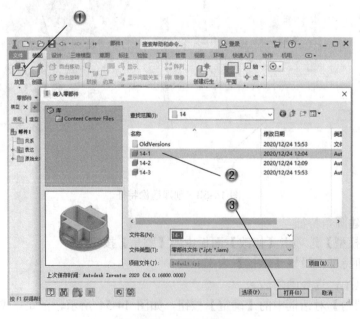

图 14-56　插入零部件 1

step 02　放置零部件 1

在绘图区中，单击放置零部件，并按 Esc 键退出，如图 14-57 所示。

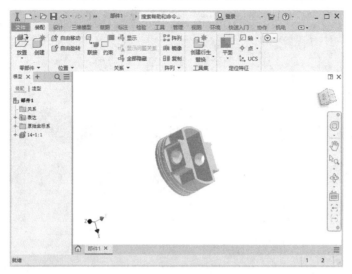

图 14-57　放置零部件 1

step 03　插入零部件 3

① 单击【装配】选项卡【零部件】面板中的【放置】按钮，弹出【装入零部件】对话框。

② 在【装入零部件】对话框中，选择插入的零部件。

③ 单击【打开】按钮，如图 14-58 所示。

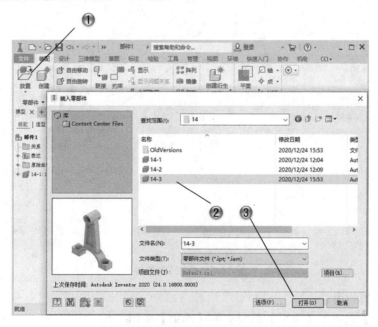

图 14-58　插入零部件 3

step 04 放置零部件 3

在绘图区中，单击放置零部件，并按 Esc 键退出，如图 14-59 所示。

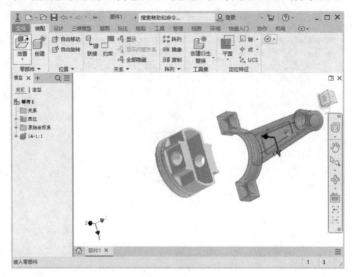

图 14-59　放置零部件 3

step 05 旋转零部件

①单击【装配】选项卡【位置】面板上的【自由旋转】按钮 。

②在视图中选择要旋转的零部件，拖动鼠标进行旋转，如图 14-60 所示。

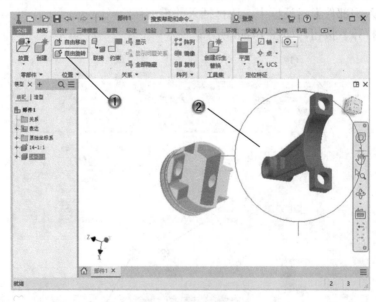

图 14-60　旋转零部件

step 06 放置约束

单击【装配】选项卡【关系】面板上的【约束】按钮 。

①打开【放置约束】对话框，单击【插入】按钮 。

② 在绘图区中，选择零部件对应的边线。

③ 单击【放置约束】对话框中的【确定】按钮，如图 14-61 所示。

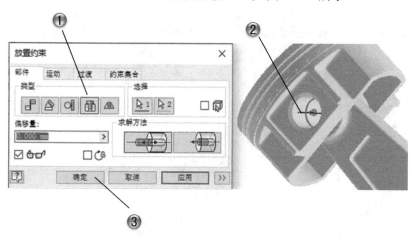

图 14-61　放置约束

step 07 ▶ 插入零部件 2

① 单击【装配】选项卡【零部件】面板中的【放置】按钮 🖼️，弹出【装入零部件】对话框。

② 在【装入零部件】对话框中，选择插入的零部件。

③ 单击【打开】按钮，如图 14-62 所示。

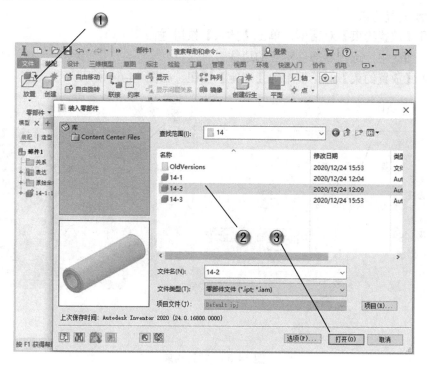

图 14-62　插入零部件 2

step 08 放置零部件2

在绘图区中，单击放置零部件，并按 Esc 键退出，如图 14-63 所示。

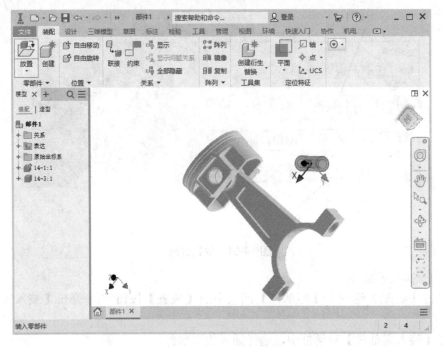

图 14-63　放置零部件2

step 09 放置约束

① 打开【放置约束】对话框，单击【插入】按钮 🛢。

② 在绘图区中，选择零部件对应的边线。

③ 单击【放置约束】对话框中的【确定】按钮，如图 14-64 所示。

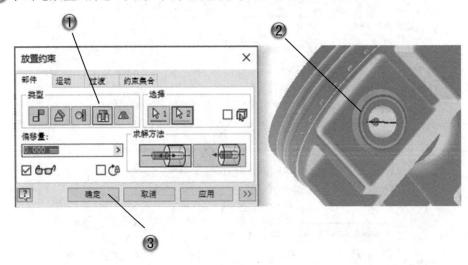

图 14-64　放置约束

step 10　设置活塞材质

①在绘图区中，选择活塞零件。

②单击快速访问工具栏中的【材料】列表右侧的下拉按钮，在材料列表中选择材料，如图 14-65 所示。

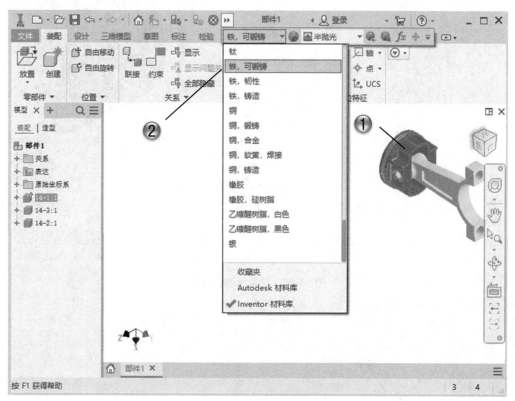

图 14-65　设置活塞材质

step 11　设置活塞销材质

①在绘图区中，选择活塞销零件。

②单击快速访问工具栏中的【材料】列表右侧的下拉按钮，在材料列表中选择材料，如图 14-66 所示。

step 12　设置连杆材质

①在绘图区中，选择连杆零件。

②单击快速访问工具栏中的【材料】列表右侧的下拉按钮，在材料列表中选择材料，如图 14-67 所示。至此完成活塞装配模型的设计，如图 14-68 所示。

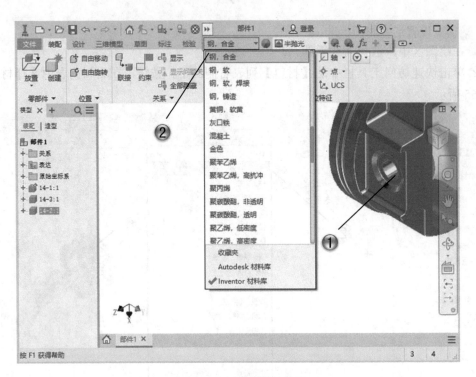

图 14-66 设置活塞销材质

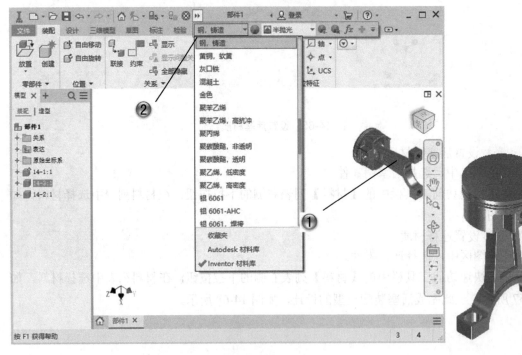

图 14-67 设置连杆材质

图 14-68 活塞装配
模型

14.3　创建活塞装配模型图纸

本范例完成文件：/14/14-5.dwg

step 01 创建基础视图

①单击【放置视图】选项卡【创建】面板上的【基础视图】按钮，打开【工程视图】对话框。

②在【工程视图】对话框中选择零件模型，并设置参数。

③单击【确定】按钮，如图 14-69 所示。

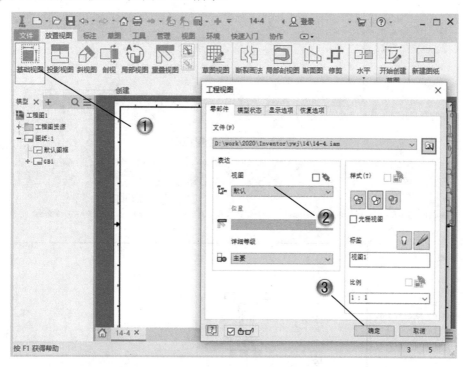

图 14-69　创建基础视图

step 02 创建投影视图

①单击【放置视图】选项卡【创建】面板上的【投影视图】按钮，创建投影视图。

②在视图中选择要投影的视图，并将视图拖动到投影位置，如图 14-70 所示。

step 03 继续创建投影视图

①单击【放置视图】选项卡【创建】面板上的【投影视图】按钮，创建投影视图。

②在视图中选择要投影的视图，并将视图拖动到投影位置，如图 14-71 所示。

step 04 创建局部视图

单击【放置视图】选项卡【创建】面板上的【局部视图】按钮。

①设置局部视图参数。

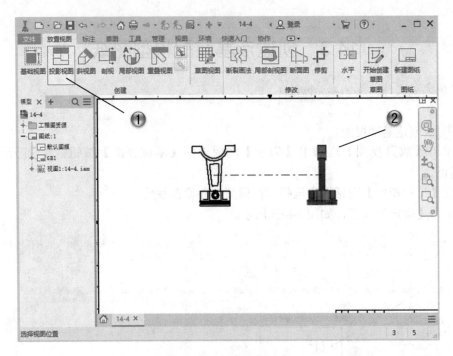

图 14-70　创建投影视图

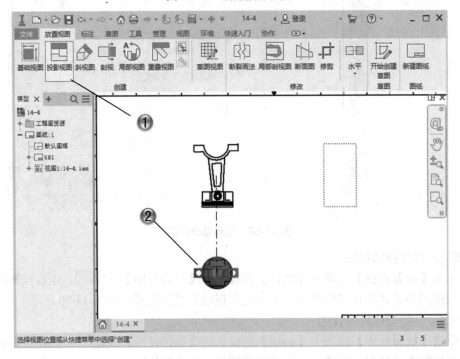

图 14-71　继续创建投影视图

② 在绘图区中，选择父视图并绘制圆形。

③ 单击【局部视图】对话框中的【确定】按钮，如图 14-72 所示。

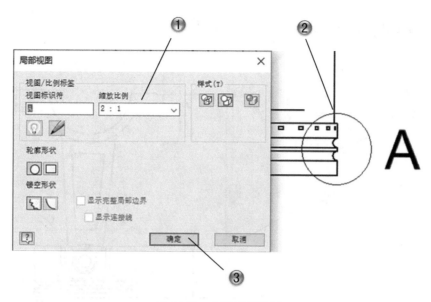

图 14-72　创建局部视图

step 05　创建剖视图

单击【放置视图】选项卡【创建】面板上的【剖视图】按钮██。

① 设置剖视图参数。

② 在绘图区中，选择父视图并放置。

③ 单击【剖视图】对话框中的【确定】按钮，如图 14-73 所示。

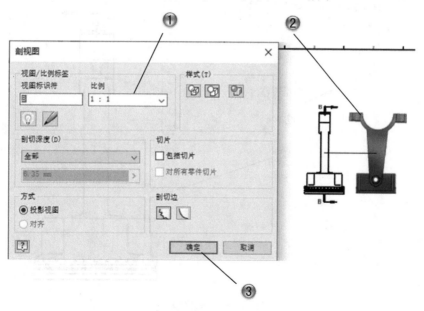

图 14-73　创建剖视图

step 06　标注主视图

① 单击【标注】选项卡【尺寸】面板上的【尺寸】按钮██，添加尺寸。

② 在绘图区中，标注主视图尺寸，如图 14-74 所示。

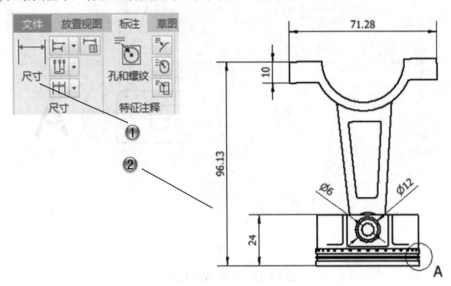

图 14-74 标注主视图

step 07 标注侧视图

① 单击【标注】选项卡【尺寸】面板上的【尺寸】按钮，添加尺寸。

② 在绘图区中，标注侧视图尺寸，如图 14-75 所示。

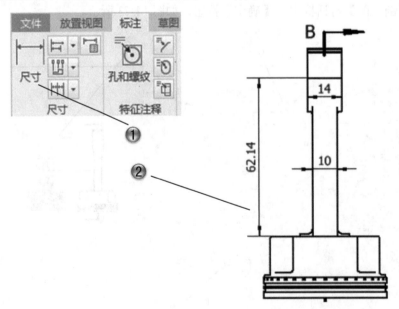

图 14-75 标注侧视图

step 08 标注剖视图

① 单击【标注】选项卡【尺寸】面板上的【尺寸】按钮，添加尺寸。

② 在绘图区中，标注剖视图尺寸，如图 14-76 所示。

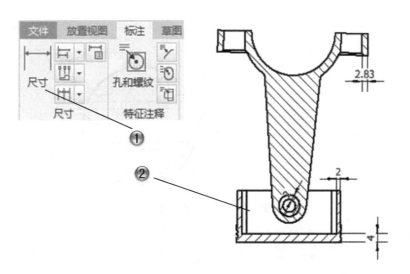

图 14-76　标注剖视图

step 09　标注局部视图

① 单击【标注】选项卡【尺寸】面板上的【尺寸】按钮 ⊢⊣，添加尺寸。

② 在绘图区中，标注局部视图尺寸，如图 14-77 所示。

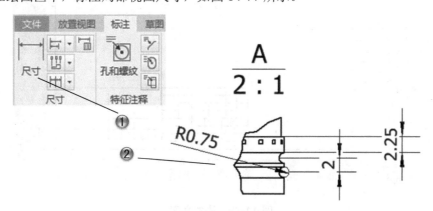

图 14-77　标注局部视图

step 10　标注俯视图

① 单击【标注】选项卡【尺寸】面板上的【尺寸】按钮 ⊢⊣，添加尺寸。

② 在绘图区中，标注俯视图尺寸，如图 14-78 所示。

step 11　添加文字

① 单击【标注】选项卡【文本】面板上的【文本】按钮 A，添加文字。

② 在绘图区中，添加图纸文字，如图 14-79 所示。

step 12　编辑标题栏

① 右键单击浏览器设计树中的 GB1 选项，在弹出的快捷菜单中选择【编辑】命令。

② 在绘图区中，修改标题栏内容，如图 14-80 所示。至此完成活塞装配模型的图纸设计，如图 14-81 所示。

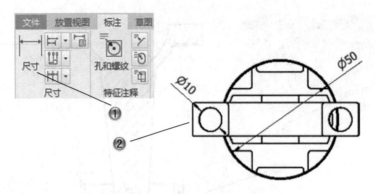

图 14-78 标注俯视图

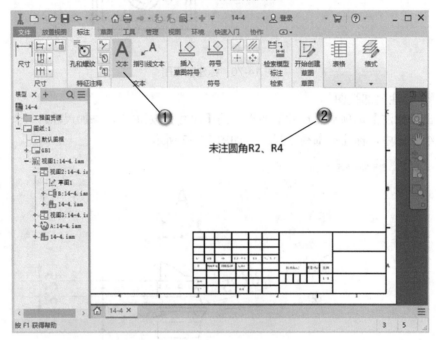

图 14-79 添加文字

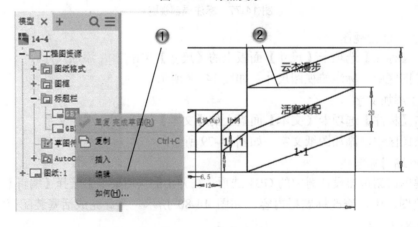

图 14-80 编辑标题栏

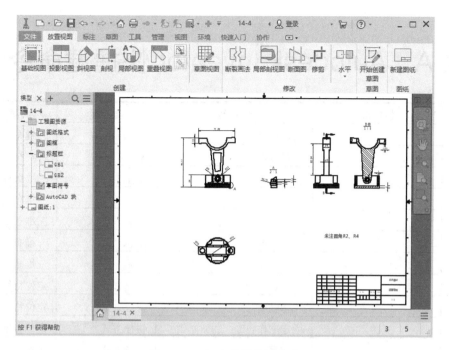

图 14-81　活塞装配模型图纸

14.4　本章小结和练习

14.4.1　本章小结

本章综合运用了本书介绍的知识，创建了活塞的装配模型，并绘制了装配图纸。这样的顺序和步骤是一般生产当中的常规操作，读者可以结合生产实践，实际进行操作和运用。

14.4.2　练习

(1) 依次创建刹车盘的各个零件部分，如图 14-82 所示。

(2) 创建刹车盘的装配模型。

(3) 绘制装配模型的图纸。

(4) 创建装配的表达视图。

图 14-82　刹车盘装配模型

附录 A Autodesk Inventor 快捷键命令大全

序　号	快捷键	命令名	类　型	类　别
1	U	取消敷设	Alias	三维布线
2	P	放置接点	Alias	三维布线
3	P	枢轴	Alias	三维布线
4	F	收拢	Alias	三维布线
5	E	编辑	Alias	三维布线
6	V	指定虚拟零件	Alias	三维布线
7	L	三维布线库	Alias	三维布线
8	.	工作点	快捷方式	定位特征
9	/	工作轴	快捷方式	定位特征
10	;	固定工作点	快捷方式	定位特征
11	]	工作平面	快捷方式	定位特征
12	D	通用尺寸	Alias	尺寸
13	A	基线尺寸集	Alias	尺寸
14	O	同基准尺寸集	Alias	尺寸
15	Alt+F11	Visual Basic 编辑器	快捷方式	工具
16	Alt+F8	宏...	快捷方式	工具
17	M	测量距离	Alias	工具
18	Ctrl+Shift+N	图纸...	快捷方式	工程图管理器
19	W	角焊	Alias	已装入的特征
20	S	二维草图	Alias	已装入的特征
21	Ctrl+Shift+K	倒角	快捷方式	已装入的特征
22	Q	创建 iMate	Alias	已装入的特征
23	Ctrl+Shift+M	镜像	快捷方式	已装入的特征
24	Ctrl+Shift+O	环形阵列	快捷方式	已装入的特征
25	Ctrl+Shift+R	矩形阵列	快捷方式	已装入的特征
26	F	圆角	Alias	已装入的特征
27	D	拔模斜度	Alias	已装入的特征
28	F1	帮助主题	快捷方式	帮助
29	T	设计约束表	Alias	应力分析
30	S	分析...	Alias	应力分析
31	P	检查	Alias	应力分析
32	A	动画制作	Alias	应力分析

序　号	快捷键	命令名	类　型	类　别
33	N	创建分析	Alias	应力分析
34	R	报告	Alias	应力分析
35	B	引出序号	Alias	标注
36	Ctrl+Shift+T	指引线文本	快捷方式	标注
37	F	形位公差	Alias	标注
38	T	文本	Alias	标注
39	2D	二维工程图	Alias	模具设计命令
40	MP	零件工艺设置	Alias	模具设计命令
41	MS	手动草图	Alias	模具设计命令
42	PF	零件填充分析	Alias	模具设计命令
43	PH	创建平面补片	Alias	模具设计命令
44	PI	放置镶件	Alias	模具设计命令
45	PP	塑料零件	Alias	模具设计命令
46	PR	设定分析结果特性	Alias	模具设计命令
47	AM	结果动画制作	Alias	模具设计命令
48	AO	调整方向	Alias	模具设计命令
49	AP	调整位置	Alias	模具设计命令
50	AR	自动流道草图	Alias	模具设计命令
51	PS	模具工艺设置	Alias	模具设计命令
52	BL	模具布尔运算	Alias	模具设计命令
53	BR	边界生成分型面	Alias	模具设计命令
54	PS	创建补孔面	Alias	模具设计命令
55	PT	阵列	Alias	模具设计命令
56	RN	流道	Alias	模具设计命令
57	CC	放置型芯和型腔	Alias	模具设计命令
58	CD	型芯/型腔	Alias	模具设计命令
59	CH	冷却水道	Alias	模具设计命令
60	CI	创建镶件	Alias	模具设计命令
61	CM	合并型芯与型腔	Alias	模具设计命令
62	RR	放射生成分型面	Alias	模具设计命令
63	RS	创建分型面	Alias	模具设计命令
64	SK	零件收缩	Alias	模具设计命令
65	WP	建腔	Alias	模具设计命令
66	EJ	顶出元件	Alias	模具设计命令
67	EP	导出...	Alias	模具设计命令

续表

序　号	快捷键	命令名	类　型	类　别
68	SA	滑块	Alias	模具设计命令
69	GC	生成型芯、型腔	Alias	模具设计命令
70	M	模架	Alias	模具设计命令
71	CT	复制面到构造环境	Alias	模具设计命令
72	Ctrl+Shift+S	扫掠	快捷方式	略图特征
73	E	拉伸	Alias	略图特征
74	R	旋转	Alias	略图特征
75	Ctrl+Shift+L	放样	快捷方式	略图特征
76	H	打孔	Alias	略图特征
77	Ctrl+Y	重做	快捷方式	管理
78	Ctrl+N	新建...	快捷方式	管理
79	Ctrl+O	打开...	快捷方式	管理
80	Ctrl+P	打印...	快捷方式	管理
81	Ctrl+X	剪切	快捷方式	管理
82	Ctrl+Z	撤销	快捷方式	管理
83	Ctrl+A	全选	快捷方式	管理
84	Ctrl+C	复制	快捷方式	管理
85	Ctrl+S	保存	快捷方式	管理
86	Ctrl+V	粘贴	快捷方式	管理
87	A	动画制作	Alias	结构件分析
88	=	等长	快捷方式	草图
89	F7	切片观察	快捷方式	草图
90	Ctrl+W	SteeringWheels	快捷方式	视图
91	Alt+.	用户工作点	快捷方式	视图
92	Alt+/	用户工作轴	快捷方式	视图
93	Alt+]	用户工作平面	快捷方式	视图
94	Shift+F5	下一视图	快捷方式	视图
95	Page Up	观察方向	快捷方式	视图
96	Home	全部缩放	快捷方式	视图
97	Ctrl+Shift+Q	iMate 图示符	快捷方式	视图
98	Ctrl+Shift+W	焊接符号	快捷方式	视图
99	Ctrl+Shift+E	自由度	快捷方式	视图
100	Ctrl+]	基准平面	快捷方式	视图
101	Ctrl+=	父项	快捷方式	视图
102	Ctrl+0	切换全屏显示	快捷方式	视图

序　号	快捷键	命令名	类　型	类　别
103	F10	草图	快捷方式	视图
104	F5	上一视图	快捷方式	视图
105	Ctrl+/	基准轴	快捷方式	视图
106	Ctrl+.	基准点	快捷方式	视图
107	Ctrl+-	顶端	快捷方式	视图
108	Ctrl+Enter	返回	快捷方式	视图
109	F6	主视图	快捷方式	视图
110	End	缩放所选实体	快捷方式	视图
111	Ctrl+Shift+H	全部替换	快捷方式	部件
112	Ctrl+H	替换	快捷方式	部件
113	Shift+Tab	升级	快捷方式	部件
114	Tab	降级	快捷方式	部件

附录 B　有关本书配套资源的下载和使用方法

亲爱的读者，欢迎阅读使用本书，本书还配备了包括大量模型源文件和范例教学视频等资源，下面将对其下载和使用方法进行介绍。

1. 下载方法

目前图书配套资源下载的方式为：扫描右侧二维码，或者搜索微信公众号"**云杰漫步科技**"，关注该公众号后，在其中的"图书资源"栏目菜单中点击"资源下载方式"菜单命令，查看下载方法，从而下载相关图书配套资源。

2. 本书配套资源包含的内容和使用方法

(1) 本书包含的配套教学资源。

序　号	名　称	内　容
1	源文件	书中范例运行素材
		书中范例结果文件
2	教学视频	各章范例多媒体教学视频

(2) 配套资源使用方法。

打开"Inventor 源文件"文件夹后，其中是本书中的各章范例的模型和结果文件，其中的各文件的数字编号为书中章号。

打开"Inventor 多媒体教学视频"文件夹后，其中是本书中的各章范例多媒体教学视频，其中文件夹名为各章名。由于教学视频采用了 TSCC 的压缩格式，需要读者的计算机中安装有该解码程序，读者可在微信公众号"云杰漫步科技"中进行下载(关于资源下载方法，大家可以关注作者的今日头条号"云杰漫步智能科技"，或者关注作者微信公众号"云杰漫步科技"进行查看)，然后双击 TSCC.exe 直接安装。

对于软件播放要求如下。

媒体播放器要求：建议采用 Windows Media Player 版本为 9.0 以上。

显示模式要求：使用 1024×768 或者 1280×1024 以上的模式浏览。

特别声明：

本教学资源中的图片、视频影像等素材文件仅可作为学习和欣赏之用，未经许可不得用于任何商业等其他用途。

关于本书的相关技术支持和软件问题，欢迎大家关注作者的今日头条号"云杰漫步智能科技"进行交流，或者发送电子邮件到 yunjiebook@126.com 寻求帮助。